低渗轻质油油藏
空气/空气泡沫调驱技术

秦国伟　著

中国石化出版社

图书在版编目(CIP)数据

低渗轻质油油藏空气/空气泡沫调驱技术 / 秦国伟著
. —北京：中国石化出版社，2022.5
ISBN 978-7-5114-6661-7

Ⅰ.①低… Ⅱ.①秦… Ⅲ.①低渗透油气藏-泡沫驱
油 Ⅳ.①TE357.4

中国版本图书馆 CIP 数据核字(2022)第 066686 号

中国石化出版社出版发行
地址:北京市东城区安定门外大街 58 号
邮编:100011   电话:(010)57512500
发行部电话:(010)57512575
http://www.sinopec-press.com
E-mail:press@sinopec.com
北京艾普海德印刷有限公司印刷
全国各地新华书店经销
*
787×1092 毫米 16 开本 13.25 印张 306 千字
2022 年 5 月第 1 版　2022 年 5 月第 1 次印刷
定价:82.00 元

前言

PREFACE

石油作为目前重要的能源之一，其供需状况已成为影响一个地区、国家乃至全球的政治、经济秩序的重要因素。随着我国石油需求量的持续增加和中高渗透油藏石油资源的减少，以及探明储量中低渗透油藏石油资源比重日益增长，低渗透石油资源的开发在我国石油行业占有越来越重要的地位。与中高渗透油藏相比，低渗透油藏具有巨大的资源潜力和相对较大的勘探与开发难度，也是目前国内外石油地质和油藏工程专家们关注的焦点。如何经济有效地开发低渗透油藏的石油资源对我国石油工业乃至整个国民经济的发展具有重要意义。

低渗透油藏储层非均质严重，存在开发难度大、水驱采收率低及经济效益差等特点，提高低渗透油藏的采收率成为油藏经济有效开发的关键，三次采油技术(EOR/IOR)是一个永恒的主题；但伴随着人们对石油资源需求的增长及环境保护意识的增强，常规的采油技术已经无法满足市场需求，急须发展高效、廉价、清洁的三次采油技术，使油田的高效开发面临着严峻挑战与重大机遇。

注空气/空气泡沫开采油藏是提高原油采收率的一项三次采油技术，该技术中所需的气源(空气)具有成本低、来源广、不受地域和空间限制等优势，与原油发生低温氧化放热反应(LTO)，不仅使油层温度就地升温，轻质组分蒸发，同时就地产生CO_2、CO、CH_4及蒸发的轻烃组分等气体，即空气采油技术综合利用了多种气驱采油机理；针对非均质性强、无倾角水平油藏可以利用空气泡沫辅助空气驱技术，以达到封堵高渗层，延迟或阻止气窜和黏性指进等目的，该技术已被国内外专家证实为一种具有较好发展前景的提高采收率新技术。注空气/空气泡沫矿场应用中存有爆炸、腐蚀等隐患，另外在国内对该技术的系统研究较少，因此本书正是为了增强石油科技人员对该技术的认识及消除矿场应用中的隐患而编写的。

本书由简至难逐步介绍了空气/空气泡沫调驱技术及消除存有的隐患，同时在矿场应用中突出降液、增油等效果，反映出空气/空气泡沫调驱技术的巨大潜力。全书共分7章，第1章介绍了研究背景及该技术在国内外的研究现状；第2章介绍了空气与原油的物理化学性质；第3章阐述了空气/空气泡沫在轻质油藏中的调驱机理及影响因素；第4章论述了空气低温氧化模型及安全性方面的理论分析；第5章研究了空气/空气泡沫的低温氧化反应和驱替实验；第6章进行了试验区的安全性研究和矿场应用中的风险分析及评估；第7章介绍了低渗轻质油藏地质与开发特征，并分析了矿场应用与防腐监测。

本书的出版得到"西安石油大学优秀学术著作出版基金""国家自然科学基金面上项目(52174027)""陕西省自然科学基础研究计划(一般项目面上2020JM-534)""陕西省教育厅重点实验室科技项目(18JS086)""东北石油大学提高油气采收率教育部重点实验室(NEPU-EOR-2019-04)"的联合资助。

本书在编写过程中得到了延长油田股份有限公司相关单位及东北石油大学李玮教授和石油工程学院相关人员的大力支持与帮助，在此深表谢意！同时也得到中国地质大学(北京)能源学院由庆教授，以及西安石油大学石油工程学院、科技处等相关领导和专家的大力协助，在此谨向他们表示衷心的感谢！

由于本书资料来源较广，数据量较大，因此特别向本书所引用成果和内容的专家同仁表示感谢！

由于笔者水平有限，书中难免存在不足之处，敬请各位同行和专家提出宝贵意见！

目录

CONTENTS

第1章 绪 论

1.1 研究背景

石油作为"工业的血液",不仅是一种不可再生的商品,更是国家生存和发展不可或缺的战略资源,其供需状况已成为影响一个地区、国家乃至全球的政治、经济秩序的重要因素。随着全球经济的日益发展,世界各国对石油的需求量愈来愈大,但探明储量中低渗透油藏石油资源的开发比重日益增长,低渗透石油资源占有越来越重要的地位。与中高渗透油藏相比,低渗透油藏具有巨大的资源潜力和相对较大的勘探与开发难度,也是目前国内外石油地质和油藏工程专家们关注的焦点。如何经济有效地开发好低渗透油藏的石油资源,对我国石油工业乃至整个国民经济的发展具有重要意义。三次采油技术(EOR-Enhanced Oil Recovery/IOR-Improved Oil Recovery)是一个永恒的主题;但伴随着人们对石油资源需求的增长及环境保护意识的增强,常规的采油技术已经无法满足市场需求,急需发展高效、廉价、清洁的三次采油技术,给油田的高效开发带来了严峻的挑战与重大的机遇。

三次采油技术是指油田在利用天然能量进行开采(一次采油,采收率通常在5%~20%)和传统的人工补充能量开采(二次采油,采收率通常在30%~40%)之后,利用物理、化学、微生物等技术进一步开采原油的技术。目前,世界上三次采油技术有四大系列,即化学驱、气驱、热力驱和微生物驱。据资料可知,气驱提高原油采收率的方法越来越受到人们的重视,气驱提高原油采收率技术(如CO_2、天然气或N_2等)同改进注水、注聚合物技术一样,被证明是油田的高效开采技术之一,但普遍存在气源相对不足且成本较高的情况。气驱中空气/空气泡沫技术具有节能环保等优势,已被证实是一种适用性广且效率高的三次采油技术并值得大力推广。同时国内外中小型空气压缩机发展快速、性能可靠、价格便宜,压力和排量范围广,为注空气技术在国内相关油田的推广奠定了基础。

空气/空气泡沫技术是一项提高原油采收率比较新颖的三次采油技术,该技术中所需的气源(空气)具有成本廉价(据报道注入成本约0.018 \$/m^3)、来源广、不受地域和空间限制等优势,目前已在轻质油藏和稠油油藏矿场中有所应用。与稠油油藏(火烧油层)工艺相比,轻质油田注空气工艺简单,其工作原理相当于低温氧化-烟道气驱过程,在油藏温度下(一般应高于70℃)空气与原油发生低温氧化放热反应(LTO),不仅使油层温度就地升温,轻质组分蒸发,同时就地产生CO_2、CO、CH_4以及蒸发的轻烃组分等气体,即空气采油技术综合利用了多种气驱采油机理,是目前量最廉价、最有发展前景的提高采收率方法之一,同时也为我国石油工业的发展提供必要的技术准备,具有重要的实际意义和广阔的市场前景。非均质性强、无倾角水平油藏在注空气开采过程中,可能发生气窜和黏性指进等情况,不仅影响了空气驱替效果,还会因氧气(空气)气窜引发生产井安全事故(爆炸),因此,针对空气驱的特征,采用空气泡沫辅助空气驱技术,以达到封堵高渗层、延迟或阻止气窜和黏性指进等目的,不但提高波及系数,改善洗油效率,同时还保障生产井安全运营,空气/空气泡沫技术已逐渐引起人们的关注。空气/空气泡沫技术工艺适用的油藏类型比较广泛,如老油区的高含水油藏、多层位非均质严重的油藏、低渗/中低渗油藏、中轻质油藏的二次及三次采油、存在小裂缝或大孔道的油藏及中高渗油藏的堵水堵气与提高采收率;但在空气/空气泡沫调驱技术的矿场应用中,可能存有因含氧过高发生爆炸、与原油的低温氧化产物对管道腐蚀等隐患,影响油田的正常生产运营,因此有必要开展该技术中的减氧、防腐等相应配套技术。

目前关于低渗透储层的划分,国内外尚无统一标准。苏联将储层渗透率小于 $100 \times 10^{-3} \mu m^2$ 的油田划为低渗透油田;美国把低于 $10 \times 10^{-3} \mu m^2$ 的储层划为中—差储层;我国将低渗透砂岩储层分为低渗透[渗透率 $(10 \sim 50) \times 10^{-3} \mu m^2$]储层、特低渗透[渗透率 $(1 \sim 10) \times 10^{-3} \mu m^2$]储层和超低渗透[渗透率 $(0.1 \sim 1) \times 10^{-3} \mu m^2$]储层(表 1.1)。

表 1.1 我国低渗透分级表

储层渗透率类型	平均渗透率(K)/$10^{-3} \mu m^2$	储层渗透率类型	平均渗透率(K)/$10^{-3} \mu m^2$
特高渗	$K \geqslant 2000$	低渗	$10 \leqslant K < 50$
高渗	$500 \leqslant K < 2000$	特低渗	$1 \leqslant K < 10$
中渗	$50 \leqslant K < 500$	超低渗透	$0.1 \leqslant K < 1$

我国低渗透油气资源分布广泛,主要包括长庆、延长、大庆外围、胜利、新疆、大港和吉林等油区。低渗透油藏具有沉积矿物成熟度低、黏土含量高、颗粒细、成岩压实作用强、孔隙度低、渗透率小、溶蚀孔和微裂缝发育、孔隙喉道细小(且小孔喉所占比例大)、非均质性强等特点,因此与中高渗透油藏相比,低渗透油藏在渗流机理、开发方式、采收率方法和经济效益等方面都有明显差异,存在开发难度大、采收率低和效益差的特点。目前我国已投入开发的低渗透油藏基本采用注水开发方式,但开发过程中油井含水上升快、易出现水窜/水淹等现象,导致波及体积小,开发效果差。据统计,国内外低渗透油藏采收率在 11% ~ 30% 之间,平均采收率仅有 20% 左右,大部分原油仍滞留在油藏储层中无法采出,因此低渗透、特低渗透油藏提高采收率的潜力十分巨大。另外,油田生态环境脆弱,石油资源的高效开发与环境保护的矛盾日渐突出;利用空气/空气泡沫调驱技术开发该类油藏具有重要的意义。

国内外早已进行了空气驱矿场试验,并取得了显著效果。国外油田有美国 West Hackberry、Sloss、MPHU、BRRU、Madison、Heidelberg、Horse Creek、Coral Creek、Buffalo 等油田、印度尼西亚 Handil 油田以及阿根廷 Barrancas 油田进行了相应的实验模拟。国内也已在广西百色、中原、胜利、陕北旗胜等油田进行了矿场应用。矿场应用中的油藏属于碳酸盐岩和砂岩油藏,其中砂岩油藏大部分渗透率属于中高渗油藏。因此,针对我国油藏的开发现状,结合国内外空气驱/空气泡沫驱的矿场应用,系统开展低渗轻质油藏中注空气/空气泡沫开采研究,揭示空气与原油的低温氧化反应影响因素及其规律、空气泡沫对低温氧化反应的影响以及减氧和防腐等配套技术,即可为空气/空气泡沫调驱技术的应用奠定基础,也为此类油藏的高效开发提供技术支撑。

1.2 国内外研究现状及发展趋势

注空气采油技术是指把空气注入某一油藏时自然发生的采油技术。空气在油藏中会同时发生原油氧化和驱油两种作用，根据氧化强度可分高温氧化（HTO）和低温氧化（LTO）；根据驱替效率可进一步分为：①高温氧化非混相空气驱（HTO-IAF）。②高温氧化混相空气驱（HTO-MAF）。③低温氧化非混相空气驱（LTO-IAF）。④低温氧化混相空气驱（LTO-MAF）。注空气采油技术类型主要取决于油藏温度、压力及原油和岩石的性质。

20世纪60年代以来，国内外就空气/空气泡沫调驱技术做了大量的研究工作，为该技术广泛应用提供了理论支持。在国外，美国针对注空气提高轻质油油藏采收率，在室内研究、数值模拟等方面做了大量工作，技术和理论都很成熟，现场应用比较多，注空气驱油配套技术逐渐完善。20世纪50年代，美国开始泡沫驱油的研究，在室内实验、数值模拟、微观驱油等方面做了不少工作，现场试验也取得了一定的效果。在国内，20世纪80年代空气驱开始起步，主要侧重于室内实验研究与油藏评估，油田实施较少，理论与现场经验缺乏；20世纪60年代开始泡沫驱油的研究，主要集中在泡沫的稳定性、起泡剂的损失及其抑制、泡沫驱油机理等问题上，并且开展了相关的探索性矿场试验，相关理论与现场试验经验比较丰富。

1.2.1 国内外空气驱研究现状及趋势

空气驱具有成本低、气源丰富、分布广和经济效益较好等优点，最早用于地层能量维持和补充，后来多被重质油田火烧采用。20世纪90年代以来，空气驱逐渐推广到轻质油藏中，越来越受到油田的重视。空气驱具有原油低温氧化作用，在油藏中，消耗了大量的氧气，同时产生了CO、CO_2和N_2等组成烟道气，具有多种驱油机理。但考虑到空气在井下的安全性，空气驱仍是有待发展完善的三次采油技术。

1. 国内外室内实验方法

注空气驱油技术，首先是国内外各大油田和大学在室内进行的实验研究，主要包括动/静态氧化实验、动态驱替实验、热重-差热分析（TG-DSC）、加速绝热量热仪（ARC）实验以及原油族组分与元素含量分析等。

空气动/静态氧化实验是指在特定条件下，利用填砂模型模拟实验进行分析测试，从而可以获取压力、O_2消耗的速度及剩余O_2和CO_2的含量等数据，该实验方法是研究注空气采油机理、评价油藏注空气采油适应性的最常用方法。

空气动态驱替实验是利用长管模型（一般不小于18m），模拟不同油藏条件下的低温氧化过程，可以研究：①空气驱注入方式优化。②空气驱过程中含氧饱和度和残余油饱和度的变化情况。③空气驱对储层物性的影响等问题。

热重-差热分析（TG-DSC）是研究原油氧化反应的一种常用方法，在国外多用于火烧油层（ISC）中原油高温氧化（HTO）反应动力学，即利用TG分析；国内西南石油大学的赵金洲等利用该技术对轻质原油在高压空气驱中的氧化热动力学进行了研究。

加速绝热量热仪（ARC）实验是指在近似绝热情况下的高温高压放热反应，测定在绝热条件下原油的氧化情况及低温氧化到高温氧化的发展；确定原油的自燃，幂率指数等，还可以筛选适合评价动态参数特性，获得阿雷尼厄斯活化能、反应级、预于注空气的油藏。

在国外，注空气驱油室内实验研究主要是美国、英国、加拿大等国家的著名石油院校与各大油田公司。主要研究了各种油藏参数对注空气驱油过程中原油与空气反应活性的影响。在国内，胜利油田、吐哈油田、中国石油勘探开发研究院、中国石油大学、西南石油大学等单位都对轻质油藏注空气进行了室内实验研究。

2. 国内外矿场应用研究

1960年以来，英国、法国、美国等国家先后开展了轻质油藏空气驱技术研究，针对某一油藏进行了大量的室内实验、数值模拟等方面研究，现场空气驱油配套技术逐渐完善。目前，空气驱替轻质原油提高采收率技术上可行，经济上也取得了显著效果。

1967年，Amoco、Arco、Gulf、Total和Chevron公司先后在美国和其他地区对埋深1890~3444m、原油密度为0.83~0.89g/cm³的水淹轻质油油藏成功地开展了注空气三次采油现场试验，增油效果令人瞩目。1977年至今，美国先后在Williston盆地BRRU、MPUH、(Horse Creek)HC、(Coral Creek)CC等低渗轻质油油藏进行注空气二次和三次采油先导性试验，获得了独特的经济技术效果(表1.2)。1994年，对美国路易斯安那州西南的W. Hackberry油田的高压区(17.4~22.9MPa)实施注空气驱，因未到达足够的注气量未见到效果，1996年开始对该油田的低压区(2.1~6.2MPa)实施注空气驱，取得了显著驱油效果。1995年，英国Bath大学在北海Maureen油田进行了水驱后注空气驱实验，取得了满意的驱油效果，同年Total公司的印度尼西亚H油田进行一个先导注空气试验区，室内实验和数模技术研究表明，经济和技术上均可行。苏联斯霍特尼兹油田从1931年起注空气、引擎废气和天然气实现稳定增加，1951年使用注空气技术采油，21年间共增加原油10.96×10⁴t(表1.3)。

通过对国外开展空气驱技术的现场应用分析可知，该技术明显提高原油采收率，在经济和社会效益方面取得了显著效果。

表1.2 国外低渗透油藏空气驱项目基本开发数据统计表

油田名称	Buffalo	MPHU	Horse Creek	Coral Creek*
主产层	红河B	红河B、C	红河D	红河B
油藏类型	碳酸盐岩	碳酸盐岩	碳酸盐岩	碳酸盐岩
面积/$10^4 m^3$	3110.4	3888	1548.74	
层顶深/m	2575.56	2895.6	2781.3	2651.8~2743.2
平均厚度/m	3	5.5	6.1	
孔隙度/%	20	17	16	9~22
渗透率/$10^{-3} \mu m^2$	10	5	10~20	2~8
初始含油饱和度/%	55	57	65	
温度/℃	102	110	104	
原始压力/MPa	24.8	24.8	27.6	
地质储量/$10^6 t$	5	5.4	6.2	
原油地面相对密度	0.876	0.83	0.865	0.852
泡点压力/MPa	2.1	15.5	4.3	9.4
气油比/(m^3/m^3)	21.4	93.4	36.5	
地层体积系数	1.16	1.4	1.205	1.206
原油地面黏度/mPa·s	0.5	0.5	1.4	1
一次采收率/%	5.95	15	9.92	2.83
二次采收率/%	15.67	14.25	16.62	
总采收率/%	21.62	29.25	26.54	2.83

注：*表示仅进行室内实验和数据模拟研究。

表 1.3　国外中高渗透油藏空气驱项目基本开发数据统计表

油田名称	Sloss	WJLackberry	Barrancas	West Heidelbeng	Handil *
主产层		C-1、C-2、C-3		沙4、沙5	
油藏类型	砂岩	砂岩	砂岩	砂岩	砂岩
面积/10^4 m³	388.5	119.07		142.4	
层顶深/m	1889.76	2621.28	2300	3444.2	1500~2200
平均厚度/m	4.3	21	10	18.9	
孔隙度/%	19.3	26	17	14	
渗透率/10^{-3} μm²	191	1000	60	85	10~2000
初始含油饱和度/%	30±10	79	47	85	
温度/℃	93.3	94	85	105	
原始压力/MPa	15.7	29.1		35.2	
地质储量/10^6 t		3.3		2.5	
原油地面相对密度	0.831	0.86	0.871	0.893~0.946	
泡点压力/MPa		29.1		6.4	
气油比/(m³/m³)		21.5		19.2	
地层体积系数	1.05	1.35		1.1397	
原油地面黏度/mPa·s	0.8	0.9	4.6	6	0.5~1.0
一次采收率/%		40~50		6.1	
二次采收率/%		30~40		16.1	
总采收率/%				22.2	

国内自 20 世纪 70 年代以来，针对空气驱油技术，先后在大庆油田、吐哈油田和中原油田等，开展了室内、数值模拟以及现场试验等方面的研究工作，并取得了一定的成就。

针对大庆油田小井距组萨 II^{7+8} 正韵律油层，分别在 1982 年 6 月和 1983 年 5 月实施了两次空气驱矿场先导性试验，在一定程度上解决了"水突进"问题，改善了油层的动用情况，提高了原油采收率。

1999 年，针对已进入中高含水期的吐哈油田主力层（中孔、中低渗、层状砂岩轻质油藏），开展了注空气驱的基础研究和室内实验。2004 年 9 月，"吐哈油田注空气可行性研究"成果通过验收，并认为注气驱效率比注水驱效率提高 17%。2005 年开展的鄯善油田的空气驱数模研究结果表明，在鄯善油田水驱后和未水驱油藏中，空气注入油藏 6~10d 后原油均能发生自燃，气体突破达到生产井时，不会因原油自燃消耗空气中氧量发生爆炸事故。

2006~2007 年，针对中原油田胡 12 块油藏特征，开展了空气驱的室内和数模等研究，并于 2007 年 5 月，进行了胡 12 块 H12-152 井组空气-空气泡沫段塞先导试验。现场结果表明：三个月增油 12% 以上，含水率降低 4%；试验中未见生产井气体突破，没有发生安全事故。

2010 年后，国内外学者主要利用数模和物模等技术手段，系统开展空气驱的机理、影响因素以及原油氧化敏感性等方面研究。目前，主要针对空气驱中存有发生爆炸的隐患，研究减氧空气驱机理和减氧界限以及防腐等方面（表 1.4）。

表1.4 国内空气驱项目油藏基本开发数据统计表

油田名称	百色油田	百色油田	吐哈鄯善油田*	吴起油矿	马岭油田	中原胡12块
主产层	上法百4	子仑16				
油藏类型	砂岩	砂岩	砂岩	砂岩	砂岩	砂岩
层顶深/m	1310	737	3018	1920	1560	
平均厚度/m	26.8	9.3		20	4.6	
孔隙度/%	4	17~20	12.8	7~11	14.6	20.8
渗透率/$10^{-3}\mu m^2$	230	72	6.2	0.5-3.5		300.8
温度/℃	78	49.5	86	53	70	87
原始压力/MPa	13.43		28.86			22.5
原油地面黏度/mPa·s		5.9	0.4			3.9

注：*表示仅进行室内实验和数据模拟研究。

1.2.2 国内外空气泡沫调驱研究现状及趋势

为了防止因注入的空气黏度低，发生的气窜问题，提出了空气泡沫调驱技术，空气泡沫调驱技术同时具有空气驱和泡沫调驱两种技术优势，即空气驱效果好、空气泡沫调驱扩大波及体积的同时也可提高洗油效率，达到多方面提高采收率目的。

国内的胜利、百色、延长、中原等油田先后对空气泡沫驱进行了现场试验，效果良好。1977~1978年胜利油田进行了泡沫驱油试验，2000年与中国石油大学进行合作，在室内进行了空气泡沫驱油相关研究和现场试验的安全性论证。广西百色油田在国内较早进行空气泡沫驱技术试验，并取得较好经济效益，是国内空气泡沫驱油技术应用的典范，该油田空气泡沫驱技术可以分为三个阶段：1996年展开了纯空气泡沫驱；2001年开展了空气-泡沫段塞驱油试验；2004年开展了泡沫辅助-空气驱技术，紧接着还开展了泡沫辅助-气水交替注入矿场试验，都取得了良好效果。

2007年5月，中原油田泡沫驱开始实施现场试验。2010年又优选出明15块、胡19块、卫317块、明15块和胡5块进行现场试验。胡5块自列入空气泡沫驱先导试验区块后，于2010年5月见到驱油效果，4口油井见效明显。其中，胡5-181井日增油3t。胡12块选出4个井组进行现场试验，安全注入空气$421\times10^4m^3$，见效油井7口，预测可采储量增加3.55×10^4t，采收率由24.8%提高到28.8%，采收率提高了4个百分点。空气泡沫驱技术在中原油田取得了较好效果。

1971年，克拉玛依油田也进行了空气泡沫驱现场试验，但试验未获成功。1977年，胜利油田在坨七断块进行了空气泡沫驱试验。1982年，我国石油部对玉门油田泡沫驱未获成功的原因进行了系统研究，促使了泡沫驱的进一步发展。1988年，北京石油勘探开发研究院针对辽河油田稠油油藏，研制了用于蒸汽开采稠油的耐温起泡剂。1990年后，泡沫驱现场试验不断增多并取得了较好成果。1990年，大庆油田北二东烃气泡沫复合驱现场试验，时隔6年，驱油效果方面不仅明显高于水驱，也优于三元复合驱。1994年，吉林扶余油田N_2泡沫辅助热水驱油提高采收率10%以上；1996年，辽河锦45块N_2泡沫辅助热水驱油提高采收率8%~10%。

1999年，胜利油田单家寺2块超稠油N_2泡沫辅助蒸汽吞吐采油，单井3个月增产原油超过3000t; 2000年, 胜利油田与中国石油大学合作, 在室内进行了验泡沫驱油相关的研究和现场试验前期准备工作。

1998~2004年, 广西百色油田进行了空气驱泡沫驱油现场试验, 这是我国较早运用空气驱技术并取得显著经济效益, 其实质就是将空气驱、空气-泡沫驱相结合的灵活运用。现场试验证明, 空气泡沫驱油在非均质砂岩油藏和裂缝性灰岩油藏中均有效, 且效果良好。

2000年, 中原油田采油工程技术研究院开展了空气驱泡沫调驱提高采收率技术研究。几年来, 采油工程技术研究院与中国石油大学(华东)的部分教授学者联合, 先后在空气泡沫调驱提高采收率机理、泡沫体系、安全控制技术等方面进行了研究, 并经矿场实践取得了良好效果, 为中原油田开展空气泡沫驱提供了有益的借鉴, 同时也为提高高温高盐、高含水、严重非均质油藏的采收率作出了新探索。

2003年, 中国石油勘探开发研究院热采所与美国斯坦福大学等研究机构开展了辽河油田低渗油田空气驱开采可行性研究。

2005年12月中旬至2006年5月底, 陕北吴旗油田在旗胜35-6试验区也开始进行空气泡沫驱现场试验。试验通过注入空气/空气泡沫, 不仅使地层能量得到了一定的补充, 而且使井组的自然递减速度得到了一定的控制, 同时还初步实现了稳产的目标。

2007年3月, 延长油田股份有限公司与广西百色科特石油科技服务有限公司达成合作协议, 开展"甘谷驿采油厂唐80井区空气泡沫驱先导试验研究"的项目研究工作, 通过泡沫液体系筛选和岩芯驱替试验优化甘谷驿油田唐80井区空气泡沫驱配方及施工参数, 优选试验井进行现场空气泡沫驱先导试验, 为整个油田补充能量、提高开发速度和采收率提供经验, 探索低渗透油田提高采收率的二次采油新途径。

2010年11月, 西北大学地质系孙卫教授与甘谷驿油田科研人员进行了空气-泡沫驱油机理的研究。空气-泡沫驱油组合实验显示, 水驱初期, 驱油效率上升快, 注水达到0.3~0.4PV后, 水驱效果变差; 水驱后直接进行气驱, 空气易于突破, 驱油效率增幅较低; 空气在多孔介质中遇到发泡剂便产生泡沫, 泡沫的封堵性能提高了油藏的波及系数和洗油效率, 采收率增幅在11%~20%。

2011年6月, 甘谷驿采油厂与中国石油大学大学(华东)开展了"甘谷驿采油厂空气泡沫综合调驱技术研究与试验"。进行了三个月的调驱试验, 有效封堵了油水井之间的高渗通道, 增油效果显著, 反映出空气泡沫综合调驱技术的巨大潜力。

目前, 大量学者通过实验表明向泡沫体系中加入其他物质, 如聚合物可以使泡沫膜厚度增加, 并降低岩石对表面活性剂的吸附作用, 进而增强泡沫的稳定性, 大大提高了驱油效率; 纳米材料在稳定泡沫方面具有协同作用, 且在非均质油藏高渗透区的选择性封堵方面具有巨大潜力。空气泡沫调驱技术可以提高驱油效率, 矿场中取得了相应的效果。总体来说, 空气泡沫调驱在防止水突进和封堵气窜方面取得了很好的效果。

第2章 空气与原油的物理化学性质

注空气/空气泡沫采油技术主要利用空气及其泡沫在油藏条件下作用于原油达到提高采收率的目的，所以有必要了解空气和原油的物理化学性质。

2.1 空气的基本物化性质

2.1.1 空气组成与物理性质

标准状态(0℃，绝对压力为101325Pa)下，空气是一种无色无味气体，可视为理想气体，其相对分子质量为29，摩尔体积为22.4L/mol，摩尔质量为28.9634g/mol，密度为1.293g/L。在标准状态下空气对可见光的折射率约为1.00029，但会因气压、气温和空气成分的变化而发生改变，尤其湿度对于折射率的影响比较大(表2.1)。

液态空气则是一种易流动的浅黄色液体。一般空气被液化时CO_2已经清除掉，因而液态空气的组成是氧占20.95%，氮占78.12%和氩占0.93%，其他组分含量甚微，可以略而不计。

表 2.1 空气的部分理性质

名 称		符 号	单 位	数 值
摩尔质量		M	kg/kmol	28.96
气体常数		R	kgf. m/(kg·K)	29.27
			J/(kg·K)	287.041
密度(0℃、101325Pa)	理想气体	ρ_0	kg/m³	1.292
	实际气体	ρ		1.293
比热比容(0℃)		k		1.4
水中溶解度(分压力10^5Pa)	0℃		mol/(kg·Pa)	1.27×10^{-5}
	25℃			0.72×10^{-5}
折射率550nm，实际气体，0℃，101325Pa$(n-1)\times10^{-6}$		n		293
凝固点	温度	t	℃	-216
		T	K	57
	蒸汽压力	P	kgf/cm²	14.27×10^{-5}
			Pa	14
液相	沸点密度(101325Pa)	ρ_f	kg/m³	870
	摩尔容积	V_m	m³/kmol	33.3

名　称		符　号	单　位	数　值
沸点(101325Pa)	温度	t_f	℃	−192.3
		T_f	K	80.9
	汽化潜热	r	kcal/kmol	1.364
			kJ/kmol	5.71
临界点	温度	t_k	℃	−140.7
		T_k	K	132.45
	压力	P_k	kgf/cm²	38.426
			Pa	37.7×10⁵
	密度	ρ_k	kg/m³	350
气相	摩尔热容 (25℃、0~101325Pa)	C_{mp}	kcal/(kmol·K)	6.953
			kJ/(kmol·K)	29.11
	导热系数(0℃、低压)	λ	kcal/(h·m·K)	0.0206
			W/(m·K)	0.024

1. 空气的组成

大气中的空气主要是由氮气、氧气、氩气、二氧化碳、水蒸气以及其他一些气体等若干种气体混合组成的。含有水蒸气的空气为湿空气，大气中的空气基本上都是湿空气，而把不含有水蒸气的空气称为干空气。在距地面20km以内，空气组成几乎相同。在标准状态(0℃，绝对压力为101325Pa，相对湿度为0)下地面附近的干空气的组成见表2.2。

空气中氮气所占比例最大，由于氮气的化学性质不活泼，具有稳定性，不会自燃，所以空气作为工作介质可以用在易燃、易爆场所。

表2.2　干空气的组成成分

成　分	分子式	标准状况下沸点温度		容积百分数/%	质量百分数/%
		t/℃	T/K		
氧	O_2	−182.79	90.36	20.93	23.1
氮	N_2	−195.81	77.34	78.03	75.6
二氧化碳	CO_2	−78.2	194.95	0.03	0.046
氩	Ar	−185.7	87.45	0.932	1.286
氖	Ne	−245.9	27.25	$(1.5\sim1.8)\times10^{-2}$	1.2×10^{-2}
氦	He	−268.95	4.2	$(4.6\sim5.3)\times10^{-4}$	7×10^{-5}
氪	Kr	−151.8	121.35	1.08×10^{-4}	3×10^{-4}
氙	Xe	−109.1	164.05	8×10^{-8}	4×10^{-5}
氢	H_2	−252.75	20.4	5×10^{-6}	5.6×10^{-6}
臭氧	O_3	—	—	$(1\sim2)\times10^{-6}$	2×10^{-5}

2. 空气的密度

单位体积空气的质量,称为空气的密度 ρ,其公式如式(2-1)所示:

$$\rho = \frac{m}{V} \tag{2-1}$$

式中　ρ——空气密度,kg/m^3;

　　　m——空气的质量,kg;

　　　V——空气的体积,m^3。

气体密度与气体压力和温度有关,压力增加,密度增加,而温度上升,密度减少(常用的空气密度见附表1)。在标准状态下,干空气的密度为 $1.293kg/m^3$,在温度 $t(℃)$、压力(MPa)下的干空气的密度可用式(2-2)计算:

$$\rho = \rho_0 \frac{273}{273+t} \frac{p}{0.1013} \tag{2-2}$$

式中　ρ_0——标准状态下的干空气密度;

　　　p——绝对压力,MPa;

　　　ρ——干空气的密度;

　　　t——温度,℃,其中,$(273+t)$ 为绝对温度(K)。

对于湿空气的密度可用式(2-3)计算:

$$\rho' = \rho_0 \frac{273}{273+t} \frac{p-3.78\phi p_b}{0.1013} \tag{2-3}$$

式中　ρ'——湿空气的密度;

　　　p——湿空气的全压力,MPa;

　　　ϕ——空气的相对湿度,%;

　　　p_b——温度为 t℃时饱和空气中水蒸气的分压力,MPa。

3. 空气的黏性

由于黏性的耗能作用,在无外界能量补充情况下,运动的流体将逐渐停止下来。黏性对物体表面附近的流体运动产生重要作用使流速逐层减小并在物面上为零,在一定条件下也可使流体脱离物体表面。

1) 黏性的表征

(1) 黏性系数(黏度)的定义。黏性的大小用黏性系数(即黏度)来表示。牛顿黏性定律(见牛顿流体)指出,在纯剪切流动中,流体两层间的剪应力 τ 可以如式(2-4)所示:

$$\tau = \mu \frac{d\mu}{dy} \tag{2-4}$$

式中　$\dfrac{d\mu}{dy}$——沿 y 方向(与流体速度方向垂直)的速度梯度,又称剪切变形速率;

　　　μ——比例常数,即黏性系数,它等于速度梯度为一个单位时,流体在单位面积上受到的切向力数值。

在通常采用的厘米·克·秒制中,黏性系数的单位是泊(Poise)。

国际单位制用帕·秒(1 泊＝1 达因·秒/厘米^2＝10^{-1}帕·秒),它的量纲为 $ML^{-1}T^{-1}$。对于多数流体,常用的单位是厘泊(10^{-3}帕·秒)。

（2）黏性系数的计算。黏性系数 μ 显著地依赖于温度，但很少随压力发生变化，与温度的关系对于液体和气体来说是截然不同的。对于液体而言，随着温度升高，黏性系数 μ 下降；对于气体而言，随着温度升高，黏性系数 μ 随之上升。

对于气体，黏性系数 μ 和温度 T 的关系如萨瑟兰公式（2-5）所示：

$$\frac{\mu}{\mu_0} = \left(\frac{T}{T_0}\right)^{\frac{3}{2}} \frac{T_0 + B}{T + B} \tag{2-5}$$

式中　$B \approx 110.4$ 开；T_0、μ_0 为参考温度和参考黏性系数。此式在相当大的范围内（$T <$ 2000K）对空气是适用的。但由于式（2-5）较复杂，在实用上多采用幂次公式（2-6）：

$$\frac{\mu}{\mu_0} = \left(\frac{T}{T_0}\right)^{n} \tag{2-6}$$

计算近似真实的黏性关系。幂次 n 的变化范围是 $1/2 \leqslant n \leqslant 1$，它依赖于气体的性质和所考虑温度范围。在高温时，例如 3000K 以上，n 可近似地取为 $1/2$；在低温时可取为 1。对于空气而言，在 90K$<T<$300K 的温度范围内，n 可近似地取为 5/9，与萨瑟兰公式计算的相对误差不超过 5%。

2）空气的黏性

空气在流动过程中产生内摩擦阻力的性质叫做空气的黏性。空气的黏度受压力影响很小，一般可忽略不计。随温度的升高，空气分子热运动加剧，因此，空气的黏度随温度升高而略有增加。黏度随温度的变化关系见表2.3。

表 2.3　空气黏度随温度的变化值

$T/℃$	$\mu/mPa \cdot s$	$T/℃$	$\mu/mPa \cdot s$	$T/℃$	$\mu/mPa \cdot s$
5.0	0.01734	15.5	0.017865	26.0	0.01839
5.5	0.017365	16.0	0.01789	26.5	0.01842
6.0	0.01739	16.5	0.017915	27.0	0.01845
6.5	0.017415	17.0	0.01794	27.5	0.01847
7.0	0.01744	17.5	0.017965	28.0	0.01849
7.5	0.017465	18.0	0.01799	28.5	0.018515
8.0	0.01749	18.5	0.018015	29.0	0.01854
8.5	0.017515	19.0	0.01804	29.5	0.018565
9.0	0.01754	19.5	0.018065	30.0	0.01859
9.5	0.017565	20.0	0.01809	30.5	0.018615
10.0	0.01759	20.5	0.018115	31.0	0.01864
10.5	0.017615	21.0	0.01814	31.5	0.018665
11.0	0.01764	21.5	0.018165	32.0	0.01869
11.5	0.017665	22.0	0.01819	32.5	0.018715
12.0	0.01769	22.5	0.018315	33.0	0.01874
12.5	0.017715	23.0	0.01824	34.0	0.01879
13.0	0.01774	23.5	0.018265	35.0	0.01884
13.5	0.017765	24.0	0.01829	36.0	0.01889
14.0	0.01779	24.5	0.018315	37.0	0.01894
14.5	0.017815	25.0	0.01834	38.0	0.01899
15.0	0.01784	25.5	0.018365	39.0	0.01904

4. 空气的压缩性

气体压缩系数也称压缩因子，是实际气体性质与理想气体性质偏差的修正值。通常用 Z 表示，$Z = PV/RT = PV_m/R_uT$；Z 也可以认为是实际气体比容 V(vactual) 对理想气体比容 videal 的比值；$Z = $ vactual/videal；videal $= RT/P$。其中，P 是气体的绝对压力；V_m 是摩尔体积；R_u 是通用气体常数；$R = R_u/M$；R 是气体的摩尔气体常数；T 是热力学温度。Z 偏离 1 越远，气体性质偏离理想气体性质越远。凡在气体流量的计算中必然要考虑压缩系数。在压力不太高、温度较高、密度较小的参数范围内，按理想气体计算能满足一般工程计算精度的需要，使用理想气体状态方程就可以了，此时压缩系数等于 1。但是在较高压力、较低温度或者要求高准确度计算，需要使用实际气体状态方程，在计量气体流量时由于要求计算准确度较高，通常需要考虑压缩系数。

空气的体积易随压力和温度的变化而变化，其变化规律同样也遵循气体状态方程，其常见压缩系数见表 2.4。

表 2.4　空气的压缩系数

温度/K	压力/MPa									
	0.1	0.5	1	2	4	6	8	10	15	20
90	0.9764							0.4581	0.6779	0.8929
100	0.9797	0.8872					0.3498	0.4337	0.6386	0.8377
120	0.988	0.9373	0.866	0.673			0.3371	0.4132	0.5964	0.772
140	0.9927	0.9614	0.9205	0.8297	0.5856	0.3313	0.3737	0.434	0.5909	1.7699
160	0.9951	0.9748	0.9489	0.8954	0.7802	0.6603	0.5696	0.5489	0.634	0.7564
180	0.9967	0.9832	0.966	0.9314	0.8625	0.7977	0.7432	0.7084	0.718	0.7986
200	0.9978	0.9886	0.9767	0.9539	0.91	0.8701	0.8374	0.8142	0.8061	0.854
250	0.9992	0.9957	0.9911	0.9822	0.9671	0.9549	0.9463	0.9411	0.945	0.9713
300	0.9999	0.9987	0.9974	0.995	0.9917	0.9901	0.9903	0.993	1.0074	1.0326
350	1	1.0002	1.0004	1.0014	1.0038	1.0075	1.0121	1.0183	1.0377	1.0635
400	1.0002	1.0012	1.0025	1.0046	1.01	1.0159	1.0229	1.0312	1.0533	1.0795
450	1.0003	1.0016	1.0034	1.0063	1.0133	1.021	1.0287	1.0374	1.0614	1.0913
500	1.0003	1.002	1.0034	1.0074	1.0151	1.0234	1.0323	1.041	1.065	1.091

5. 空气与地下流体的溶解性

1）与地层水的溶解性

气体溶解度是指该气体在压强为 101kPa，一定温度下，溶解在 1 体积水里达到饱和状态时的气体的体积。气体溶解度受气体种类、压强、温度等因素影响外，还与溶剂性质有关。1803 年，英国化学家威廉·亨利对气体溶解于液体的溶解度做了研究，总结出一条定律，称为亨利定律。当压强一定时，气体的溶解度随着温度的升高而减少。这一点对气体来说没有例外，因为当温度升高时，气体分子运动速率加快，容易自水面逸出。当温度一定时，气体的溶解度随着气体压强的增大而增大。这是因为当压强增大时，液面上气体的浓度增大，因此，进入液面的气体分子比从液面逸出的分子多，从而使气体的溶解度变大。而且，气体的溶解度和该气体的压强(分压)在一定范围内成正比(在气体不跟水发生化学变化情况下)。

气体的溶解度有两种表示方法，一种是在一定温度下，气体的压强(或称该气体的分压，不包括水蒸气的压强)是 $1.013×10^5Pa$ 时，溶解于 1 体积水里，达到饱和时气体的体积(并需换算成在 0℃时的体积数)，即这种气体在水里的溶解度。另一种气体溶解度的表示方法是，在一定温度下，该气体在 100g 水里，气体的总压强为 $1.013×10^5Pa$(气体的分压加上当时水蒸气的压强)所溶解的克数。

在不同温度时，空气在水中的溶解度也不同，见表 2.5 和图 2.1。

表 2.5 空气在水中的溶解度 760mmHg，1000mL 水中溶解空气的毫升数

温度/℃	毫升数/mL	温度/℃	毫升数/mL
0	29.18	16	20.14
2	27.69	18	19.38
4	26.32	20	18.68
6	25.06	22	18.01
8	23.90	24	17.38
10	22.84	26	16.79
12	21.87	28	16.21
14	20.97	30	15.64

2) 与原油的溶解性

空气在原油中的溶解对原油体积膨胀等性质有较大影响，图 2.2 是陈振亚(2012 年)空气溶解于中原油田明 15 块原油曲线。空气在地层原油中的溶解度随着注气压力升高而增大的结果说明，如果在气驱采油时提高注气压力，就能提高空气在地层原油中的溶解度，注气压力越高，空气在原油中的溶解能力越强，越有利于提高驱油效率。

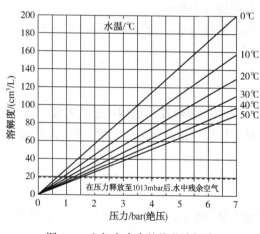

图 2.1 空气在水中的饱和溶解度

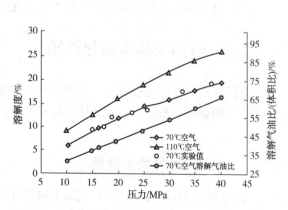

图 2.2 空气溶解度和溶解气油比与气体压力的关系

2.1.2 空气的化学性质

空气是由 N_2、O_2、CO_2 等组成的一种混合物，各种气体在空气里都各自独立地存在着。

所以空气的化学性质实际上就是这些气体化学性质的综合体现。

1）N_2 的化学性质

N_2 的化学性质不活泼，常温下难与其他物质发生化学反应。当条件改变时，如在高温高压并有催化剂存在的条件下，可与其他物质发生一定的化学反应。氮原子具有较强的非金属性，在氮分子中有共价三键，键能大（941kJ/mol），以至于加热到 3273K 时仅有 0.1% 离解，氮分子是已知双原子分子中最稳定的，所以 N_2 化学性质不活泼。但在高温下，破坏了共价键，N_2 可跟许多物质反应。

2）O_2 的化学性质

O_2 是一种化学性质比较活泼的气体，在一定的条件下，O_2 提供氧，能与许多物质发生反应并放出大量热，称为氧化反应。

物质在纯 O_2 中燃烧程度比空气中燃烧更剧烈，说明物质燃烧剧烈程度与 O_2 的浓度大小成正比。物质与 O_2 反应不一定是燃烧现象，如缓慢氧化。

O_2 与原油可以通过加氧和脱碳等两个途径发生低温氧化反应中。加氧反应主要是碳氢化合物与 O_2 反应中间含氧的烃类化合物，包括羧酸（R—COOH）、醛（R—CHO）、酮（R—CO—R'）、醇或苯酚（R—C—OH）及烷基过氧化氢等，然后进一步氧化形成过氧化物，并发生脱碳反应产生 CO_2、CO、CH_4 等气体。

3）其他气体的化学性质

（1）CO_2 是碳氧化合物之一，是一种无机物，不可燃，通常也不支持燃烧，低浓度时无毒性。它也是碳酸的酸酐，属于酸性氧化物，具有酸性氧化物的通性，其中碳元素的化合价为 +4 价，处于碳元素的最高价态，故 CO_2 具有氧化性而无还原性，但氧化性不强。

CO_2 可以与地下流体在一定条件下发生反应。与地下水形成碳酸（$H_2O + CO_2 \Longrightarrow H_2CO_3$），其混合液的稳定 pH 值在 3.2～3.7，对管线腐蚀性不大。还可利用它的酸性，提高储层的渗透率，用碳酸水对地层增产增注。碳酸水可阻止铁、铝氢氧化物胶凝沉淀，控制低渗储油层的黏土膨胀，起到增注和保护储层的作用。另外，与地下原油中不同组分的轻质烃发生反应，可以降低原油相对密度和界面张力，从而提高采收率。

（2）氩化学性质极不活跃，一般不生成化合物，但可与水、氢醌等形成笼状化合物。

2.2 原油的基本物化性质

原油性质包含物理性质和化学性质两个方面。其中，物理性质包括颜色、密度、黏度、凝固点、溶解性、发热量、荧光性、旋光性等；化学性质包括化学组成、组分组成和杂质含量等。

2.2.1 原油的物理性质

原油的物理性质随其化学组成的不同而有明显差异（部分物理性质见表 2.6）。不同性质的原油，对开发、集输、贮存、加工影响较大。

（1）颜色：原油的颜色与原油中含有胶质、沥青质数量的多少有密切关系。深色原油密度大、黏度高。液性明显的原油多呈淡色，甚至无色；黏性感强的原油，大多色暗，从深棕、墨绿到黑色。

我国玉门、大庆等油田的原油多呈黑褐色；新疆克拉玛依油田原油呈茶褐色；青海柴达木盆地的原油多呈淡黄色；四川、塔里木、东海等盆地的一些凝析气田所产凝析油从浅黄色到无色。

（2）气味：原油的气味是由于原油中所含不同挥发组分而引起的。芳香属组分含量高的原油具有一种醚臭味。含有硫化物较高的原油则散发着强烈刺鼻臭味。由于含硫化物较高，因此这类原油在加工时，需要增加专门的处理装置需投入更多的资金。我国主要油田的含硫量较中东地区原油含硫量（高于2%）低得多，大庆油田原油含硫量不到1‰，胜利油田原油含硫量多不超过1%。

（3）密度：原油的密度指在地面标准条件下，脱气原油单位体积的质量。以吨每立方米（t/m³）或克每立方厘米（g/cm³）表示。原油相对密度（以往文献曾以比重表示）是15.5℃或20℃时原油密度与4℃时水密度的比值。国际上常用API度作为决定油价的标准。API度与相对密度关系式为：API度（15.5℃）＝（141.5/相对密度）－131.5，API度大，相对密度小。水的API度为10。密度大小与原油的化学组成、所含杂质数量有关。胶质、沥青质含量高，密度大，颜色深；低相对分子质量烃含量高，密度小。不同地区、不同地层所产原油密度有较大的差别。原油按其密度可分为四类：轻质原油（密度<0.87g/cm³），中质原油（≥0.87~0.92g/cm³），重质原油（≥0.92~1.0g/cm³），超重质原油（≥1.0g/cm³）。

我国生产的原油密度变化也较大，大庆（多在0.8601g/cm³）、长庆（0.8437g/cm³）、青海尔斯库勒（0.8388g/cm³）等地区所产原油多属轻质原油；胜利（多数在0.8873g/cm³左右）、辽河（0.8818g/cm³）等地区所产原油多属中质原油；胜利孤岛（0.9472g/cm³）、大港羊三木（0.9492g/cm³）、辽河高升（0.9609g/cm³）、新疆乌尔禾（0.9609g/cm³）等油田所产原油则属重质原油。

（4）黏度：原油的黏度指液体质点间移动的摩擦力，以mPa·s表示。黏度大小决定着原油在地下、在管道中的流动性能。一般与原油化学组成、温度和压力的变化有密切关系。通常原油中含烷烃多、颜色浅、温度高、气溶量大时，黏度变小。而压力增大黏度也随之变大。地下原油黏度比地面的原油黏度小。

根据黏度大小，将原油划分为常规油（<100mPa·s），稠油（≥100~10000mPa·s），特稠油（≥10000~50000mPa·s）和超特稠油或称沥青（>50000mPa·s）四类。

我国原油黏度变化范围较大。大庆白垩系原油（50℃）黏度在19~22mPa·s，任丘震旦亚界原油（50℃）为53~84mPa·s，胜利孤岛原油（50℃）为103~6451mPa·s。

（5）荧光性：原油在紫外光照射下受激发发光，并在照射后所发光立即消失的这种荧光反应特性，普遍被用于野外工作时作为判断岩石中是否含有原油显示的重要标志。按发光颜色不同以及分布的情况，大体可推测出原油组分及其百分含量。一般油质呈天蓝色，胶质呈黄绿色，沥青质呈棕褐色。

（6）旋光性：原油在偏光下，具有把偏光面向右旋转的特性。偏转度一般小于1°。旋光性是有机质所特有的一种性质，而且当温度升高至300℃时即可消失。因此，在研究原油生成时，常以这种旋光性和在原油中发现素（由动植物色素如叶绿素或血红素变化而成，并在温度超过200℃时被破坏）的存在作为原油有机成因的依据。

（7）溶解性：原油不溶于水，但可溶于有机溶剂，如苯、香精、醚、三氯甲烷、硫化碳、四氯化碳等，也能局部溶解于酒精之中。原油又能溶解气体烃和固体烃化物以及脂膏–

树脂、硫和碘等。

（8）凝固点：原油的凝固点指原油从流动的液态变为不能流动的固态温度。这对不同温度尤其在低温地区考虑贮运条件时是非常重要的指标。根据凝固点高低，原油可分为高凝油（≥40℃）、常规油（≥-10~40℃）、低凝油（<-10℃）三类。

我国多数油田所产原油的凝固点，在15~30℃之间。原油含蜡量系指原油中含石蜡的百分数。石蜡在其熔点温度（37~76℃）时溶于原油中，一旦低于熔点温度，原油中就出现石蜡结晶。我国主要油田所产原油的含蜡量较高，大约在20%~30%。大庆萨尔图油田含量多在22.6%~24.1%，河南魏岗油田为42%~52%，江汉王场油田为2.8%~11.4%，克拉玛依油田仅7%左右。含蜡量高的原油凝固点也高。

（9）其他物性（燃烧特性）：原油和成品油可燃程度随温度而异，表现在闪点、燃点和自燃点的差异。闪点指原油在容器内受热，容器口遇火则发生闪火但随之又熄灭时的温度。燃点指受热继续升高，遇火不但出现闪火而且引起了燃烧的温度。自燃点指原油在受热已达到相当高的温度，即便不接触火种也出现自燃现象的温度。原油是由不同沸点的烃化合物组成的混合物，与水（沸点为100℃）不同，没有固定的沸点。其闪点随不同沸点化合物的含量比例不同而各有差异。沸点越高，闪点也高。如原油产品中煤油闪点在40℃以上，柴油在50~65℃，重油在80~120℃，润滑油要达到300℃左右。自燃点却相反，沸点高的成品油，自燃点降低，如汽油自燃点为415~530℃，裂化残渣油自燃点约270℃，原油沥青则降至230~240℃。原油作为一种混合物，其闪点为-20~100℃，而自燃点则为380~530℃。

表 2.6 原油的部分物化性质

物化特性	从地下深处开采的有色并有绿色荧光的稠厚状液体，主要成分为芳香族烃的混合物，大部分原油的蒸气与空气能形成爆炸性混合物，易燃（自燃点：350℃）		
沸点	范围为常温到500℃以上	密度	大部分在0.75~1.0g/cm³，个别>1.0g/cm³或<0.71g/cm³
凝固点	差别很大（30~60℃）	溶解性	不溶于水
外观、气味与主要成分	原油的颜色非常丰富，有红、金黄、墨绿、黑、褐红、甚至透明，原油的成分主要有油质（这是其主要成分）、胶质（一种黏性的半固体物质）、沥青质（暗褐色或黑色脆性固体物质）、碳质（一种非碳氢化合物），组成原油的化学元素主要是碳（83%~87%）、氢（11%~14%），其余为硫（0.06%~0.8%）、氮（0.02%~1.7%）、氧（0.08%~1.82%）及微量金属元素（镍、钒、铁等），由碳和氢化合形成的烃类构成原油的主要组成部分，约占95%~99%，不同产地的原油中，各种烃类的结构和所占比例相差很大，但主要属于烷烃、环烷烃、芳香烃三类，具有特殊气味		
闪点	-6.67~32.2℃	爆炸极限	爆炸下限=1.1%，爆炸上限=6.4%
危险特性	原油是一级易燃液体。其蒸气与空气形成爆炸性混合物，遇明火、高热能引起燃烧爆炸。原油蒸气、伴生气一般属于微毒、低毒类物质，在高浓度下可能会造成急性中毒，长期在低浓度下可以造成慢性中毒		

2.2.2　原油的组成（化学性质）

原油是一种复杂的多组分混合物，在常温常压下，是以气、液、固三相共存的胶状悬浮体系。组成原油的主要元素有碳、氢、氮、氧、硫及一些微量金属元素，其中碳、氢的含量高达96%~99%，氮、氧、硫三元素的总量约为1%~4%。这些元素都以有机化合物的形式存在于原油中，可划分为由碳、氢构成的烃类化合物和含有硫、氮、氧等元素的非烃类化合物两大类。

1. 原油中的烃类化合物

1）烷烃

烷烃是原油的主要组分，其分子通式为 C_nH_{2n+2}，碳键呈直键结构的称为正构烷烃，带侧键或支键的称为异构烷烃。烷烃的物性与 n 值有关，随着 n 值的增加，熔点、沸点等物性也随之升高。

在常温常压下，$C_1 \sim C_4$ 的烷烃呈气态；$C_5 \sim C_{16}$ 的正构烷烃呈液态；C_{17} 以上的正构烷烃呈固态。除甲烷和乙烷是无色无味气体外，其他易挥发的低分子烷烃具有汽油味，碳数多的高分子烷烃无气味，挥发性很小。

烷烃是非极性化合物，几乎不溶于水，但易溶于有机溶剂。烷烃在常温常压下化学性质很稳定，因而在储存过程中不易氧化变质。

2）环烷烃

环烷烃是饱和的环状化合物，即碳原子以单键相连接成环状，其他价键为氢原子所饱和的化合物，其分子通式为 C_nH_{2n}。原油中的环烷烃主要是环戊烷和环己烷的化合物。

环烷烃的沸点、熔点和密度比相同碳数烷烃高，但密度仍小于 $1.0g/cm^3$，环戊烷等在常温常压下为液体，相对分子质量大的环烷烃为固体。

由于环烷烃是饱和烃，与烷烃相类似，在常温常压下比较安定，因而在储存过程中也不易氧化变质。但在不同条件下，可能发生氧化、裂化、芳构化、异构化和取代等反应。

3）芳香烃

分子中具有苯环结构的烃类称为芳香烃，一般苯环上带有不同的烷基侧链，根据苯环的多少和结合形式的差别，芳香烃分为单环、多环和稠环芳香烃。

芳香烃在常温下呈液态或固态。苯及其同系物具有强烈的芳香气味，其蒸气对人体有毒害作用。芳香烃的密度一般为 $0.86 \sim 0.9g/cm^3$，比相同碳数的其他烃类密度大。

芳香烃中的苯环很稳定，即使强氧化剂也不能使它氧化，也不易起加成反应。在一定条件下，带侧链芳香烃上的侧链会被氧化成有机酸，带侧链的多环和稠环芳香烃很容易被氧化而生成胶状物质，这是油品氧化变质的重要原因之一。

4）不饱和烃

分子中碳原子之间具有双键或三键的烃类称为不饱和烃，含有双键的是烯烃，含有三键的是炔烃，由于原油及其产品中一般不含炔烃，因此这里只讨论烯烃的性质。根据双键的位置、数量等结构特点，烯烃可分为单烯烃（简称烯烃）、二烯烃和环烯烃。

在常温常压下，小于 C_5 的烯烃是气体，C_5 以上的烯烃是液体，碳数多的烯烃是固体。与烷烃类似，烯烃的沸点和密度随着分子中碳数的增多而增大，但其密度都小于 $1g/cm^3$。烯烃难溶于水，易溶于有机溶剂。

原油在加工过程中，环烷烃受热分解，生成烯烃和二烯烃，因而原油产品中含有不同数量的不饱和烃。

2. 原油中的非烃类化合物

1）含硫化合物

硫是原油的重要组成元素之一，大多数以有机硫化物状态存在，少数以元素硫和硫化氢形式存在，不同原油其含硫量差别很大，从万分之几到百分之几。原油中的硫化物根据它们对金属的腐蚀性不同分为三类。

（1）常温下易与金属作用，形成具有强烈腐蚀性的活性硫。这主要是指元素硫、硫化氢和低分子硫醇。原油中的硫和硫化氢大多数是其他含硫化合物的分解产物，二者可以互相转换，硫化氢是无色有毒气体，其水溶液呈酸性，强烈腐蚀金属。硫醇（RSH）在原油中的含量不多，其沸点比相应的醇类低很多，多数存在于低沸点馏分中，硫醇不溶于水，呈弱酸性，能和铁直接作用，从而腐蚀金属设备。

（2）常温下中性、不腐蚀金属、受热后能分解产生具有腐蚀性物质硫化物。这主要是硫醚和二硫化物。硫醚是中性液体，不溶于水，与金属不起作用，但受热后能分解成硫醇和烯烃，导致金属设备的腐蚀。硫醚含量随馏分沸点升高而增大，大量集中在煤油和柴油馏分中。二硫化物在原油中的含量较少，大多数集中在高沸点馏分中。二硫化物也是中性化合物，不与金属作用，有一定的臭味，其热稳定性比硫醇差，容易受热分解。

（3）对金属没有腐蚀性、对热稳定性好的噻吩及其同系物。

噻吩类是一种芳香性的杂环化合物，其性质与苯系芳香烃很接近，热稳定性好，无臭味。原油中的噻吩含量不多，但在原油加工的产品中含量却很高，这是因为其他硫化物热分解最终都得到了热稳定性好的噻吩。

原油中的硫化物对油品储存、原油加工和油品的使用性能危害很大。它能加速油品氧化，生成胶状物质，使油品变质，严重影响油品的储存安定性；还会引起储油设备、加工装置等的严重腐蚀；H_2S 和低分子硫醇的恶臭及含硫燃料燃烧产生的含 SO_2 和 SO_3 废气，严重污染大气；硫还是某些金属催化剂的毒物。因此，有必要除去原油中的硫化物。

常用脱硫方法有：酸碱洗涤法、催化加氢法、催化氧化法等，其中最为有效的是催化加氢法。

2）含氧化合物

原油的含氧量一般较少，约为千分之几，其含氧化合物大多集中在胶质和沥青质中，因此，胶质和沥青质含量多的重质原油其含氧量大多比较高。原油中的氧都以有机化合物的形式存在，主要分为中性氧化物和酸性氧化物两类，中性氧化物有醛、酮类，它们在原油中含量极少，并不重要；酸性氧化物有环烷酸、脂肪酸和酚类，总称为石油酸，其中以环烷酸最为重要。

环烷酸呈弱酸性，对金属有腐蚀作用，其酸性随相对分子质量的增大而逐渐减弱，环烷酸腐蚀金属而产生的环烷酸盐对油品的使用性能有不良影响，可采用碱洗的方法除去原油中的环烷酸。

3）含氮化合物

原油中含氮量也比较少，一般为千分之几到万分之几，但密度大、胶质多、含硫量高的原油一般其含氮量较高。随着原油馏分沸点的升高，其含氮化合物含量增大，大部分氮化物以胶状、沥青状物质存在于渣油中。

原油中含氮量虽少，但对油品储运、原油加工的影响却很大。在储运过程中，因为光、温度和空气中氧的作用，氮化物很容易生成胶质，极少量的生成物就会导致油品颜色变深并产生臭味。氮化物还会使原油加工中的催化剂中毒，因此有必要采用酸洗或催化加氢精制等方法除去原油中的部分氮化物。

4) 胶状和沥青状物质

胶状及沥青状物质是原油中含元素种类最多、结构最复杂、相对分子质量最大的物质，其成分并不十分固定，性质也有差别，是多种化合物的综合体。由于研究方法和所用溶剂的不同，对同一原油来说，其胶质和沥青质含量的分析结果也不相同，目前大多是根据胶状和沥青状物质在不同溶剂中的溶解度差别及其他性质的不同来进行区分。

胶质一般是指能溶于石油醚、苯、三氯甲烷和二硫化碳，不溶于乙醇的物质。沥青质是指能溶于苯、三氯甲烷和二硫化碳，但不溶于石油醚和乙醇的物质。

胶质是红褐色到暗褐色并具有延性的黏稠液体或半固态物质，其密度约为 $1.0 \sim 1.1 \mathrm{g/cm^3}$，平均相对分子质量为 $600 \sim 1000$，随着原油馏分沸点的升高，胶质含量增大，其相对分子质量也增加，颜色也由浅黄色逐渐变为深褐色。胶质受热或在常温下氧化时能转化为沥青质，高温下甚至生成不溶于油的焦炭状物质-油焦质。

沥青质是暗褐色或深黑色脆性的非晶形固体粉末，密度稍大于胶质，是原油中相对分子质量最大、结构最复杂的组分。沥青质没有挥发性，受热时并不会熔融，当温度高于 $300^{\circ}\mathrm{C}$ 时便会全部分解成焦炭状物质和气体。

3. 各类化合物在原油中的分布

1) 原油中各族烃类的分布规律

随着原油馏分沸点的升高，馏分中烷烃含量逐渐减少，芳香烃含量逐渐增加，环烷烃含量则随原油类别的不同，或增加、或减少、或大致不变。

2) 原油中各非烃类化合物的分布规律

随着原油馏分沸点的升高，含硫化合物和胶质含量均逐渐增大。

2.3　空气对原油黏度影响

空气地层原油体系相态变化研究，对于空气泡沫驱替过程是相当重要的。空气泡沫驱提高原油采收率的基本原理之一就是通过空气在原油中的溶解而使原油体积膨胀，以提高产能、降低原油黏度和界面张力以提高流体的流度，这些都和原油相态变化密切相关。注空气(空气泡沫)驱油时，一方面，由于注入的空气在原油中溶解，地层原油的物理化学性质(如体积系数、黏度、密度、界面张力、气液相组分和组成等)会发生变化；另一方面，由于空气中的氧气与原油发生氧化反应，其反应气体产物在原油中溶解，也会引起原油相的行为变化。

空气原油体系黏度可由混合体系相对密度的四次多项式计算得到，计算方程如式(2-7)~式(2-9)所示：

$$\left[(\mu-\mu^*)\zeta+10^{-4}\right]^{\frac{1}{4}}=a_0+a_1\rho_r+a_2\rho_r^2+a_3\rho_r^3+a_4\rho_r^4 \tag{2-7}$$

$$\zeta=\left(\sum_i x_i T_{ci}\right)^{\frac{1}{6}}\left(\sum_i x_i MW_i\right)^{-\frac{1}{2}}\left(\sum_i x_i P_{ci}\right)^{-\frac{2}{3}} \tag{2-8}$$

$$\mu^*=\frac{\sum_i\left(x_i\mu_i^* MW_i^{\frac{1}{2}}\right)}{\sum_i\left(x_i MW_i^{\frac{1}{2}}\right)} \tag{2-9}$$

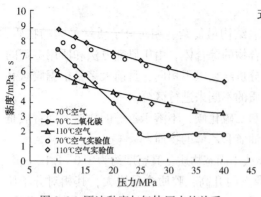

图 2.3 原油黏度与气体压力的关系

式中 μ——给定温度、压力下的含气原油黏度，
　　　　　mPa·s；
　　　μ^*——低压原油黏度，mPa·s；
　　　$a_0 \sim a_4$——常数；
　　　ζ——黏度系数；
　　　ρ_r——相对密度，kg/m³；
　　　T_{ci}——i 组分临界温度，K；
　　　P_{ci}——i 组分临界压力，MPa；
　　　MW_i——i 组分摩尔质量，g/mol。

图 2.3，回归黏度模型参数见表 2.7。

陈振亚（2012 年）空气原油黏度实验结果见

表 2.7 空气原油黏度模型及模型参数

模型参数	数　值	模型参数	数　值
a_0	1.053×10^{-1}	a_3	4.1262×10^{-2}
a_1	2.6358×10^{-2}	a_4	10.2015×10^{-3}
a_2	6.2571×10^{-2}		

　　由陈振亚（2012 年）研究成果可知：随着注入的空气在中原明 15 地层原油中溶解，原油黏度有一定量的下降。在 70℃条件下，当注入空气压力从 10MPa 增加到 20MPa 时，原油黏度从 8.8mPa·s 降到了 7.21mPa·s（降幅为 18.1%）。当空气压力从 10MPa 增加到 40MPa 时，地层原油黏度从 8.8mPa·s 降到了 5.37mPa·s（降幅 38.9%）。在同一温度下（70℃），与注入 CO_2 相比，当注入 CO_2 压力从 10MPa 增加到 20MPa 时，原油黏度从 7.5mPa·s 降到了 3.98mPa·s。

2.4 原油的分类

　　各地所产的原油，由于地质构造、生油条件和生油年代的差异，其化学组成和物理性质既相似又相异。组成和性质相似的原油，其输送方案和加工方案也可类似，因而根据原油组成或物理特征进行分类，对于原油的储存、输送、加工和销售都是十分必要的。目前广泛采用的分类方法主要有两类，分别是化学分类法和工业分类法。

2.4.1 化学分类法

　　原油的化学分类法是以原油的化学组成为基础进行分类的，通常采用原油某几个与化学组成有直接关系的物理性质作为分类依据，最常用的有特性因数分类法和关键组分分类法。

　　1. 特性因数分类法

　　20 世纪 30 年代，人们在研究各族烃类时发现：将各族烃类以兰金氏温度（°R）表示沸点的立方根为横坐标，以其 60°F（15.6℃）下的相对密度（$d^{15.6℃}_{15.6℃}$）为纵坐标作图，都能近似得到直线，但其斜率各不相同，此斜率即为特性因数 K。

　　特性因数 K 在一定程度上可以反映出原油烃类分布情况，对于小于 350℃ 的馏分，特性因数可按式(2-10)计算：

$$K = \frac{1.216\sqrt[3]{T}}{d_{15.6℃}^{15.6℃}} \qquad (2-10)$$

式中 T——平均沸点的热力学温度，K；

$d_{15.6℃}^{15.6℃}$——原油的相对密度。

根据特性因数 K 值的大小，可以把原油分为石蜡基、中间基和环烷基三类，具体分类标准是：

(1) $K>12.1$，石蜡基原油。

(2) $K=11.5\sim12.1$，中间基原油。

(3) $K=10.5\sim11.5$，环烷基原油。

同一类原油的性质具有明显的共同特点：石蜡基原油含烷基量通常超过50%，其特点是含蜡量高、密度较小、凝点高、含硫、含氮、含胶质量较低；环烷基原油的密度较大、凝点较低，环烷基中的重质原油含有大量的胶质和沥青质，又称为沥青质原油，由于这类原油在常温下黏稠度大，常常又称为稠油；中间基原油的性质介于二者之间。

多年来，欧美各国普遍采用特性因数分类法，它在一定程度上反映了原油组成的特性。但原油的特性因数很难被准确求定，同时它不能反映原油中轻、重组分的化学特性。

2. 关键组分分类法

关键组分分类法是美国矿物局在1935年提出创立的。它是把原油放在特定的简易蒸馏设备中(汉柏半蒸馏装置)，在常压下进行蒸馏，取得250~275℃馏分并将其定为第一关键组分；然后将其余重油用不带填料的蒸馏瓶在40mmHg的压力下进行减压蒸馏，取得275~300℃馏分(相当于常压下395~425℃的馏分)，将其定为第二关键组分；然后分别测定两个关键组分的密度，对照相应的分类标准表2.8确定两个关键组分的基属，最后按照表2.9确定原油的类别。

表 2.8 关键组分分类标准

关键组分	石蜡基	中间基	环烷基
第一关键组分 (轻油部分馏分)	密度 $d_4^{20}<0.8210$ °API>40	密度 $d_4^{20}=0.8210\sim0.8562$ °API=33~40	密度 $d_4^{20}>0.8562$ °API<33
第二关键组分 (重油部分馏分)	密度 $d_4^{20}<0.8723$ °API>30	密度 $d_4^{20}=0.8723\sim0.9305$ °API=20~30	密度 $d_4^{20}>0.9305$ °API<20

表 2.9 关键组分特性分类

编 号	第一关键组分(轻油部分组分)	第二关键组分(重油部分组分)	原油类别
1	石蜡	石蜡	石蜡
2	石蜡	中间	石蜡-中间
3	中间	石蜡	中间-石蜡
4	中间	中间	中间
5	中间	环烷	中间-环烷
6	环烷	中间	环烷-中间
7	环烷	环烷	环烷

由于关键组分分类法对于沸点较低和沸点较高的馏分采取不同数值，比较符合一般原油实际情况，所以关键组分分类法比特性因数分类法更为合理，现已被我国采用。

2.4.2 工业分类法(商品分类法)

工业分类法又名商品分类法，是化学分类法的补充。国际石油市场上目前有许多分类方法，但还没有形成统一的分类标准，常用的分类标准是按原油相对密度指数°API分类和按原油含硫量分类两种方法。

国际石油市场将原油按°API值分为四类，见表2.10。按原油的含硫量、含氮量、含蜡量和含胶质量分类的标准分别见表2.11和表2.12。

表 2.10　原油按°API分类的标准

°API	15℃密度/(g/cm³)	20℃密度/(g/cm³)	类　　别
>34	<0.855	<0.852	轻质原油
20~34	0.855~0.934	0.852~0.930	中质原油
10~20	0.934~1.000	0.931~0.998	重质原油
<10	>1.000	>0.998	特稠原油

表 2.11　原油按含硫量和含氮量分类的标准　　　　　　　　%

分类根据	按含硫量分类			按含氮量分类		
原油类别	低硫	含硫	高硫	低氮	含氮	高氮
分类标准	<0.5	0.5~2.0	>2.0	<0.25	—	>0.25

表 2.12　原油按含蜡量和含胶质量分类的标准　　　　　　　　%

分类根据	按含蜡量分类			按含胶质量分类		
原油类别	低蜡	含蜡	高蜡	低胶	含胶	多胶
分类标准	0.5~2.5	2.5~10.0	>10.0	<5	5~15	>15

另外，随着石油产地的扩展和重质油的大量开采，原油分类标准也有所变化，我国在1986年召开的稠油学术会议上曾推荐了相应的分类标准，见表2.13；第12届世界石油会议文献列出的分类标准见表2.14。

表 2.13　1986年我国稠油学术会议推荐的分类标准

序　　号	分类名称	50℃时的动力黏度/Pa·s	15.6℃(60℉)时相对密度
1	轻质原油	<0.02	<0.9000
2	中质原油	0.02~0.05	0.9000~0.9340
3	重质原油	>0.5 0.1~10	0.9340~1.0000
4	特重原油	>10	>1.0000
5	天然沥青	>10	>1.0000

表 2.14　第 12 届世界石油会议文献分类标准

分类名称	°API	$\rho_{15.6}/(g/cm^3)$	$\rho_{20}/(g/cm^3)$
轻质原油	>31.1	<0.8702	<0.85661
中质原油	22.3~31.1	0.9200~0.8702	0.9160~0.8561
重质原油	10~22.3	1.0000~0.9200	1.0000~0.9160
极重原油	<10	>1.0000	>1.0000

第3章 空气/空气泡沫调驱机理及影响因素

注空气采油技术是指把空气注入油藏自然发生的采油技术，空气在油藏中会同时发生原油氧化和驱油两种作用，根据驱替效率和氧化强度分为高温氧化（HTO）和低温氧化（LTO），进一步分四类：①高温氧化非混相空气驱（HTO-IAF）。②高温氧化混相空气驱（HTO-MAF）。③低温氧化非混相空气驱（LTO-IAF）。④低温氧化混相空气驱（LTO-MAF）。一般情况下，高温氧化（HTO）主要针对稠油油藏注空气的火烧油层法提高采收率，该方法已被广泛应用；低温氧化（LTO）主要针对轻质油藏注空气发生的低温氧化反应提高采收率，该方法也已引起人们的关注。注空气采油技术类型主要取决于油藏温度、压力及原油和岩石的性质。

3.1 空气/空气泡沫调驱机理

注空气采油在稠油油藏和轻质油藏中的机理不同，即在稠油油藏中是利用氧气与原油燃烧产生大量的热，降低稠油降黏增加其流动性；在轻质油藏中是使氧气与剩余油在低温条件下（接近或高于油藏温度）自然发生氧化，产生烟道气（CO_2、CO 等）形成烟道气驱，达到提高采收率的目的。

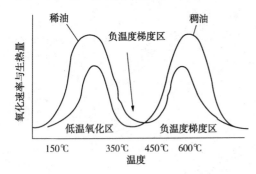

图 3.1　原油氧化生热量随温度变化曲线

大量实验表明，无论是重质油还是轻质油，在与空气的氧化反应中都存在着三个区，即低温氧化（LTO）区、负温区、高温氧化（HTO）区（图 3.1）。

原油氧化有高温氧化与低温氧化两个高峰区域，在这两个区域氧化速率和生热量较高，而在负温度梯度区，可能因为发生裂化反应吸热，氧化速率和生热量大大降低。对于重质油，在高温区氧化速率和放热量大，产生燃烧现象，可应用于注空气火烧油藏开采重质原油；在低温区发生加氧反应会产生胶质和沥青质，引起原油黏度增大，不利于开采。

轻质油氧化在 280~350℃ 范围内处于负温度梯度区。在此温度区，反应速率随着温度的升高而降低，反应产生的热量大部分被用来弥补烃类裂化所需的能量。国外实验表明，部分轻质油自身产生的热量不足以跨越负温区，因此无法达到高温氧化区；部分轻质油则可在 100℃ 下发生氧化反应，然后引起自燃，释放的热量使温度上升至 300℃ 以上；另有部分轻质油则在提高通风量的情况下，可跨越负温区到达高温区。

3.1.1 空气/空气泡沫低温氧化机理

空气低温氧化机理同样适用于空气泡沫驱中的低温氧化。轻质油藏注空气技术又称为注空气低温氧化技术，是通过注入空气与油藏中的原油发生低温氧化反应消耗空气中的氧，产生 CO_2、CO 等气体。氧化生成气体、空气中的 N_2 以及蒸发的轻烃组分等组成的烟道气驱替地层原油。其机理复杂，包括气体对原油的重力驱作用及促使原油膨胀与蒸发；高温高压下超临界蒸汽作用；气体对原油可能产生的混相作用，因此注空气的主要机理应包括烟道气驱油机理、混相驱机理和原油膨胀机理等。

该技术不同于层内燃烧，不需要稳定的高温前缘或燃烧层。LTO 反应是自发的，与氧分压无关，因而在油藏中的氧可以被完全耗尽，但如果没有足够的反应物与氧反应，那么原油中就会留有少量的氧。LTO 反应生成的驱替气由 CO_2、CO、N_2 和汽化/萃取烃组成所谓的"烟道气"，在驱替前缘后的反应层中，油和水被驱替/萃取；但存在一个显著的含油饱和度(至少是气体残余的)与注入 O_2 反应，是一个稳定递减的氧浓度剖面，并可能扩展到油藏中很长距离，驱替前缘是氮气或烟道气取决于 CO_2 形成的速率。注入空气在油藏中要确保有足够长的滞留时间，以便完全除氧，保障 LTO 技术的安全性，对于井距相当长的油藏不存在安全问题。

轻质油藏的低温氧化过程分以下两种情况：

一种情况是轻质油藏温度明显上升，主要原因是氧化反应产生的热量大于油藏中岩石散失的热量；在该情况下，注入空气中的 O_2 在油藏中与原油自然燃烧发生完全氧化反应，并形成一个高温氧化前缘带，且 O_2 被耗尽。高温带的大小与空气注入速度、油藏及原油等特性有关，温度能达到 $200 \sim 400℃$，燃烧产生的气体有 CO_2 和 $CO(CO/CO_2 = 0.15)$。从注气井到生产井可分为四个区域(见图 3.2)。

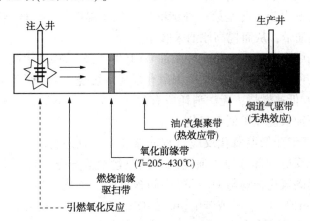

图 3.2　轻质油藏注空气氧化前缘被点燃示意图

(1) 燃烧前缘驱扫带内剩余油饱和度较低，油藏温度高于初始温度。

(2) 氧化前缘区内正在发生氧化反应，氧气逐渐被消耗。5%~10%剩余地质储量原油被烧掉，同时产生 CO_2 和 CO 形成烟道气驱(一般 85% N_2、13% CO_2、2% CO)，温度高达 400℃。

(3) 原油和蒸汽积聚带(热效应带/集油带)，燃烧前缘下方有一被烟道气、热水或蒸汽(依油藏情况而定)所驱替的窄小带，该带内含油饱和度相对较高，温度略高于油藏温度。

(4) 烟道气驱带，原油和蒸汽积聚带(热效应带/集油带)下方有一个未受热力影响的较宽区域。

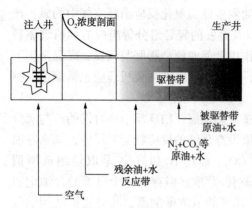

图 3.3 注空气低温氧化反应过程示意图

另一种情况是轻质油藏温度上升不明显，主要原因是氧化反应所释放的热量少于油藏中岩石散失的热量，或者有大量存水时，热量不足以使油藏温度明显升高。在该情况下，氧化反应在接近油藏温度下发生，所产生的 CO_2 比第一种情况低，油藏中氧化反应带也比较宽，一般多取决于油藏原油的活性。从注气井到生产井可分为三个区域(图 3.3)。

(1) 注入带，该带内主要属于空气驱，剩余油饱和度较低，油藏中部分原油被氧化，不再耗氧。

(2) 反应带，该带内主要是氧气与剩余油发生反应，所以气相中氧气浓度逐渐降低(从21%降至0)。

(3) 烟道气驱带，由于温度较低、氧气耗尽等所产生的 CO_2 少，所以烟道气主要是 N_2 和少量的 CO_2。

对于不同的具体油藏，两种情况可能同时发生。对低黏油藏而言，注采井距一般为几百米，注入气体中的氧可与原油在油藏中大范围(与室内氧化管相比)接触，发生缓慢氧化反应。与层内燃烧相比，LTO 法的反应层具有稳定递减的氧浓度剖面，并可能在油藏中扩展很长距离。驱替前缘是 N_2 或烟道气，主要取决于 CO_2 形成的速率。但是，若干个油田试验表明，轻质油藏注空气发生较多的是第一种情况，氧化带温度较高，O_2 消耗较快，同时产生较多的 CO_2，形成集油带，从而提高原油采收率。

产生低温氧化的两个条件：一是在轻质油藏(100~120℃)中发生高速自然燃烧，但是只能在高速空气注入的条件下才可能产生高温氧化反应或燃烧，否则低温氧化反应占优势；二是轻油油藏中发生中/低速燃烧，无法消耗所有的注入氧，剩下的氧绕过燃烧前缘，产生绝热放热不连续，使原油只能经历低温氧化。

原油与空气/空气泡沫低温氧化反应过程非常复杂，且进行缓慢，耗氧时间相对较长，但认为发生低温氧化反应的部分原油通过两个反应途径能充分氧化，即加氧反应和脱碳反应。加氧反应主要是碳氢化合物与 O_2 反应中间含氧的烃类化合物，包括羧酸(R-COOH)、醛(R-CHO)、酮(R-CO-R′)、醇或苯酚(R-C-OH)及烷基过氧化氢等，然后进一步氧化形成过氧化物，并发生脱碳反应产生 CO_2、CO、CH_4 等气体。

原油中碳氢化合物的氧化过程可以通过下列反应描述：

① 氧化成羧酸：$R-CH_3 + \dfrac{3}{2}O_2 \longrightarrow R-COOH + H_2O$

② 氧化成醛：$R-CH_3 + \dfrac{1}{2}O_2 \longrightarrow R-CH_2OH + \dfrac{1}{2}O_2 \rightarrow R-CHO + H_2O$

③ 氧化成酮：$RR'-CH_2 + O_2 \longrightarrow RR'-CO + H_2O$

④ 氧化成醇或苯酚：$RR'R''-CH + \dfrac{1}{2}O_2 \longrightarrow RR'R''-COH$

⑤ 氧化成过氧化物：$RR'R''-CH + O_2 \longrightarrow RR'R''-COOH$

氧化反应生成的部分氧化物继续氧化，发生如下脱羧或燃烧(或脱碳)反应：

⑥ $R-COOH \longrightarrow CO_2+RH$

⑦ $R-CHO+\dfrac{1}{2}O_2 \longrightarrow RCO\cdot+HO\cdot$

   $RCO\cdot \longrightarrow CO+R\cdot$

⑧ $R-CHO+O_2 \longrightarrow RCO_3H$

   $RCO_3H \longrightarrow CO_2+R\cdot OH$

⑨ 完全燃烧：$RR'-CH_2+\dfrac{3}{2}O_2 \longrightarrow RR'+CO_2+H_2O$

⑩ 不完全燃烧：$RR'-CH_2+O_2 \longrightarrow RR'+CO+H_2O$

其中，反应式①~⑤在低温下发生，导致氧原子与碳氢化合物分子连接，生成羧酸、醛、酮、醇或过氧化物和水，几乎无 CO_2 和 CO 产生；反应式⑨和⑩在高温下(大于 300℃)发生，导致碳氢化合物被破坏，生成 CO_2、CO 和 H_2O。上述反应可具体的表述如图 3.4 所示。

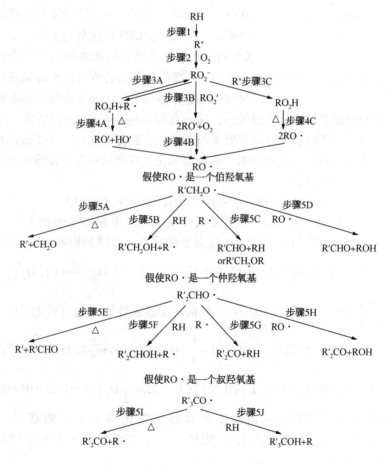

图 3.4 烃类物质低温氧化机理简图

有学者研究发现原油(重度为 31.1~10.1°API，即相对密度为 0.8702~0.9993，黏度为

$14\sim54300\text{mPa}\cdot\text{s}$)在低温($90\sim120\text{℃}$)下产生氧化现象,有$CO_2$和水产生,其主要原因是反应产生的已氧化原油组分经再度氧化转化成了CO_2。因此,原油的低温氧化是非常复杂的,不可用简单的反应产物或单一的反应途径来进行描述和解释。

产生低温氧化的原因有两种:一是轻油(如北海油田的油)在油藏条件下$100\sim120\text{℃}$左右会触发自行燃烧,但只能在高速注入空气的条件下可能产生这种高温氧化(HTO)或燃烧;否则,低温氧化模式占主导地位。二是由于氧在非均质油层中的低速率燃烧,不能消耗所有的注入氧,余下的氧绕过燃烧前沿,产生绝热放热不连续,导致原油只能经历低温氧化过程。

原油低温氧化反应机理是某些碳氢化合物,特别是饱和的碳氢化合物,能被氧化成中间化合物,如醛、酮、醇等。中间化合物进一步被氧化形成过氧化物,过氧化物通过脱羧产生CO_2。实验证实CO_2是轻油 LTO 的主要气体产物,并且产量相当高。一个碳氢化合物分子经历的氧化过程可由图 3.4 来代表,通过这个反应机理形成了碳的氧化物,反应的最终产物是CO_2、CO 和 H_2O,而自由基 R·、RO·、和 HO·在原油中可以继续和氧或其他碳氢化合物反应。事实上,LTO 反应是一个更为复杂的过程,图 3.5 只是生成碳的氧化物和水的一个反应途径代表,它表明一个长链的碳氢化合物可以形成短链化合物。但原油的哪些组分参与了反应还不确定。Kok 等人发现 LTO 中中等重油的饱和烃跟芳香烃相比最敏感,这一点与 Adegbssan 的研究结果一致。

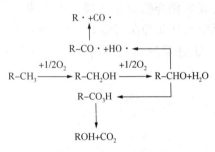

图 3.5　注空气低温氧化反机理

从图 3.5 可以看出低温氧化导致氧原子与碳氢化合物分子连接,所生成的醛、酮、醇等会被继续氧化生成大量碳的氧化物和水。由低温氧化反应机理中各个步骤的反应方程式相加得到低温氧化反应总方程式为:

$$4R\text{-}CH_3+7O_2 \longrightarrow 2R+2ROH+3CO_2+CO+5H_2O$$

实验结果表明,静态氧化实验中,低温氧化反应可产生 6%~12% 的 CO_2,而 O_2 完全消耗时只产出 0.4%~1.8% 的 CO,因此 CO 压力变化对总压力降的影响很小,可以忽略不计。因此,其氧化反应方程式简化为:①氧化反应($CH_x+\dfrac{y}{2}O_2 \longrightarrow CH_xO_y$)。②脱碳反应($CH_xO_y+\left(1+\dfrac{x}{4}-\dfrac{y}{2}\right)O_2 \longrightarrow CO_2+\dfrac{x}{2}H_2O$)。但由于实验条件的限制与氧化反应的复杂性,在一定条件下可以简化为一步反应:$CH_x+\left(1+\dfrac{x}{4}\right)O_2 \longrightarrow CO_2+\dfrac{x}{2}H_2O$,该计算产生的误差较大。另外,也可简化为两步反应:①氧化反应($R\text{-}CH_3+\dfrac{3}{2}O_2 \longrightarrow R\text{-}COOH+H_2O$,消耗 O_2,放热反应),该反应速率通过室内高压恒温静态氧化动力学实验获得。②分解反应($R\text{-}COOH \longrightarrow RH+CO_2$,产生 CO_2 与 CO,吸热反应),该反应速率可以通过拟合室内氧化管动态氧化动力学实验获得。

一般来说,碳链长的烃容易被氧化。对轻质油来说,可假设参与氧化反应长碳链原油组分的平均碳原子数为 15(如烷烃 $C_{15}H_{32}$),则其反应方程变为:①氧化反应:($C_{15}H_{32}+\dfrac{3}{2}O_2 \longrightarrow$

$C_{15}H_{30}O_2+H_2O$）。②脱碳反应（$C_{15}H_{30}O_2 \longrightarrow CO_2+C_{14}H_{30} \longrightarrow CO_2+0.934[C_{15}H_{32}]$）。

国外对原油低温氧化组成变化研究多采用原油族组成法，研究结果表明不同油藏条件下的原油族组成变化也不相同。较早报道的是芳香烃和胶质含量减少，沥青质含量增加，后来又研究发现饱和烃基本不变，芳香烃含量减少，沥青含量增加，而胶质含量呈现一种当时认为很奇怪的现象，即胶质含量先减少，再增加，后来又减少。因为这种原油中的胶质组分很容易被氧化，因此开始时，胶质很快地转化成沥青质，而同时，芳烃组分也被氧化而生成另一部分胶质，而后生成的胶质似乎不像原生胶质那么容易被氧化，因此，胶质含量减少到一定程度，含量又开始增加，然后随着氧化反应的进行，胶质又逐渐被氧化成沥青质而含量减少。对于不同油藏，储层条件不同，原油性质也不相同。对不同原油，其组成变化也不同。国外实验中用原油四大组分饱和烃、芳烃、胶质、沥青质单个组分分别饱和固结岩心，其单个组分的量与原油中其组分的量相同。在相对低的温度下饱和烃组分表现出较高的反应活性，这表明在反应中饱和烃与其他组分尤其是芳烃相比更加敏感。因为饱和烃占原油重量的，油较重组分芳香烃和胶质的氧化行为有些相似，它们在高温时作用明显。国内目前尚未进行空气驱现场试验，对于原油低温氧化后组成变化的研究尚未报道。近年来对于原油低温氧化的研究多侧重于低温氧化的动力学及空气驱油效果的研究。

3.1.2　空气/空气泡沫调驱机理

1. 空气驱提高采收率机理

注空气高温氧化（HTO）采油技术主要用于稠油的开采，即火烧油层技术，主要增大稠油的流动性，达到提高采收率的目的，与注空气低温氧化（LTO）采油技术在本质上有一定区别。注空气高温氧化（HTO）采油技术必须维持在较高温度条件下进行氧化反应，降低原油黏度，因此，开采作业时必须维持高温氧化方式，这将引发一系列生产作业问题。而注空气低温氧化（LTO）采油技术主要驱油机理是烟道气驱，其次是氧化反应产生的热效应，在较低温度下即可。

注空气低温氧化（LTO）采油技术本质上是间接的烟道气驱，即注入空气中的 O_2 在油藏条件下与原油发生氧化反应，生成碳的氧化物、CO_2、CO 等气体，与空气中 N_2 组成烟道气驱；另外，氧化反应产生的热效应使油藏局部温度升高，轻质组分蒸发。空气低温氧化（LTO）与油藏温度、压力、流体特性、岩石等因素有关。与烟道气驱的主要区别有：一是可燃气体的安全性要求注入 O_2 必须在到达生产井前消耗完；二是 O_2 与原油间的氧化反应产生的热效应，即到注入结束时，集油带到达生产井，会提高部分采收率。

要对注气工艺的采收率作出工程性评价，需要掌握三个要素：①孔隙中气驱油的效率。②水平波及系数。③垂向波及系数。

如果忽略注入气对残余油和残余气在相态上的任何影响，即考虑非混相驱的情况，则所有用于测定驱替效率、水平波及系数和垂向波及系数这三个参数的方法取决于下述两种基础理论：①驱替和残余的流体在注入前缘之后同时流动。②各相分流，原油在注入前缘之前流动，注入气在后。

对驱替效率来讲，它们分别是众所周知的巴克利-莱弗里特和迪茨理论。一个油藏总采收率可分解成驱替效率、面积扫油效率和垂向扫油效率三个独立作用的因子，计算公式如式（3-1）所示：

$$E_R = E_A \cdot E_V \cdot E_D \tag{3-1}$$

式中　E_R——总采收率，%；

　　　E_A——面积扫油效率，%；

　　　E_V——垂向扫油效率，%；

　　　E_D——波及区内驱油效率，%。

油藏的扫油效率分为面积扫油效率和垂向扫油效率两大类；面积扫油效率是指被注入流体侵入的部分油藏面积，主要影响因素有流体流度 K/u、流动状态、区域非均质性、油藏开发范围和注入流体的总体积等。垂向扫油效率指部分被注入流体扫过的垂向面积，是垂向非均质性和重力分离程度的函数。驱油效率指已被驱替过的扫油区中流动原油的百分比，它是注入体积、流体黏度和岩石相对渗透率的一个函数。注空气采油可大幅提高垂向扫油效率 E_V 和驱油效率 E_D。

绝大部分轻质油藏注空气项目都是通过烟道气驱提高产量的。所以，无论氧化带是宽是窄，轻质油藏注空气过程都与传统的烟道气驱相类似。其中，不同之处有两点：一是轻质油藏注空气为了安全起见，注入的 O_2 必须在到达生产井前消耗完。二是注空气过程中若通过岩石散失的热量少于反应所产生的热量，那么到注入结束时，集油带到达生产井，还会继续提高部分采收率（热效应）。

轻质油藏注空气提高采收率主要因素依次为：①烟道气驱。②注气使油藏压力上升，从而加快原油生产。③烟道气（主要是 CO_2，部分由于 N_2）使原油膨胀。④由于 CO_2 的溶解，原油黏度降低。⑤原油中的轻质组分被烟道气提取。⑥在某种条件下，烟道气可能与原油发生混相。⑦生产后期热效应提高采收率（集油带到达生产井）。⑧对于水驱后的油藏，注空气会加强双驱作用，提高采收率。

轻质油藏注空气提高采收率主要驱替机理有：①储层增压。注空气能够维持或提高油藏能量，加快原油生产。②烟道气驱。油藏条件下，注入空气中的 O_2 与原油发生低温氧化反应，实现间接烟道气驱，甚至发展为混相驱。③低温氧化热效应。注入空气中的 O_2 与原油间的氧化反应会产生热效应，可使原油降黏，原油热膨胀、抽提轻质组分等作用。④注入空气中的 O_2 与原油氧化反应后产生的气体可溶于原油，使原油膨胀、黏度降低、界面张力降低、体积膨胀等作用，甚至实现溶解气驱。⑤重力泄油驱替作用。对于陡峭或倾斜的油藏，在顶部注空气时，可产生重力泄油驱替作用。⑥双驱替作用（DDP）。对于水驱后残余油油藏，通过气驱可以降低残余油饱和度，实现双驱工艺（DDP），提高采收率。⑦改进注入气、残余油和水之间的密度和黏度，可有效减少空气和氧化前缘越过油墙而发生指进，有效减小空气-泡沫驱流度比。⑧氧化反应产生的 CO_2 溶于水后具有酸化解堵作用。

各种机理作用大小取决于油藏的具体情况，一般油藏大多处于高温高压条件下，因此，在上述所列各种机理中，增强氧化反应的强弱程度与 O_2 分压关系不大，而受油藏温度、压力的影响较大。通常情况下，油藏埋藏越深其温度越高，注空气所达到的驱油效果也越好，这是因为高压可以提高烟道气的混相能力，而高温可以增加氧气的消耗。总体说来，一项成功的注空气项目应该满足注入的氧气利用率达到 100% 为宜。

无论是裂缝性油藏还是非裂缝性油藏，注空气驱既可用于层状驱动也可用于垂向驱动。对于垂向驱动，空气被注入构造的顶部，充分利用产层的垂向差异和重力，使油从层段底部采出，现场生产经验表明，垂向驱替所提高的原油产量一般是原始石油储量的 30%，而层状驱动所提高的原油采收率一般是原始石油储量的10%，因此注空气时，在这两种方式共同作用下提高采收率幅度的差别也是一样的。一般来说，层状非混相驱所增加的采收率为5%~6%，对于垂向非混相驱所增加的采收率预计会高些。注空气驱采油适合于开发中后期的油田，根据油藏的储层特点及油藏流体的性质，注空气驱采油可以提高8%~15%的采收率。

如果油藏非均质性不严重，注入油层的氧气就会与油发生氧化反应，在生产井中不会产出氧气，产出的气体主要是氮气和烃气。在储层内有大范围缝隙，或原油与空气之间的流度比不利等情况下，则容易出现严重的窜流，此时可采用空气泡沫驱，既有效地改善不利的流度比，又达到提高采收率的目的。

通过原油与空气泡沫室内氧化实验，证明当空气以空气泡沫的形式存在时也可以同原油发生低温氧化反应，只不过由于有空气泡沫气泡液膜的影响，延缓了空气与原油的接触。由此导致的结果是其反应的压力降比原油与空气反应压力降滞后，相同时间下体系压力降低幅度更小。这与空气泡沫强度是紧密相关的。空气泡沫遇油或达到一定寿命时就会破裂释放出空气，并进一步与原油发生低温氧化反应。

2. 空气泡沫调驱机理

泡沫是不溶性或微溶性的气体分散于液体中所形成的分散物系。两相泡沫通常由起泡剂、稳定剂、气体和淡水组成体系，起泡剂多为表面活性剂，气相有空气、天然气、氮气和二氧化碳等。泡沫特征值，又称泡沫干度，是泡沫中气体体积对泡沫总体积的比值。通常泡沫特征值介于52%~95%。高于95%时，泡沫变成了零，气相为连续相。低于52%时，已不是泡沫，而是气体分散于液体里。加入泡沫稳定剂可使泡沫特征值低于52%。泡沫黏度随泡沫特征值的增加呈现不同程度的上升(图3.6)。

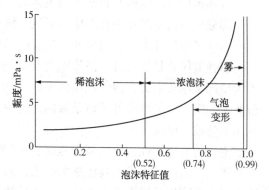

图3.6 泡沫黏度与泡沫特征值的关系

空气泡沫提高采收率原理除了利用空气低温氧化反应外，还利用普通泡沫的特性，达到提高采收率的目的。泡沫是气、液两相体系，其中气体是分散相(不连续)，液体是连续相(连续)。两相泡沫体系通常由起泡剂、稳定剂、气体和水组成。其主要特性有：泡沫在多孔介质内渗流，不断地破灭与再生，气体在泡沫破灭和再生过程中向前运动，首先进入高渗透大孔道，因贾敏效应形成堵塞，随着注入量的增多，迫使泡沫更多地进入低渗透小孔道，泡沫在含油孔隙介质中的稳定性变差，出现遇油消泡的现象，有利于封堵水驱大孔道，含油饱和度越高泡沫的运行越短，呈现出"堵水不堵油"特性，驱动流体呈较均匀地推进如图3.7所示。泡沫的驱油机理主要从宏观和微观两个方面体现。

1) 泡沫宏观调驱机理

(1) 扩大波及体积。

泡沫驱对提高垂向波及效率和平面波及效率均有较大影响。

①增加高渗透窜流通道的流动阻力，减小层间(或层内)干扰，调整层间或层内关系，提高油层的波及体积。

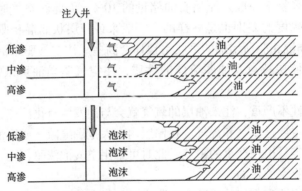

图 3.7 空气/空气泡沫调驱示意图

向油层中注入泡沫，由于注水开发过程中油层内高渗透部位所形成的水洗"窜流通道"作用(尤其是正韵律油层底部的高渗透部位，这种窜流通道作用更为明显)，使注入的泡沫优先进入这一部位，该部位的剩余油饱和度相对上部区域低，因此在该部位泡沫相对较稳定，基于以下机理，该部位的渗流阻力将大大增加：

静态泡沫液膜滞留在孔隙中，堵塞了气流通道，甚至形成死孔道。

气体借助气泡的破裂再次参与流体流动，这种流动是不连续的，气相的流度低。

部分气体被束缚在小孔隙中，对气、液相对渗透率产生影响。

泡沫气泡尺寸大于喉道尺寸，流经喉道时，使液膜变形，产生很大的附加阻力。

驱替流体总是优先进入渗流阻力小的通道，水驱高渗透"窜流通道"由于泡沫的存在而大大增加了渗流阻力，迫使泡沫体系流向低渗透的上部区域。泡沫体系大大增加了高渗透条带的流动阻力，等效降低了该条带的渗透率使原有的非均质性得到了改善，从而大大提高了纵向上的波及厚度。

泡沫的上述特性，导致高渗透层(部位)的流度大幅度降低，从而大大提高了泡沫驱的波及体积。泡沫首先进入高渗透大孔道，随着注入量的不断增多，逐渐在高渗层中形成泡沫堵塞，导致高渗透层渗流阻力增大，此后注入的流体便能够进入中低渗层，从而改善了注入剖面，扩大纵向波及体积。

由于高渗透层流度的降低，泡沫堵塞了高渗透"窜流通道"，后续注入的流体必然要流向状况较差的其他方向，从而扩大了平面波及效率。平面矛盾越突出的区域，这种平面波及效率改善效果越明显。

② 注入的气体能够驱扫到水驱波及不到、难以开采的部位，提高油层的波及体积。

由于气体的渗流阻力远远小于注入液体的渗流阻力，所以注入的气体能够进入水驱波及不到的低渗透层(部位)，特别是那些不同沉积条件下搭接连通的部位，将这一尚未动用、难以开采部位的剩余油驱扫出来，从而提高油层的波及体积。

注入油层内的泡沫在破裂之后，逸出的气体将在重力作用下上浮至油层的顶部，同样可以起到驱扫低渗透顶部的剩余油，提高波及体积的作用。

（2）提高驱油效率。

假设一个油层自下而上分别由高、中、低、特低渗透率四个层段组成，在水驱开发过程中的开采状况差异很大，分别为强水洗、中水洗、弱水洗和未水洗。

当泡沫体系被注入油层后，体系首先进入高渗透层段。由于该层段内已强水洗，含水饱和度，含油饱和度比较低，容易生成稳定泡沫，这会大幅降低流体的流度，增大流动阻力，从而调整了整个油层的注入剖面。同时，后续驱替液在泡沫与孔壁间的缝隙中流动，从而使岩壁上的油膜剥落，提高了该层段的驱油效率。

由于中渗透率层段只是中等程度的水洗，因此仍具有较高的含油饱和度。加之它的渗透率相对高，因此在该层段生成的泡沫质量较高渗透层段中的稍差一些，其表观黏度低于高渗透层段的泡沫体系的表观黏度，具有相对较高的流动能力，堵塞作用相对较弱。同时，高渗透层段的堵塞减小了层间（或层内）干扰，调整了注入剖面，使该层段的注入能力明显提高，增加了该层段的流动速度，导致后续驱替液具有更高的毛管数，更强的洗油能力，从而大幅提高了该层段的驱油效率。这类层段可能是泡沫驱改善开发效果、提高采收率的主力层段。

由于弱水洗层段渗透率更低一些，而其水洗状况更差，含油饱和度更高，因而泡沫在该层段不稳定。因此这类层段中的驱替可能包含泡沫驱和发泡剂水溶液与气体交替驱的双重特征，但发泡剂水溶液与气体交替驱应起主要作用。由于发泡剂能大幅降低油水界面张力，因而该种驱替方式可获得比水驱更高的驱油效率。

未水洗的特低渗透层段驱替特征有两种可能性。第一种可能性是由于高渗透层段的堵塞，调整了层间关系，使注入的泡沫体系能够进入这一层段。由于这类油层的渗透率更低、孔隙更小、剪切能力更强，含油饱和度处于原始状态，生成稳定泡沫的可能性更小。注入的气体和捕集到的其他部位逸出的气体，可能更多地以不连续的气泡形式向生产井运动直至在生产井中突破，驱替主要表现为发泡剂水溶液与气体交替驱的特征。从而提高了该层段的驱油效率。第二种可能性是只有气体能进入该层段，驱替完全表现为气驱。如果该油藏具有较高的闭合高度差，或是采取了一定完井措施，具备了捕集气体的条件，仍可实现重力排驱，获得比水驱更高的驱油效率。

2）泡沫微观调驱机理

（1）扩大微观波及体积，提高驱油效率。

液体流动的阻力主要表现为层间内摩擦力（或黏滞力），而体系的流动阻力除了这种内摩擦力之外，还有一个因气泡或液滴相互碰撞产生的附加阻力。因此，体系流动阻力远大于液体的流动阻力。同时，由于气泡的变形，气泡通过孔隙喉道时还受到气阻效应的附加阻力。因此泡沫进入被水占据的大孔喉时，会大幅增加其中的流动阻力，迫使体系进入水未波及的纯油区，将剩余油采出。

（2）抑制了黏性指进，使流体改向。

泡沫在孔隙介质中具有较高的表观黏度，具有类似于聚合物驱的高流度控制能力，抑制了黏性指进，驱油效果较好。

（3）气阻效应作用。

水驱主要是驱替大孔道中的原油，而泡沫则能驱替小孔道中的原油，这是因为起泡流体首先进入流动阻力较小的高渗透大孔道，并形成泡沫，产生气阻效应。大孔道中流动阻力随泡沫量的增加而增大，当流动阻力增加到超过小孔道中的流动阻力后，泡沫便越来越多地流入中低渗透小孔道，改善微观波及面积，具有一定的微观调剖作用。从流动过程中，泡沫会相互聚并、分裂。

（4）剥离油膜作用。

孔隙表面润湿性的非均质性和原油中的重组分双重作用，会导致部分油滴或油段残留在孔壁上。经过泡沫的作用，大量的油滴和油段开始启动，在显微镜下可观察到泡沫使油膜剥离变薄，剥离下的油呈分散的细粉状或丝状，随水流动，被驱出孔隙。

综上所述，泡沫驱可以提高纵向波及效率和平面波及效率，从而扩大了波及体积，并能够提高不同类型油层的驱油效率，从而大幅提高整个油层的驱油效率，这是一种十分有效的三次采油方法。

3.2 空气/空气泡沫调驱影响因素

3.2.1 空气驱的影响因素

1. 油藏温压系统的影响

1）油藏温度的影响

当向轻质油藏高压注空气时，原油会发生缓慢的低温氧化反应，在某些情况下，当生成的热量聚集到一定程度后会导致自燃现象。Greaves 等人通过大量的实施案例分析指出，在温度为 90~120℃ 的高压油藏，自发的低温氧化反应会导致就地燃烧，但这也仅限于那些能显示出连续放热效应的原油，通常会促使油藏燃烧温度高于 300℃，如果放热效应是不连续的，那么原油仅会经历低温氧化过程，不会实现自燃。Tura 和 Singhal 指出从大多数的空气驱项目来看，理论上地层原油都可实现自燃，但存在"自燃延迟时间 t_{ign}"，定义为空气驱中注入井附近油藏温度超过 210℃ 时所需的时间，油藏温度越低，t_{ign} 越长。储层温度为 50~60℃ 的油藏，t_{ign} 可能需要 10~20d，对于温度高于 70~80℃ 的油藏，可能会迅速实现自燃，有时仅需数小时，但在 30℃ 低温油藏中，理论上可能需要 100~150d，因此低温油藏可能并不适合空气驱。Juan 等通过绝热加速热量测量仪（ARC）和燃烧管实验开展了阿根廷两个水驱油藏实施空气驱的可行性研究，将储层温度设置为 38℃、45℃，油藏压力设置为 13.8MPa、8.8MPa，实验表明，两种原油在 150℃ 时开始出现自加热现象（SHR），测得最高自加热速率为 200~300℃/min。Ren 等认为能让原油发生持续低温氧化反应促使氧气量消耗的最低温度为 60℃，Hughes 和 Sarma 针对澳大利亚盆地空气驱项目研究中给出的油藏温度下限为 75℃。

综上所述，不同学者提出空气驱油藏温度下限有所不同，对原油能否在油藏条件下实现自燃也存在争议，但笔者认为油藏温度可能并不是制约空气驱的一大瓶颈，即使是低温油藏，如果原油性质和储层条件适宜，原油在低温氧化阶段能持续稳定地放热，也可能会实现自燃。

2）油藏压力的影响

在空气驱方案设计中，油藏压力也是一个必须考虑因素，对于高压地层通常需较高的空气注入速率才得以使地层中的原油持续燃烧。但油藏压力过高会增加地面压缩机运作成本，同时过多的氧会被强行注入油藏而参与反应，对随之产生混相驱的效果可能造成很大负面影响。Shokova 等研究表明压力对原油的氧化行为有着重要影响；Li 等研究了不同压力下中质原油的氧化行为，如图 3.8 所示：低压 110.3kPa 下，高压差示扫描量热仪（PDSC）实验表明高温放热区比低温放热区产生了更高的热流量，即显示了更低的活化能，但随着压力的增加，在低温放热区产生的热流量随之增加。Das 研究了澳大利亚 Kenmore 和 Eromanga 盆地轻质油藏空气驱可行性，通过热重（TG）和差示扫描量热仪（DSC）研究了原油在空气流氛围下的氧化行为，实验结果表明随着压力增加，放热现象集中在低温区，而在高温区并没有出现过多的热流量，在高压空气流氛围下，放热现象集中在高温区间，但相比于常压空气流氛围下测试，高压下放热现象出现在更低的温度区，这与 Li 等研究结果基本一致，放热峰值的跳跃变化表明增加空气流压力会加速氧化反应。由此得出启

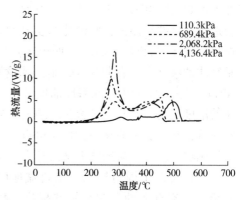

图 3.8　不同压力下中质原油的
DST 测试曲线

示：在其他条件相同的前提下，油藏压力或空气注入压力越高，原油低温氧化所需的活化能也越低，越有利于原油氧化中持续放热以至实现自燃。

Gutierrez 等对空气驱现场应用中面临的挑战作了全面总结，指出最值得关注的是注入压力和储层岩矿本身的性质。相比于重油或油砂的就地燃烧，轻质油藏空气驱中压力对氧化行为的影响与原油性质密切相关。因此全面了解原油的氧化行为，是保证空气驱成功实施的关键所在，不至于盲目地追求过高的注入压力，而造成投资成本的攀升。

2. 油藏流体性质的影响

1）原油性质的影响

原油性质直接影响着空气驱效果，其中黏度是首要考虑的因素。Ren 等指出油藏温度下原油黏度小于 10mPa·s 是比较理想的，Juan 等实验的 Avile 和 Troncos 原油 25℃下黏度分别为 5.3mPa·s 和 7.5mPa·s，ARC 和燃烧管实验均显示了较理想的放热效应。Niz-Velasquez 等在 80℃、18760kPa 下采用黏度为 1.405mPa·s 的原油研究了原油氧化过程中油、气、水三相渗流规律。Sarma 等采用 ARC、TG/PDSC 手段研究了两组中东轻质原油和日本某油藏轻质原油注空气驱的可行性（A、B、C），三种原油在室温 25℃下的黏度分别为 7.68mPa·s、2.68mPa·s、12.80mPa·s，API 重度分别为 36.6°API、38.0°API、30.0°API，对应的油藏温度分别为 89℃、103℃、98℃。实验结果表明：A 油和 C 油在低温区显示了较好的放热效应，有着较低的活化能和反应级数，在油藏条件下很可能实现自燃；然而对于黏度较低的 B 油，则显示了较低的反应活性，反应级数也非常高，而且并未显示出任何等温老化迹象，推断出 B 油不可能在油藏条件下自燃，由于 B 油 API 重度相对较高，说明该原油可能不会维持充分燃料沉积过程，因此也无法保证原油氧化过程中持续放热直至自燃。

原油中重质成分对氧化行为的负面影响较大，因此原油黏度只是一方面因素，即使油藏温度、压力条件比较理想，也不能主观臆断"原油轻质程度越高就越适合空气驱"。原油中 SARA（饱和烃、芳香烃、树脂类和沥青质馏分）含量也是需要考虑的因素，Montes 等研究表明：饱和烃的质量分数对原油在高压下的氧化行为有着重要影响，其他组分对原油氧化行为的影响主要体现在低压下，这种现象目前还无法通过建立数学模型进行分析和预测。

2）地层水性质的影响

地层水关系着空气驱中是否有足够的燃料维持氧化、燃烧以及热量损失程度。如澳大利

亚卡那封盆地 Barrow Island 油藏温度在 46~100℃，该油藏含水饱和度较高，空气驱中势必会造成大量的热损失，原油能否实现自燃并维持是值得商榷的。Juan 等燃烧管实验表明地层水含量在 37.5%~68.0%，四组实验中原油均显示了稳定的氧化特征。北海油田大部分水驱轻质油藏已进入后期开采，地层水含量普遍高于 90%，Ren 等研究表明：地层水含量为 70% 的氧化管实验中，北海原油均显示了较好的氧化特征，低温氧化反应速率依赖于原油和氧的浓度，与多孔介质是否为胶结岩芯或岩屑无关。正如 Moore 等指出：对那些不适合水驱的油藏，空气驱可能是一种切实可行的提高采收率方法。但原油饱和度过低的油藏并不利于空气驱项目投资，从经济上来讲存在一个指导标准。

贾虎总结了国内外几个主要盆地已实施或具备空气驱条件的油藏及流体基本特征，并给出了空气驱油藏初步筛选标准（表 3.1）。空气驱投入成本大，在项目决策前都要经过严格的可行性研究。通常要经过常规或非常规的办法，信息不全时应采用类比的方法，用数值模拟和经验判断的方法相结合，但不应过于依赖现有的数据，筛选方法及标准不应该被定量化，在其他参数不利的情况下，如果有些参数有利可放宽限制，同时应考虑油价和投资等经济因素。如澳大利亚 Amadeus 盆地 Mereenie 油藏通过初步油藏筛选认为实施空气驱潜力较大，但该油藏存在一个具开发价值的气顶，研究人员对此没有考虑空气驱。

3. 油藏储层物性及黏土含量的影响

1）油藏储层物性

油藏物性基本特征是油藏筛选的首要标准，对项目实施可行性论证和最终效果有着重要影响。Ren 等数值模拟研究表明：在油藏顶部注入空气，因重力作用可推动原油顺利地运移至下倾方向的生产井，气驱前缘将会更稳定，可实现较高的体积波及能力和气驱效率。针对地层倾角对累计产油量的影响，随着地层倾角的减小，原油产量突破时间缩短，累计产量降低，这和过早地发生气窜有关。倾角高于 100° 对最终采收率影响不大，因此高地层倾角、均质的油藏更适合空气驱。非均质性较强的地层，如存在裂缝发育或窜槽会产生非常高的流度比，会过早发生气窜。Ito 和 Chow 以及 Glandt 等指出空气驱中流度比相当高，但不及重油油藏就地燃烧时产生的流度比，他们进一步指出不利的流度比对采收率造成的负面影响可通过原油膨胀、油藏重新增压和轻烃的抽提来补偿。此外，许多学者已指出油藏的非均质性、重力分异或气体超覆现象会给注空气过程带来许多问题。油藏模拟研究表明：垂向渗透率分布对空气驱体积波及系数有很大的负面影响，在油藏顶部注水可减轻气体超覆对原油采收率的影响，可采取水/气交替注入或在原油自燃后进行注水。

Ren 等指出实施空气驱的储层渗透率应大于 $50 \times 10^{-3} \mu m^2$，Hughes 和 Sarma 对澳大利亚 Cooper-Eromanga，Carnarvon 和 Surat-Bowen 盆地实施空气驱潜力分析时指出储层深度应大于 1000m，净厚度在 1~20m，渗透率在 $(0.1 \sim 1000) \times 10^{-3} \mu m^2$。中原油田成功实施空气泡沫驱的胡 12 断块油藏为中高渗储层，平均渗透率为 $300.8 \times 10^{-3} \mu m^2$。已有文献对渗透率小于 $1 \times 10^{-3} \mu m^2$ 的储层实施空气驱的研究开展较少，近来，中石油勘探开发研究院张义堂教授课题组通过对渗透率 $(0.2 \sim 1.0) \times 10^{-3} \mu m^2$，平均为 $0.6 \times 10^{-3} \mu m^2$ 的低渗油藏采用物理模拟和数值模拟相结合的方法，系统研究了低渗油藏注空气开发的驱油机理，并通过研究结果指出空气驱是低渗油藏改善开发效果、提高采收率的有效方式。

表3.1 国外已实施过和具备空气驱潜力的油藏及流体基本特征

筛选标准	筛选标准	Camarvon (Barrow Island)	Cooper Eromanga (Kenmore)	Surat-Bowen (Moonie)	中东某盆地	Barnhart	Ellenburger	西欧大陆架	Neuquen	Williston (Buffalo)	未知	东濮凹陷	长庆马岭
位置		西澳	南澳/昆士兰	昆士兰/南威尔士	中东	德州	德州	北海	阿根廷	南达科达	印度	河南	陕西
岩性	砂岩/碳酸盐岩	砂岩/碳酸盐岩	砂岩	砂岩	砂岩	灰岩	裂缝碳酸盐岩	砂岩	砂岩	碳酸盐岩	砂岩	砂岩	砂岩
φS_o	>0.1	Y	Y	Y	Y	—	—	Y	Y	Y	—	Y	—
°API	20~55+	33~45	44~50	45	30~36.6	>25	40.7	36~39	34.6~36.8	32	35	31	—
黏度/mPa·s	<10	0.7~1.76	2.48	1.0	4.68~12.8	2.91	—	—	5.3~7.5	2.4	2~3	3.96	—
温度/℃	>60	46~99	80~141	66	89~98	>76	93	80~130	38~45	102	76	92	70~72
深度/m	>1000	350~1950	1300~2940	1730	1475~2469	>1676	2751.73~2779.78	2000~4000	300~500	2560	950	2040~2300	—
厚度/m	1~20	50~130	20~50+	20~60	—	—	5.79	—	—	3.04~5.49	2~6	7	4.9
压力/MPa	无	<19.54	11.45	29.5	7.68~25.6	11	—	20~40	6.9~13.8	24.8	6.4	23	12~13
渗透率/10^{-3} μm²	0.1~1000	1~5000	4.4	300	—	1200	0.9~8.11	100~1000	7200~12200	10	10~50	100~1000	30
S_w/%	<80	16~62	30~60	48	—	24.2	31~62	>70	37.5~73.1	45~55	—	—	38.5

2）储层黏土矿物的影响

储层岩矿组成，黏土矿物和金属盐在原油氧化热动力学方面有着非常重要的影响。众所周知，储层岩石中可能会存在着诸如伊利石、伊/蒙混层、蒙脱石、绿泥石和高岭石。不同类型的黏土矿物和相对含量的差异会体现出不同的催化能力。多数情况下，实验所用黏土矿物通常简单地以高岭石来代替。Vossoughi 等研究了二氧化硅，高岭石对原油裂解—燃烧的影响，指出矿物的比表面积越大对原油氧化—裂解—燃烧影响的活性也越强，俗称表面积效应，高岭石在原油裂解—燃烧阶段体现了非常强的催化效应，二氧化硅不具备任何催化效应；Drici 和 Vossoughi 证明了采用比表面积更高的矿物可使原油从放热温度区转向低温区；Rashidi 和 Bagci 研究了不同压力下灰岩基质中黏土矿物对原油氧化行为的影响，实验结果表明黏土矿物相对含量影响着燃料沉积效率。金属和金属盐衍生物同样也影响着原油氧化和燃烧过程，Castanier 等研究发现铁和亚锡盐会强化燃料沉积过程，提高氧的消耗程度，而铜、镍、铬盐对此影响不明显；Ranjbar 研究表明，基质中的黏土矿物会增强燃料沉积过程并在燃料氧化过程中起到催化作用；Kok 在原油氧化热动力学方面做了大量工作，认为黏土矿物的催化效应可降低原油活化能和阿伦纽斯常数，但并未探讨黏土矿物类型的影响，各种黏土矿物对原油氧化催化能力的贡献尚不清楚。

3.2.2　空气泡沫调驱的影响因素

1. 地下流体性质的影响

泡沫具有"遇油消泡、遇水稳定"的特性，因此地下流体性质主要是原油饱和度和原油黏度对其的影响，大量文献都对原油黏度对泡沫的影响做了研究。2010 年，H. Pei 等人同时室内实验研究了原油的黏度对泡沫驱效果的影响，对于黏度低于 $1000\text{mPa} \cdot \text{s}$ 的原油，泡沫驱更有优势。然而不同的原油黏度对不同的泡沫系统影响不同。一般情况下，随着原油黏度的不断增加，油藏采收率提高幅度逐渐减小。也就是说，原油黏度越大，越不利于泡沫驱发挥作用。尤其在渗透率较低的储层中，原油黏度对泡沫驱油效果的影响更明显。

2. 油藏储层物性的影响

1）储层的非均质性

对于空气泡沫调驱技术，储层的非均质性越强，原油采收率也就提高得越多。在非均质油藏中，高渗透层的泡沫结构由原来的单一标准结构变为多分支结构，增加了泡沫的视表观黏度，相应地增加了泡沫的封堵能力。低渗层中的剩余油就会被后续的流体驱扫出来。

2）储层的渗透率

国内外学者研究表明，根据泡沫调驱机理，随着储层的渗透率增加，泡沫的阻力因子也会增大，泡沫封堵高渗通道的能力增加。这是由于在驱替过程中，泡沫的视表观黏度随着剪切速率的增大而减小。在渗透率较低的储层中，剪切速率较大，因此泡沫的视表观黏度较低，在渗透率较高的储层中，剪切速率较小，而泡沫的视表观黏度较高，因此，泡沫在高渗透中阻力较大，能够封堵高渗透层而不封堵低渗透层。然而当渗透率过高，泡沫黏度增加缓慢，泡沫尺寸增大，稳定性降低，无法有效封堵渗透率过高的储层。

3. 其他影响因素

空气泡沫调驱施工工艺参数对其效果具有较大的影响，主要包括：①注气速度。注气速度对调驱效果也会有一定的影响。随着注气速度的增加，原油采收率会提高越多，但当注气速度过大，增油量有下降的趋势。②注入压力。压力会影响泡沫稳定、原油与空气的反应等。在温度一定的情况下，压力增加，氧化反应速率增大，原油耗氧能力增加。压力不同，泡沫的封堵性能也会不同。当压力较高，泡沫直径变小，表面黏度相应增大。泡沫的稳定性较好，泡沫封堵能力增强。能够很好地延缓注入流体的突破，改变液流方向，提高油藏采收率。③气液比。根据调研发现，气液比对调驱效果有很大的影响。在气液比较大的情况下，调驱效果较好。但是当气液比超过一个定值时，泡沫调驱增油量明显降低。

第4章 空气低温氧化模型及安全性评价

轻质油藏空气低温氧化(LTO)技术中的空气不仅具有注气作用，还有氧化反应产生其他作用，即油藏条件下空气中的 O_2 与原油发生低温氧化放热反应。注入的 O_2 通过低温氧化反应被消耗，烷烃在氧化反应中始终是过量的。但因 O_2 的消耗量有限，决定了该技术在矿场使用中存在爆炸可能性，只有 O_2 含量在一定范围内该技术在理论上才安全可靠。

4.1 空气氧化反应速率模型

4.1.1 静态氧化反应速率模型

1. 氧化反应速率

影响空气中 O_2 与原油发生低温氧化反应的因素主要有原油内在性质和油藏外部因素等，油藏外部条件主要是压力和温度。目前，国内 LTO 技术中的静态氧化反应速率计算方法不完全清楚，但通常情况下：一是压力影响，压力较小时氧化速率受压力影响较小，压力较大时氧化速率有所增大；二是温度影响，温度对原油氧化反应影响比较大，温度越高反应速率越大。

静态氧化反应速率是指单位体积原油在单位时间内消耗 O_2 物质的量，单位为 mol $(O_2)/[h \cdot mL(oil)]$，用公式具体表示如式(4-1)所示：

$$v_{O_2} = -\frac{dn_{O_2}}{V_{oil} \cdot dt} \tag{4-1}$$

在国内外研究中，原油静态氧化反应速率的计算方法主要有气体含量法、压力降法和气体组成法，下面分别介绍。

1) 气体含量法

该方法需要测量氧化反应耗的量，但由于氧的含量测量不确定性较大，故计算误差也较大，目前一般不采用该方法。计算公式如式(4-2)所示：

$$反应速率 = \frac{O_2 消耗物质的量}{油体积 \times 反应时间} \tag{4-2}$$

首先测出反应后的 O_2 含量，然后转化到标准状况下，计算出耗氧的摩尔数，从而计算氧化反应速率。

2) 压力降法

压力降法是指反应前/后中压力降值计算原油的静态氧化反应速率，可计算平均和瞬时的氧化反应速率。

在建立氧化反应速率数学模型时，忽略气体间互溶、忽略水蒸气的影响、忽略 CO 产量等因素，假设原油组分是烷烃 C_nH_{2n+2}。

（1）烷烃被完全氧化：该情况下，烷烃 C_nH_{2n+2} 完全被氧化为 CO_2，反应方程式为：

$$C_nH_{2n+2}+\left(n+\frac{n+1}{2}\right)O_2 \longrightarrow nCO_2+(n+1)H_2O \qquad \Delta n' \qquad (4-3)$$

$$n+\frac{n+1}{2} \qquad\qquad n \qquad\qquad\qquad \frac{n+1}{2}$$

$$n_{O_2} \qquad\qquad\qquad\qquad\qquad\qquad \Delta n(t)$$

通过式（4-3），计算低温氧化反应消耗 O_2 的量 n_{O_2} 为：$n_{O_2}=\dfrac{n+\dfrac{n+1}{2}}{\dfrac{n+1}{2}}\Delta n(t)=\dfrac{3n+1}{n+1}\Delta n(t)$ 代入静

态氧化反应速率计算公式，得到：$v_{O_2}=-\dfrac{\mathrm{d}n_{O_2}}{V_{oil}\cdot \mathrm{d}t}=-\dfrac{\mathrm{d}\left[\dfrac{3n+1}{n+1}\Delta n(t)\right]}{V_{oil}\cdot \mathrm{d}t}$

根据真实气体状态方程（$PV=nZRT$），可得到系统物质量的减少值，即 $\Delta n(t)=\dfrac{\Delta P(t)V_g}{ZRT}$。
原油主要组分烷烃 C_nH_{2n+2} 中 n 相对比较大，经过整理得到静态瞬时氧化反应速率为：$v_{O_2}=$
$-\dfrac{3V_g}{V_{oil}\cdot ZRT}\dfrac{\mathrm{d}[P(t)]}{\mathrm{d}t}$；同时得到静态平均氧化反应速率为：$v_{O_2}=-\dfrac{3V_g}{V_{oil}\cdot ZRT}\dfrac{P_{后}-P_{前}}{t}$。

（2）烷烃部分被氧化：该情况下，烷烃 C_nH_{2n+2} 部分被氧化为 CO_2，另一部分转化为
$C_{n-1}H_{2n}$，反应方程式为：

$$C_nH_{2n+2}+\frac{3}{2}O_2 \longrightarrow CO_2+H_2O+C_{n-1}H_{2n} \qquad \Delta n' \qquad (4-4)$$

$$\frac{3}{2} \qquad\qquad 1 \qquad\qquad\qquad 0.5$$

$$n_{O_2} \qquad\qquad\qquad\qquad\qquad \Delta n(t)$$

通过式（4-4），计算低温氧化反应消耗 O_2 的量 n_{O_2} 为：$n_{O_2}=3\Delta n(t)$，代入静态氧化反应速率

计算公式，得到：$v_{O_2}=-\dfrac{\mathrm{d}n_{O_2}}{V_{oil}\cdot \mathrm{d}t}=-\dfrac{3\cdot \mathrm{d}[\Delta n(t)]}{V_{oil}\cdot \mathrm{d}t}$

根据真实气体状态方程（$PV=nZRT$），可得到系统物质量的减少值，即 $\Delta n(t)=$
$\dfrac{\Delta P(t)V_g}{ZRT}$，实验中温度 T 不变，压力 P 变化较小，气体压缩因子 Z 变化可忽略不计，总的气

体体积 V_g 不变，经过整理得到静态瞬时氧化反应速率为：$v_{O_2}=-\dfrac{3V_g}{V_{oil}\cdot ZRT}\dfrac{\mathrm{d}[P(t)]}{\mathrm{d}t}$；同时得

到静态平均氧化反应速率为：$v_{O_2}=-\dfrac{3V_g}{V_{oil}\cdot ZRT}\dfrac{P_{后}-P_{前}}{t}$。

（3）根据低温氧化反应机理，并假定 CO 完全不溶于原油中，低温氧化反应的总方程
式为：

$$4R-CH_3+7O_2 \longrightarrow 2R+2ROH+3CO_2+CO+5H_2O \qquad \Delta n' \qquad (4-5)$$
$$\qquad\qquad 7 \qquad\qquad\qquad 3 \quad 1 \qquad\qquad 4$$
$$n_{O_2} \qquad\qquad\qquad\qquad\qquad\qquad \Delta n(t)$$

通过式(4-5)，计算低温氧化反应消耗 O_2 的量 n_{O_2} 为：$n_{O_2} = \dfrac{7}{3}\Delta n(t)$，代入静态氧化反应速

率计算公式，得到：$v_{O_2} = -\dfrac{\mathrm{d}n_{O_2}}{V_{oil}\cdot\mathrm{d}t} = -\dfrac{7}{3}\dfrac{\mathrm{d}[\Delta n(t)]}{V_{oil}\cdot\mathrm{d}t}$。

根据真实气体状态方程 $(PV=nZRT)$，可得到系统物质量的减少值，即 $\Delta n(t) =$ $\dfrac{\Delta P(t)V_g}{ZRT}$，实验中温度 T 不变，压力 P 变化较小，气体压缩因子 Z 变化可忽略不计，总的气

体体积 V_g 不变，经过整理得到静态瞬时氧化反应速率为：$v_{O_2} = -\dfrac{7}{3}\dfrac{V_g}{V_{oil}\cdot ZRT}\dfrac{\mathrm{d}[P(t)]}{\mathrm{d}t}$；同时

得到静态平均氧化反应速率为：$v_{O_2} = -\dfrac{7}{3}\dfrac{V_g}{V_{oil}\cdot ZRT}\dfrac{P_后-P_前}{t}$。

在假设原油组分是烷烃 C_nH_{2n+2} 条件下，（1）与（2）两种情况的最终计算方法一致；但由于原油成分复杂，根据低温氧化反应机理计算出的静态氧化反应速率均比（1）与（2）两种情况低，更符合实际情况。

3）气体组成法

根据真实气体状态方程 $(PV=nZRT)$ 和气体中 O_2 含量 C_{O_2} 时，可得到气体中 O_2 物质的

量 $(n_{O_2} = \dfrac{PV_g}{ZRT}C_{O_2})$，实验中温度 T 不变，压力 P 变化较小，气体压缩因子 Z 变化可忽略不

计，总的气体体积 V_g 不变，代入静态氧化反应速率计算公式并整理，可得：$v_{O_2} =$ $-\dfrac{V_g}{V_{oil}\cdot ZRT}\dfrac{\mathrm{d}(PC_{O_2})}{\mathrm{d}t}$。

随氧化反应的进行，O_2 会逐渐消耗，生成 CO_2，导致压力 P 和 O_2 含量 C_{O_2} 均随时间发生

变化，静态瞬时氧化反应速率可变化为：$v_{O_2} = -\dfrac{V_g}{V_{oil}\cdot ZRT}\left(C_{O_2}\dfrac{\mathrm{d}P}{\mathrm{d}t}+P\dfrac{\mathrm{d}C_{O_2}}{\mathrm{d}t}\right)$；在实验过程中，

可随时检查任一时间的压力，但气体含量不能随时测量，可检查反应前/后气体中 O_2 和 CO_2 含量，所以静态平均氧化反应速率为：

$$v_{O_2} = -\dfrac{V_g}{V_{oil}\cdot ZRT}\left(\dfrac{C_{O_2前}+C_{O_2后}}{2}\dfrac{P_后-P_前}{t}+\dfrac{P_前+P_后}{2}\dfrac{C_{O_2后}-C_{O_2前}}{t}\right) \qquad (4-6)$$

式中　　v_{O_2}——原油静态氧化反应速率；

$\qquad V_g$——容器中空气体积，m^3；

$\qquad V_{oil}$——容器中原油体积，mL；

$\qquad C_{O_2}$——气体中 O_2 浓度，%；

$C_{O_2前}$、$C_{O_2后}$——反应前/后气体中 O_2 浓度，%；

$\qquad P_前$、$P_后$——高压反应釜中反应前/后气体压力，MPa；

$\qquad Z$——压缩因子；

　　　　R——气体常数；

　　　　T——绝对温度，K；

　　　　t——反应所用时间，h。

　　通过比较氧化反应计算方法，在实验中气体含量法 O_2 含量测量不确定性较大，一般不采用；压力降法是在一定假设条件下，根据原油组分与 O_2 反应公式计算，但由于原油组分比较复杂，该方法存在一定缺陷；气体组成法是综合了气体含量法和压力降法，计算准确性比较高，所以本书采用该方法计算氧化反应速率。

　　2. 混合气体分压计算方法

　　因计算静态低温氧化反应速率需要计算氧分压，所以应探讨混合气体分压计算方法。

　　相同温度下，组分气体单独占有混合气体总体积时所呈现的压力称为组分气体的分压(用 P_i 表示)。根据定义得关系式：$P_i V_总 = n_i RT$。

　　相同温度下，组分气体具有和混合气体相同压力时所占的体积称为组分气体的分体积(用 V_i 表示)。根据定义，得关系式：$P_总 V_i = n_i RT$。

　　道尔顿(Datton)于1801年定义了混合气体分压计算方法(气体分压定律)，指出混合气体中某气体所产生的分压等于它单独占有整个容器时所产生的压力；而混合气体总压强等于各气体分压之和，即在恒温时，混合气体的总压($P_总$)等于各组分气体分压(P_i)之和；混合气体总体积($V_总$)等于各组分气体体积(V_i)之和，得式(4-7)：

$$P_总 = \sum P_i = P_1 + P_1 + \cdots + P_i V_总 = \sum V_i = V_1 + V_2 + \cdots + V_i P_总 \quad V_总 = n_总 RT \quad (4-7)$$

由真实气体状态方程($PV = nZRT$)可得到：

$$\frac{P_i}{P_总} = \frac{V_i}{V_总} = \frac{n_i}{n_总} \quad (4-8)$$

式中　　n——物质的量，mol；

　　　　P——压力，MPa；

　　　　V——体积，mL；

　　　　R——气体常数；

　　　　T——绝对温度，K；

　　　　i——i 组分。

4.1.2　动态氧化反应速率模型

　　在动态氧化反应实验过程中，考虑到检测气体的非连续性和空气的滞留性，结合动态氧化实验特征，定义动态氧化反应速率为单位体积原油在单位时间内消耗氧气的量，其计算公式为：

$$动态氧化反应速率 = \frac{注入空气中氧气量 - 未消耗氧气量}{原油体积 \times 反应时间}，\quad 即\ v_{动态} = \frac{\Delta n_{O_2}}{V_{oil} \times t_{滞留}}$$

　　根据真实气体状态方程($PV = nZRT$)，可得到系统物氧气质量的减少值，即 $\Delta n_{O_2} = \frac{P \cdot v_{注入} \cdot t_{滞留}}{ZRT}(C_{O_2注入} - C_{O_2})$，得到动态氧化反应速率：

$$v_{动态} = \frac{P \cdot v_{注入}}{V_{oil} \cdot ZRT}(0.21 - C_{O_2}) \quad (4-9)$$

式中　$v_{动态}$——原油动态氧化反应速率；

　　　$v_{注入}$——空气注入速度，m^3/h；

　　　V_{oil}——容器中原油体积，mL；

　　　C_{O_2}——气体中 O_2 浓度，小数；

　　　P——反应系统压力，MPa；

　　　Z——压缩因子；

　　　R——气体常数；

　　　T——绝对温度，K；

　　　$t_{滞留}$——空气在反应系统中的滞留时间，h。

4.2　空气氧化动力学模型

4.2.1　氧化动力学模型及其计算方法

动力学研究的主要目的是求解出能描述某反应的动力学参数，推断反应机理。低温氧化反应氧气通过反应被消耗，烷烃在氧化反应中始终是过量的，注入的 O_2 被消耗，所以安全性理论上可靠。部分重质原油被低温氧化成轻质原油，而且整个低温氧化反应为放热过程也降低了原油的黏度。原油氧化是一个反应动力学的控制过程，可借用 Arrhenius 型方程描述反应速度随氧分压和温度的变化。对一封闭静态体系并假设有过量的原油，分压速度可以由氧分压随时间的降低来表示：

$$\frac{\mathrm{d}p_x}{\mathrm{d}t}=k_o\mathrm{e}^{-\frac{E}{RT}}[p_x]^m[oil]^n \tag{4-10}$$

式中　$[p_x]$——O_2 分压，MPa；

　　　k_o——反应速率常数；

　　　E——活化能，J/mol；

　　　R——气体常数；

　　　T——绝对温度，K；

　　　$[oil]$——含油饱和度，%；

　　　m、n——反应级数。

由式(4-10)可知，反应速度随着氧分压和温度的变化而变化。k_0、E 是反应动力学参数，取决于原油和储集岩的性质，通过实验确定。实验研究表明 LTO 反应是自发的，在反应气体中氧气含量较高(>5%)及填砂中含油饱和度较高(>5%)的情况下，氧分压和含油饱和度对反应速率影响不大，即反应级数为 0($m=n=0$)。

根据室内静态高压恒温氧化动力学实验结果，计算低温氧化动力学参数 k_0、E，其计算方法为：$\ln\frac{\mathrm{d}p_x}{\mathrm{d}t}=\ln k_o-\frac{E}{R}\cdot\frac{1}{T}$ 令 $a_o=\ln k_o$、$b_o=\frac{E}{R}$ 则 $\ln\frac{\mathrm{d}p_x}{\mathrm{d}t}=a_o-b_o\cdot\frac{1}{T}$，对实验室数据线性拟合回归，计算得到低温氧化动力学参数。

4.2.2　氧化反应焓的计算模型

低温氧化的反应焓可以通过反应中形成和消失的化学键能量计算。事实表明，由键能确定的数值与实验值非常接近。键能、原子雾化能和共振能表 4.1。

表 4.1 部分键能、原子雾化能和共振能

键能名称	C—C	C—H	C—O	C＝C	O—H	O 雾化能	CO_2共振能	CO 共振能
能量/(kJ/mol)	347.9	413.7	139.0	728.5	463.1	247.7	150.7	347.5

低温氧化(放热反应)的反应焓($-\Delta H$)表达式为: $-\Delta H = \Delta H_P - \Delta H_R$, 可按照氧化反应的简化方程式, 结合表 4.1 中的能量, 计算反应焓。氧化反应的反应焓可依据, 反应方程式:
$CH_x + \dfrac{y}{2}O_2 \longrightarrow CH_xO_y$, 分别计算形成键的总能量 ΔH_P 和消失键的总能量 ΔH_R, 即可计算出氧化反应的焓。同理, 可以计算脱碳反应方程式 $CH_xO_y + \left(1 + \dfrac{x}{4} - \dfrac{y}{2}\right)O_2 \longrightarrow CO_2 + \dfrac{x}{2}H_2O$ 的反应焓。但是, 原油低温氧化反应涉及很多中间过程, 室内实验很难测量。

式中　$-\Delta H$——低温氧化放热反应焓, kJ/mol;

　　　ΔH_P——形成键的能量, kJ/mol;

　　　ΔH_R——消失键的能量, kJ/mol。

4.3 空气低温氧化的安全性评价

注空气过程中各个环节均存在着可燃性混合物爆炸的危险, 这主要是因为注入空气中含有 O_2。O_2 与原油在油藏发生氧化反应, 消耗部分 O_2, 但在氧化反应不完全的情况下, 地层中的轻烃组分和 O_2 形成混合性爆炸气体, 当混合气的浓度达到爆炸范围时, 在一定条件下发生爆炸事故。一旦爆炸事故发生, 将直接导致生产井和注入井废弃以及注气管线破坏, 更有甚者将会引起井喷造成更大的人员及财产损失。

4.3.1 可燃性气体爆炸极限模型

可燃性气爆炸能在瞬间释放出大量能量, 并伴有巨大声响的过程, 使周围介质遭受到破坏, 主要表现为不寻常的运动、机械破坏效应和音响效应; 但必须具备三个基本条件, 可燃性气体处于一定浓度范围, 最低浓度以上的 O_2 需求以及最小温度、能量、持续时间的点火源。

可燃性气体爆炸极限指发生爆炸的上限和下限浓度之间。下限是指其在空气中能引起爆炸的最低浓度(LEL), 上限是指其在空气中能引起爆炸的最高浓度(UEL)。可燃性气体的浓度在爆炸极限以外均不会着火或爆炸, 主要因为在爆炸下限以下时, 空气含量相对过量, 具有冷却作用, 活化中心的销毁数大于产生数; 同样, 在爆炸上限以上时, 可燃性气体含量相对过量, 空气中氧气不足, 但若继续供给空气, 仍可能发生爆炸危险。爆炸极限没有一个固定的范围, 主要影响因素有: ①初始温度。初始温度越高, 爆炸极限范围越大, 即爆炸下限降低而爆炸上限增高。因为温度升高, 分子内能增加, 处于激发态的气体分子数量增加, 爆炸危险性也增大。②系统初始压力。压力增大, 爆炸极限范围也扩大, 爆炸下限变化不大, 但爆炸上限显著提高。爆炸极限缩小为零的压力, 称为爆炸的临界压力。③氧含量。氧含量增加, 爆炸极限范围扩大, 尤其是爆炸上限提高的更多。④惰性气体。惰性气体含量增加,

爆炸极限范围小，主要因为惰性气体浓度加大，氧的浓度相对减小，一般情况下，惰性气体对爆炸混合物爆炸上限的影响较之对下限的影响更显著。⑤原油性质。原油黏度越小，爆炸或者燃烧越容易发生。油藏原油要有一定量的胶质和沥青质，以维持放热反应的连续性。⑥可燃性气体种类及化学性质。可燃气体的分子结构和反应能力影响其爆炸极限，碳氢化合物中单键牢固，发生反应能力差，爆炸上下限范围小；双键、三键等化合物，爆炸上下限范围相对较大。⑦其他影响因素。气体的混合均匀程度、点火源的形式、能量、点火位置及爆炸容器的几何形状和尺寸等影响。

由此可见，可燃性气体爆炸极限随着各种因素和条件的变化而变化，会增加发生爆炸危险，所以有必要研究不同条件下的可燃性气体，减小发生爆炸的可能性。

目前确定可燃气体爆炸极限方法主要有查相关资料、测试和理论计算三种途径获得，其中测试方法主要依据国家标准《空气中可燃气体爆炸极限测定方法》（GB/T 12474—2008），本章节主要介绍理论计算方法。

1. 按可燃性气体完全燃烧时化学理论浓度计算

可燃性气体爆炸下限由其完全燃烧时化学理论浓度确定，其公式为：$L_{下} = 0.55C_o$。

式中　　C_o——完全燃烧时化学理论浓度$\left(C_o = \dfrac{1}{1 + \dfrac{n_o}{C_{空气}}} \times 100\% \right)$，%；

　　　　$C_{空气}$——空气中氧气浓度，一般取值 0.209；

　　　　n_o——完全燃烧时所需氧分子数（北川徹三法认为有机可燃气体分子中碳原子数 α 与可燃气爆炸性上限所需的氧原子摩尔数 n_o 之间存在着直线关系：$n_o = 0.25\alpha + 1.0$，$\alpha = 1, 2$；$n_o = 0.25\alpha + 1.25$，$\alpha \geqslant 3$）。

2. 化学计量比体积分数计算

在可燃气体完全燃烧下，可根据化学计量比体积分数计算爆炸极限，其爆炸下限/上限公式分别为：$L_{上} = 4.8L_{st}^{0.5}$、$L_{下} = 0.55L_{st}$，其中，L_{st} 化学计量比体积分数，%。该方法对于 H_2、CO、烯烃和炔烃等可燃气体的计算误差较大可作为参考数值应用。

3. 经验法计算公式

在经验公式中仅考虑爆炸极限中混合气体的组成，计算误差较大可作为参考数值应用，单组分可燃性气体计算公式为：$L_{上} = \dfrac{400}{4.76n_o \times 2 + 4}$、$L_{下} = \dfrac{100}{4.76(2n_o - 1) + 1}$；多组分可燃性气体计算公式为：$L_{极限} = \dfrac{100}{\dfrac{V_1}{L_{极限1}} + \dfrac{V_2}{L_{极限2}} + \ldots + \dfrac{V_n}{L_{极限n}}}$，其中，$V_i$ 为各组分在混合气体中的体积百分数，%；$L_{极限n}$ 为各组分气体的爆炸界限，%。

该公式适用于计算活化能、克分子燃烧热、反应速率相接近的可燃性气体或蒸气爆炸性混合气体的爆炸极限。

4. 含惰性气体计算公式

由于惰性气体的特殊性，所以含有惰性气体的可燃气体爆炸极限计算公式为：

$$L_{含惰性气体极限} = L_{极限} \times \frac{100 \times \dfrac{(1+\phi)}{(1-\phi)}}{100 + \dfrac{L_{极限}\phi}{(1-\phi)}}$$

式中　ϕ——惰性气体体积分数，小数。

该公式未考虑不同类型惰性气体对可燃气体爆炸极限的惰化效率影响，计算误差较大可作为参考数值应用。

4.3.2　临界氧含量确定方法

临界氧含量(爆炸与不爆的临界点)，指当给以足够点燃能量能使某一浓度的可燃气体刚好不发生燃烧爆炸的临界最高氧浓度。若氧含量高于此浓度，便会发生燃烧或爆炸，氧含量低于此浓度便不会发生燃烧或爆炸。通常最低临界氧含量即为安全氧含量。

1. 理论计算

可燃气体的临界含氧量可由经验公式进行计算，当可燃性气与氧气发生完全燃烧时，化学反应式：$C_nH_mO_\lambda + \left(n + \dfrac{m-2\lambda}{4}\right)O_2 \Longleftrightarrow nCO_2 + \dfrac{m}{2}H_2O$，其中，下标是各个原子个数。

在可燃性气体体积分数为 $L_{下限}$ 时，就会有剩余氧，此时反应为富氧状态，若体积分数为 L，理论临界氧含量(理论最小氧体积分数)为：$C_{O_2} = L\left(n + \dfrac{m-2\lambda}{4}\right) = LN$

式中　C_{O_2}——理论临界氧含量，%；

　　　L——可燃性气体的爆炸下限，%；

　　　N——每摩尔可燃性气体完全燃烧时所需要的氧分子个数。

常温常压下，理论临界氧含量等于可燃性气体在下限浓度时刚好完全反应所需要的临界氧含量；在爆炸上限浓度时，其临界氧含量等于混合气中的实际氧含量。可依据此来估算临界氧含量。在同类烷烃物质中甲烷的理论临界氧含量最低为10%左右，即氧含量低于该值，不会发生爆炸。

2. 实验法

冶金部武汉研究院发布了对气体爆炸极限的研究成果(图4.1)，其中 L 为爆炸下限，U 为上限，下标1、2为空气和氧气；L_1L_2 和 U_1U_2 围成的近似三角区为可燃性气体的爆炸范围。由于空气进入地层后，空气中氧气是逐渐降低变化的过程，这个研究成果更适合于注空气和空气泡沫。

通过爆炸范围与顶点 C 的直线为空气组分线，空气线在 $O-N$ 的起点为 O_2 浓度为20.95%处。对某一浓度的混合气体 M_1，当加入甲烷时，其浓度沿着 M_1 与 C 连线变化至 M_2，于 M_2 中加入 O_2，其浓度又沿着 M_2 与 O_2 连线变化至 M_3。由此可见，当混合物 M_1 的某一组分发生变化时，M_1 将朝着该组分方向发生正负变化。从图可见，M_1 中增加 O_2 浓度或降低 CH_4 浓度，M_1 向进入爆炸范围的方向变化，而 N_2 浓度发生正负变化时，对 M_1 的爆炸性能影响不大。

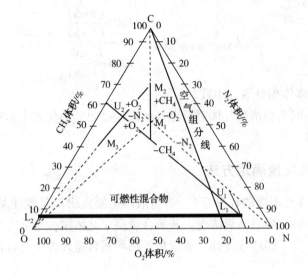

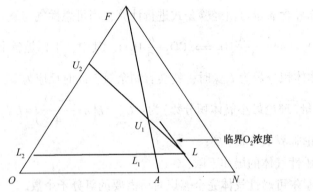

图 4.1　在 0.1PMa、26℃时 CH₄-O₂-N₂ 混合体的爆炸范围和简易图

第5章 空气/空气泡沫调驱室内实验研究

注空气采油技术是指把空气注入油藏自然发生的采油技术。空气在油藏中会同时发生原油氧化和驱油两种作用。其中，根据氧化强度不同可分高温氧化（HTO）和低温氧化（LTO）。一般情况下高温氧化（HTO）主要针对稠油油藏注空气火烧油层法提高采收率，该方法已被人们广泛的应用；低温氧化（LTO）主要针对轻质油藏注空气发生低温氧化反应提高采收率，该方法也已引起人们的关注。注空气采油技术类型主要取决于油藏温度、压力及原油和岩石的性质。

5.1 空气与原油氧化实验研究

轻质油藏空气低温氧化（LTO）技术中的空气不仅具有注气作用，还会因氧化反应产生其他作用，即油藏条件下空气中的 O_2 与原油发生低温氧化放热反应，所产生的热量使油藏温度上升，导致原油中轻质组分蒸发；另外，原油氧化反应会消耗空气中的 O_2 生成 CO_2、CO、CH_4 等碳的氧化物，可与蒸发的轻质组分及空气中的 N_2 组成烟道气，形成烟道气驱。轻质油藏空气低温氧化（LTO）中关键技术是油藏条件下 O_2 与原油的氧化性能，因此，室内静态氧化实验是研究过程的基础，它在空气驱的可行性研究中起着很重要作用，并且有助于理解空气驱机理。本节利用高温高压实验装置，测试和评价在不同条件下，油样氧化性能、产出气体组成以及油样元素变化情况，为提高采收率的室内实验研究和矿场应用提供重要依据。

5.1.1 静态氧化反应实验

1. 实验仪器及装置

静态低温氧化反应实验所需主要设备和仪器：高温高压不锈钢反应容（ZYF-GS10 型耐压 120MPa、耐温 500℃）、温度控制系统、V-0.6/8 空气压缩机及空气瓶、增压泵、压力表、高压管线、六通阀门、集气瓶及色谱仪器等，高温高压反应器装置图（图 5.1）。

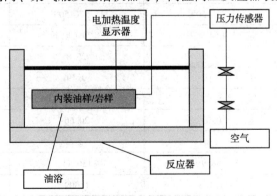

图 5.1 注空气低温氧化反机理

氧化反应实验中，按不同实验要求，把黏土、不同矿化度的模拟地层水、原油等物质倒入高温高压反应器；在不同条件下，测定压力随时间的变化情况，计算氧化反应速率；在氧化反应实验前后分别分析 O_2 和 CO_2 含量确定消耗氧量，并测定原油族组变化，进一步研究空气驱低温氧化机理。

2. 实验目的及方法

1）实验目的及流体物性

在油藏温度下（一般应高于70℃）空气与原油发生低温氧化反应，反应消耗掉大部分 O_2，生成 CO_2、CO 等气体，近似形成烟道气驱；同时产生一些烃类氧化物存在于原油中，使得原油性质随之发生改变。1967年，美国石油学会等组织已在原油中鉴定出234种烃类化合物，约占所分析油样总体积的一半，但目前仍无法给出原油所有组分的确切分子结构及其含量。目前，国内外常用原油族组成（饱和烃、芳烃、胶质、沥青）分析研究原油组成变化。注空气低温氧化静态实验目的是在不同条件下（气油比、温度、压力、地层水、原油特性及黏土类型/含量）的原油氧化反应速率，建立氧化动力学模型；检测并分析产出气体组分及反应前后原油族组成的变化，确定原油与空气的氧化活性，进一步研究空气驱低温氧化机理。

针对实验井组各层的采收地层水（仅SL6）和油样统计分析，地层水属于 $NaHCO_3$ 型，呈中性（pH = 7.09），总矿化度较高（53072.2mg/L），其中 $Ca^{2+} + Mg^{2+}$ 浓度较高（2732.4mg/L）（表5.1）。原油地下条件下属于低黏度（2.61mPa·s），低密度较低（0.671g/m³），其凝固点为15.7℃、含硫0.26%、胶质11.19%、沥青质10.35%、石蜡16.91%、气油比94.51m³/t、体积系数1.208等（表5.2）。

表 5.1　采出水物性参数

总矿化度/(mg/L)	pH 值	水型	Cl⁻/(mg/L)	Ca²⁺/(mg/L)	Mg²⁺/(mg/L)	K⁺/Na⁺/(mg/L)	SO₄²⁻/(mg/L)
53072.2	7.09	NaHCO₃	32702.5	1839.2	893.2	17446.67	42.42

表 5.2　原油物性参数

名　　称	变化范围		平　　均
	最小	最大	
密度/(g/m³)	0.816@20℃	0.855@20℃	0.836@20℃
	0.546@地下	0.795@地下	0.671@地下
黏度/mPa·s	3.81@20℃	22.53@20℃	13.17@20℃
	3.03@50℃	15.57@50℃	9.30@50℃
	1.42@地下	3.79@地下	2.61@地下
凝固点/℃	4.6	26.8	15.7
含硫/%	0.02	0.49	0.26
胶质/%	6.03	16.34	11.19
沥青质/%	0.03	20.66	10.35
石蜡/%	1.6	32.21	16.91
气油比/(m³/t)	58.9	130.11	94.51
体积系数（小数）	1.106	1.309	1.208

2）实验方法

按不同实验要求，将混合均匀物质放入反应容器中，进行静态低温氧化反应实验，具体实验步骤如下：

（1）洗净高温反应容器，并烘干放置待用。

（2）计算原油密度：量取一定体积原油，并测量质量，计算密度。

（3）配置不同比例的原油、地层水、黏土矿物等混合物备用，根据实验要求，将不同物质混合均匀，放入反应容器中，并加压测试反应流程的密闭性，并排除漏气处。

（4）开始实验：根据不同实验要求设置反应条件，进行下步氧化实验，每隔一段时间记录压力，待压力不变或者变化量可忽略后，结束实验，并冷却至室温。

（5）取氧化反应后气体样品测定气中 O_2 和 CO_2 含量；并分析油样中氧元素和族组成变化。

（6）清理仪器：清洗高压容器，保存原油样本，以便进一步分析。

3. 实验结果与讨论

1）气油比原油氧化速率的影响

根据油藏温度（68.9℃）和目前地层压力（19.6MPa），便于记录确定实验条件（70℃、20MPa），改变气油比（1∶1、2∶1、3∶1）测试静态氧化反应，结果如表5.3和图5.2所示。

表5.3　不同气油比下静态氧化实验结果

序号	气油比	反应压力/MPa		反应 O_2 浓度/%		反应 CO_2 浓度/%		平均反应速率		
		前	后	前	后	前	后	平衡时间/h	$10^{-3}mol(O_2)/$ $[h \cdot mL(oil)]$	与气油1∶1 的比值
1	1∶1		19.37		4.9		1.8	98.9	1.48	1.00
2	2∶1	20	18.68	21	5.1	0.03	2.3	94.5	3.09	2.09
3	3∶1		19.55		9.1		2.6	99.2	3.29	2.23

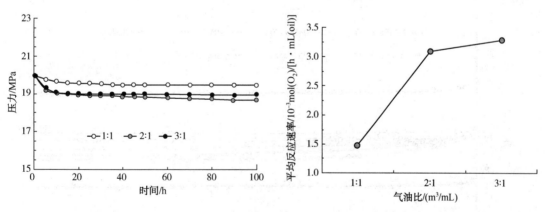

图5.2　不同气油比下静态氧化压力/时间及反应速率/气油比关系图

由图5.2可知，在温度、压力一定时，平均反应速率随气油比的变化先增加后逐渐平稳，分析原因为随油气比的增加，O_2 的相对浓度也逐渐增大，原油的相对浓度逐渐减少，导致加入反应的 O_2 和原油的相对量先增再减，因此平均反应速率出现如图5.2所示趋势；综合考虑优选气油比为2∶1时，反应速率为 $3.09 \times 10^{-3}mol(O_2)/[h \cdot mL(oil)]$，反应后的压力下降了 6.6%（20MPa 下降至 18.68MPa），气体中 O_2 浓度降低了 75.7%（21% 下降至 5.1%），CO_2 浓度增加了 98.7%（0.03% 下降至 2.3%），充分说明空气与原油发生了低温氧化反应，表明该技术可行。

2）油藏温压系统对原油氧化速率的影响及其反应动力学参数计算

（1）原油反应速率的影响。

油藏温压系统是影响空气驱中的氧化反应速率的重要参数之一，所以在确定气油比基础上，考察了油藏温压系统对纯油的氧化反应影响，结果如表 5.4 和图 5.3、图 5.4 所示。

表 5.4　不同温压下静态氧化实验结果

序号	温度/℃	反应压力/MPa		反应 O_2 浓度/%		反应 CO_2 浓度/%		平均反应速率		
		前	后	前	后	前	后	平衡时间/h	$10^{-3} mol(O_2)/[h \cdot mL(oil)]$	比值
1	70	10	9.04	21	9.1	0.03	1.4	98.9	1.16	1.00
2		15	13.89		7.8		2.1	96.7	1.92	1.65
3		20	18.61		5.8		3.0	95.4	2.94	2.53
4		25	23.57		5.1		3.5	94.9	3.83	3.30
5	60	20	19.47	21	6.2	0.03	2.1	97.9	2.75	1.00
6	70		18.61		5.8		3.0	95.4	2.94	1.07
7	80		17.79		5.6		3.6	94.7	3.04	1.11
8	90		17.01		4.4		4.2	94.1	3.30	1.20
9	110		16.72		3.1		5.9	92.1	3.59	1.31

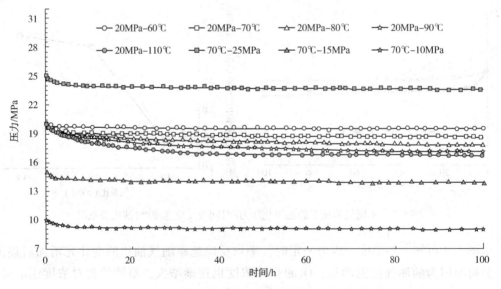

图 5.3　不同温压下静态氧化压力与时间比关系曲线

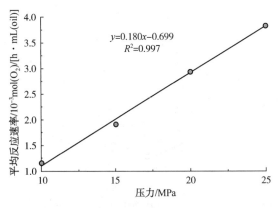 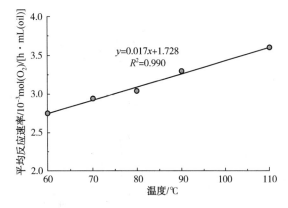

图 5.4 不同压力/温压下平均反应速率曲线图

油藏压力是影响氧化反应的一个重要因素，由实验结果可知：随着压力的增大，反应后 O_2 浓度降低（9.1% 降低至 5.1%），CO_2 浓度增大（1.4% 升高至 3.5%），表明有更多的 O_2 与原油发生反应，导致反应加快（98.9h 加快至 94.9h）、氧化反应速率增大（反应速率增大倍数从 1.00 倍增大至 3.30 倍），分析原因为压力升高时，在相同接触面积上氧浓度增大，同时也增加了原油中氧浓度。这与资料研究表明结果相同，即其他条件相同情况下，油藏压力越高，原油氧化时活化能也越低，有利于原油氧化中持续放热以至实现自燃；但油藏压力过高增加压缩机运作成本，同时过多空气被强行注入油藏中，可产生气窜或者导致生产井中有过量氧发生爆炸，严重影响正常生产。

轻质油藏注空气驱时，原油与 O_2 发生缓慢低温氧化反应，实验结果表明：温度增加（60℃ 增加至 100℃），反应后 O_2 浓度降低（6.2% 降低至 3.1%），CO_2 浓度增大（2.1% 增大至 5.9%），表明有更多的 O_2 与原油发生反应，导致反应加快（97.9h 加快至 92.1h）、氧化反应速率增大（反应速率增大倍数从 1.00 倍增大至 1.31 倍），主要原因是温度升高会促使自由基的生产，同时活化了高活化能的基团。资料研究表明：当反应产生热量聚集到一定程度后有自燃现象；理论上地层原油都可自燃，但存在自燃延迟时间 t_{ign}（其定义为空气驱中注入井附近油藏温度超过 210℃ 时的时间），高温油藏（高于 70℃）仅数小时就可发生自燃，低温油藏（低于 30℃）理论上需要 100~150d 才发生自燃，不适合空气驱。

（2）反应动力学参数计算。

在油藏压力（20MPa）下，根据油藏温度改变不同条件，每隔 10h 记录压力并计算 O_2 分压（图 5.5）；结合实验数据，根据 Arrhenius 方程，计算原油与空气低温氧化反应速率（图 5.6），并计算反应动力学方程如式（5-1）所示：

$$-\frac{\mathrm{d}p_x}{\mathrm{d}t} = 4.85 \times \frac{16519.09}{RT} \quad (5-1)$$

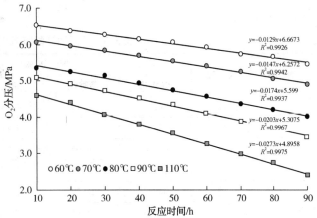

图 5.5 不同温度氧气分压与时间关系曲线图

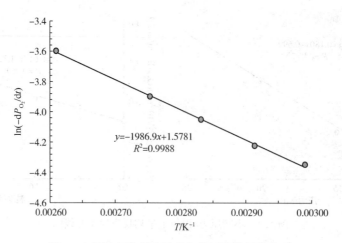

图 5.6　原油氧化反应速率与绝对温度倒数关系

活化能是表征反应进行难易程度的参数，活化能越大，反应越难进行。由实验结果计算可知：该试验区内原油低温氧化反应活化能为 16.519kJ/mol，远低于一般原油的活化能（许多学者对重油和轻油氧化反应的研究表明，活化能的范围介于 48~98kJ/mol），说明其氧化反应速率更快，反应更容易进行。

3）流体性质对原油氧化速率的影响

（1）原油性质对其影响。

国内外研究原油性质对氧化速率影响主要采用 SARA 方法，即原油被分离为饱和烃、芳烃、胶质、沥青质四大组分。研究结果表明：不同油藏、储层条件下，原油组分差异较大，低温氧化时四组分变化规律也不同，低温度下饱和烃组分具有较高的反应活性，芳香烃和胶质则在高温条件下才具有较高的反应活性。

在相同条件（70℃、20MPa）下，针对不同样品测试了氧化反应速率，结果见表 5.5 所示。研究结果表明：各个族组分含量变化各异，即饱和烃基本不变，芳香烃有所降低，沥青质有所增加，胶质有的增加有的降低，氧化反应速度差异较大（范围为 $1.18 \times 10^{-3} \sim 4.19 \times 10^{-3} \text{mol}(O_2)/[\text{h} \cdot \text{mL}(\text{oil})]$），主要因为各族的反应活性所需的温度不同，活化能越小，氧化反应越容易进行，反应速率也越快。这与前人研究的资料相同，即胶质含量先减少，再增加，又减少。

表 5.5　不同油样静态氧化实验结果

油样	反应	族组分/%				平均反应速率/ $10^{-3}\text{mol}(O_2)/[\text{h} \cdot \text{mL}(\text{oil})]$
		饱和烃	芳香烃	胶质	沥青质	
1#	前	80.21	14.19	4.14	1.46	4.19
	后	79.99	12.42	5.11	2.48	
2#	前	67.74	14.02	8.89	9.35	2.94
	后	66.41	15.03	9.07	9.49	
3#	前	48.02	26.79	15.78	9.41	1.87
	后	48.58	25.45	15.39	10.58	

（2）地层水物性对其影响。

油藏中通常存有含多种无机盐的地层水，用矿化度表征其含量多少，单位 mg/L。地层水中最常见的离子有 Na^+/K^+、Ca^{2+}/Mg^{2+} 等，因 Na^+ 与 K^+、Ca^{2+} 与 Mg^{2+} 的性质相近，所以研究地层水及其组分 Na^+/Ca^{2+} 和水含量对原油氧化反应速率的影响，并根据目前油田 58.7%的含水率，为了便于实验取含水率为 60%，结果见图 5.7。

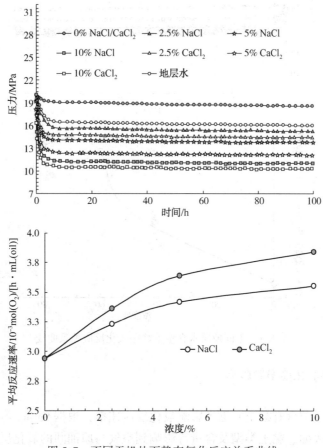

图 5.7　不同无机盐下静态氧化反应关系曲线

分析实验结果可知：无机盐、地层水均对原油氧化反应具有催化作用。同种无机盐下，反应过程中压力下降幅度随着浓度的增大而降低，即氧化反应速率增大；同一浓度下，反应过程中压力下降不同，$CaCl_2$ 的下降幅度大于 $NaCl$，即 $CaCl_2$ 的氧化反应速率较大。据文献可知，无机盐中具有催化作用的是金属阳离子，原油与氧的反应中相互络合，形成更多的高活性化学键，促进原油对氧的吸收。在同浓度下，$CaCl_2$ 中 Ca^{2+} 物质的量是 $NaCl$ 中 Na^+ 量的一半，但离子化合价的量略高于 Na^+ 量，所以催化作用与阳离子化合价的总和有关。

各大油田不断开采，综合含水率逐步上升，所以研究了不同含水条件下氧化反应情况（图 5.8）。分析可知：氧化反应率由 2.94×10^{-3} mol(O_2)/[h·mL(oil)] 增加至 3.38×10^{-3} mol(O_2)/[h·mL(oil)]，再降低至 3.31×10^{-3} mol(O_2)/[h·mL(oil)]，主要因为地层水中有无机阳离子促进反应，但随着含水率的增加原油减少，氧与原油的接触面减少，导致反应减缓甚至降低，故确保实验含水率为 70%。

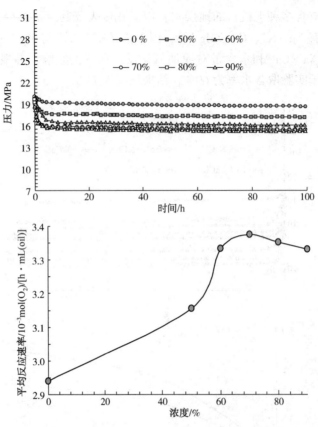

图 5.8　不同地层水含量下静态氧化反应关系曲线

4）黏土对原油氧化速率的影响

（1）正交实验。

油田储层中一般都含有黏土。黏土影响氧化反应速率，根据 Sarma 等人的实验研究结果可推测出：岩屑比表面、黏土类型及含量等影响到空气与原油间的氧化反应，为此在油藏温压（70℃、20MPa），采用相同目数的颗粒，根据油藏黏土含量和黏土类型含量，利用正交设计法评价了黏土类型（主要有伊利石、蒙脱石、高岭石及绿泥石等 SEM 见图 5.9）、黏土含量等因素对氧化反应的影响。

① 正交实验的直观分析。

根据确定的因素和位级选用合适的正交表，本次实验有三个因素和每个元素有三个水平位级，故选用 $L_9(3^4)$ 型→正交表$_{实验号数}$（水平个数^{列数}）。通过正交表中的因素进行分配比和设计，并测试计算 9 种实验平均反应速率。分析依据正交实验结果（表 5.6），确定最优条件。首先计算各因素在每个水平下的平均反应速率，表 5.6 给出了蒙脱石质量含量为 0%时，平均反应速率之和 $K_1=2.94+3.06+3.65=9.65$，其均值 $k_1=K_1/3=3.217$，级差 $R=\max\{3.217,3.363,4.300\}-\min\{3.217,3.363,4.300\}=1.083$，列在表的倒数第二行，其余因素按类似的方法计算。级差 R 大意味着该因素造成的误差大，其是重要的因素；级差小则是不重要因素。

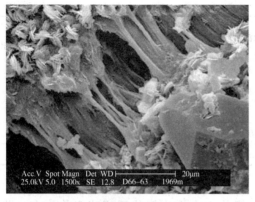

桥接状伊利石

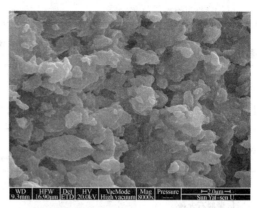

柱撑状蒙脱石

叶片状绿泥石

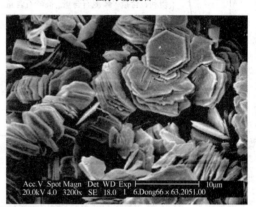

书页状高岭石

图 5.9 黏土类型的电镜图片

表 5.6 正交表及测试结果

因素 实验序号	蒙脱石/%	伊利石/%	绿泥石/%	高岭石/%	平均反应速率/ $10^{-3} mol(O_2)/[h \cdot mL(oil)]$
实验 1	0	0	0	0	2.94
实验 2	0	3	3	3	3.08
实验 3	0	6	6	6	3.47
实验 4	3	0	3	6	3.53
实验 5	3	3	6	0	3.65
实验 6	3	6	0	3	3.61
实验 7	6	0	6	3	4.36
实验 8	6	3	0	6	4.22
实验 9	6	6	3	0	4.44
K_1	9.49	10.83	10.77	11.03	
K_2	10.79	10.95	11.05	11.05	
K_3	13.02	11.52	11.48	11.22	

续表

实验序号 因素	蒙脱石/%	伊利石/%	绿泥石/%	高岭石/%	平均反应速率/ $10^{-3}mol(O_2)/[h \cdot mL(oil)]$
k_1	3.163	3.610	3.590	3.677	
k_2	3.597	3.650	3.683	3.683	
k_3	4.340	3.840	3.827	3.740	
级差 R	1.177	0.230	0.237	0.063	
因素主次	蒙脱石绿泥石伊利石高岭石				

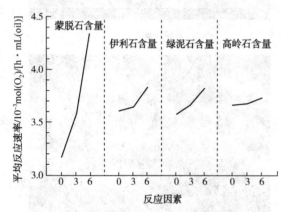

图 5.10 平均反应速率四因素关系图

根据各元素用量和实验结果，将四个因素的 3 个平均氧化反应速率值画在一张图上，如图 5.10 所示。从图上可以得到实验结果的变化趋势，比较四个因素级差，级差大意味着四个位级造成的差别大，是重要因素；级差小的因素是不重要的因素。分析实验结果可知：黏土类型对原油低温氧化时的催化能力大小为：蒙脱石>绿泥石>伊利石>高岭石，这与资料研究成果一致。

② 正交实验的方差分析。

正交实验统计分析包括直观分析和方差分析。前面提的就是直观分析，该方法简单直观，计算简便，但这种方法不能估计实验中以及实验结果测定中必然存在误差的大小，因而不能真正区分某因子各水平所对应的实验结果间的差异是否由水平改变引起的，其分析结果也比较粗糙，因此有必要进一步采用方差分析。

正交实验方差分析属于多因素方差分析，其基本思路与单因素方差分析一致，基本方法是将实验所得的总偏差平方和 $S_总(S_T)$ 分解为由因素位级变化引起的偏差平方和 $S_因$ 及由实验误差引起的偏差平方和 $S_误(S_E)$，构成统计量 F，再计算 F 的值。在给定的显著性水平 α 下从 F 分布表查出临界值 F_α，将 F 与 F_α 进行比较，作出显著性判断(表 5.7)。

表 5.7 正交实验方差分析

因素	偏差平方和	自由度	F 值	显著性
蒙脱石	2.125	2	3.683	***
伊利石	0.091	2	0.158	
绿泥石	0.085	2	0.147	
高岭石	0.007	2	0.012	
误差	2.310	8		
$F_{0.01}(3, 4) = 8.650 \quad F_{0.05}(3, 4) = 4.460 \quad F_{0.1}(3, 4) = 3.110$				

经方差分析可知，蒙脱石的低温催化能力最显著，各因素低温催化能力显著性顺序为：蒙脱石>绿泥石>伊利石>高岭石。

通过四种黏土类型的正交实验可以看出：黏土类型对原油氧化有着不同催化能力。在消除了比表面积效应下，因此，平均反应速率主要取决于黏土类型中所含的金属盐类及其含量。通过文献调研发现，铁、铝、锰、钴等金属盐类对原油的氧化具有较好的催化作用，通过对样品 X 射线荧光光谱分析主要元素质量百分数（表5.8）。

表5.8 黏土类型元素分析统计表 %

元 素	蒙脱石	伊利石	绿泥石	高岭石
O	46.78	47.96	47.15	52.32
Si	30.41	26.11	29.62	24.33
Na+K	0.98	4.76	4.74	4.28
Mg+Ca	2.72	3.24	1.71	3.16
Al	8.86	8.29	7.95	6.81
Fe	3.38	2.72	3.69	0.88
Mn	5.54	4.09	3.58	1.09
Fe+Mn+Al	17.78	15.10	15.22	8.78
其他	1.33	2.83	1.56	7.13

比较分析四种黏土类型的重金属（Fe+Mn+Al）含量可知：蒙脱石的含量最高为16.78%，高岭石的含量仅有8.78%，伊利石和绿泥石的含量相差不大，约为15.0%，说明蒙脱石对原油氧化具有最好的催化作用，高岭石的催化作用最差，下面会详细讨论重金属对原油氧化的催化效果。

③ 正交实验的拟合曲线分析。

通过正交实验测定的数据利用 DataFit 软件进行拟合，优选了一种拟合最好的关系式，氧化平均反应速率，如式（5-2）所示：

$$Y_{平均反应速率} = \exp(a \times x_{1蒙脱石} + b \times x_{2伊利石} + c \times x_{3绿泥石} + d \times x_{4高岭石} + e) \tag{5-2}$$

拟合常数见表5.9，拟合曲线见图5.11；其中，正交实验数据与关系式拟合数据，见表5.10。

表5.9 拟合关系式常数

常 数	数 值	常 数	数 值
a	0.05240183	d	0.00479865
b	0.01366830	e	1.05160590
c	0.01045486		

表5.10 实验数据与拟合数据比较 %

实 验	实验值	拟合值	误 差
1	2.94	2.86224393	-2.6448
2	3.08	3.12167981	1.3532
3	3.47	3.40463114	-1.8838
4	3.53	3.55717933	0.7700

实　验	实验值	拟合值	误　差
5	3.65	3.71561940	1.7978
6	3.61	3.68848929	2.1742
7	4.36	4.23397829	-2.8904
8	4.22	4.20306331	-0.4013
9	4.44	4.39027166	-1.1200

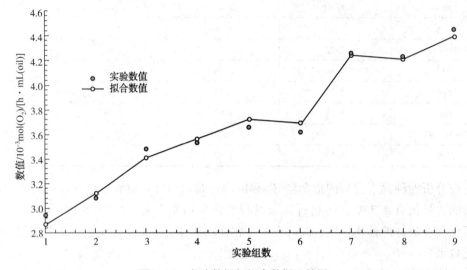

图 5.11　实验数据与拟合数据比较图

由表 5.10 和图 5.11 可以看出：实验数据与通过拟合曲线计算数据相对误差不大（<3.0%），说明 Data Fit 软件完全满足拟合要求，可以根据黏土类型及其含量，利用拟合关系式进行优化选参数，为现场施工提供可靠的依据。

（2）热重分析。

常压空气流环境下，采用 Labsys Evo STA 型号同步热分析仪对实验样品进行 TG/DTG/DTA 测试分析。首先校准热分析仪器；然后放入样品，总量约 50mg（原油与黏土比为 6∶4）；经过抽真空处理后，设定升温速率为 5℃/min，升温范围为 25~600℃，空气流速为 50mL/min。

① 原油热重分析。

图 5.12 是常压空气流下轻质原油的 TG-DTG-DTA 曲线，体现了反应过程中原油质量损失和放热规律。从图中可以看出：原油氧化反应存在 3 个阶段，低于 160℃ 内发生加氧反应，即低温氧化反应（LTO），主要吸热反应产生酮、醛、酸和过氧化物等极性含氧化合物，同时会有少量 CO_2 产生；研究学者认为 LTO 主要发生在不饱和烃弱分子链上，生成的烃类含氧化合物可进一步缩聚成重烃分子，为后续反应提供能量。随后 160~300℃ 内存有平稳过渡期，即燃料沉积（FD），原油质量损失速率减缓，原油中重质组分焦化沉积，为后续反应提供能量。300~600℃ 内为高温氧化反应（HTO），原油经历剧烈且复杂的氧化热解反应，碳键剥离并产生大量热和大量 CO_2。

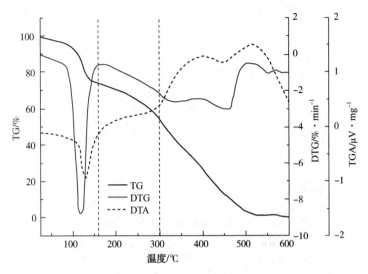

图 5.12　常压空气流下轻质原油的 TG-DTG-DTA 曲线

由图中 TG 曲线可知，升温至 600℃时原油总质量损失程度高达 99.61%，在 LTO 阶段损失程度为 25.96%，FD 阶段为 19.14%，FTO 阶段为 54.51%。DTG 曲线可以看出，LTO阶段质量损失率较大，因为原油中轻质组分较多，导致在蒸馏和 LTO 阶段加速了氧化反应；而 HTO 阶段 DTG 曲线呈现波动，表明原油高温下氧化反应剧烈且复杂。DTA 曲线反映出原油在 LTO 阶段吸热，表明原油发生了加氧反应；HTO 阶段呈现出放热现象，表明原油具有发生自燃的可能。

②　原油与黏土热重分析。

图 5.13 是常压空气流下轻质原油黏土的 TG-DTG-DTA 曲线，对比了各类黏土类型在氧化反应中的质量损失和放热规律。由图中 TG 曲线可知，原油+黏土的质量损失程度（57.50%~63.10%）明显低于原油的损失程度（96.21%），主要因为黏土表面的吸附性能有效阻止原油蒸发，且黏土分解温度较高（400~700℃）。对比热重分析中 DTG/DTA 曲线，原油+黏土与原油的反应趋势一样，仍具有 LTO、FD、HTO 三个阶段，但与原油样品相比，LTO 阶段吸热峰对应的温度均有所降低，所降低的程度不同，与静态氧化实验结果一致；因为黏土矿物具有一定的催化性能，能更好地进行氧化反应，但因为黏土矿物中重金属含量不同，导致温度降低程度不同。

原油氧化是一个反应动力学控制过程，可根据 Arrhenius 方法计算原油动力学参数（表 5.11）。

表 5.11　氧化反应动力学参数

样　品		原　油	蒙脱石	伊利石	绿泥石	高岭石
活化能/kJ·mol^{-1}	LTO	18.61	13.59	15.46	15.97	17.19
	HTO	70.36	51.96	58.14	59.05	63.67
指前因子/min^{-1}	LTO	23.56	20.31	21.02	21.93	22.28
	HTO	2466.2	1612.3	1810.9	2136.9	2233.9

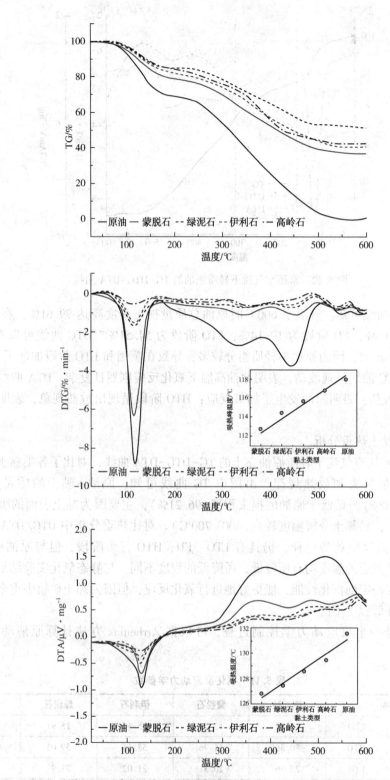

图 5.13　常压空气流下轻质原油/黏土 TG/DTG/DTA 曲线

由表可知，与纯原油比，黏土的加入可降低原油在 LTO、HTO 阶段的活化能和指前因子，其中活化能可降低近 27 个百分点（LTO：$18.61kJ \cdot mol^{-1}$ 降至 $13.59kJ \cdot mol^{-1}$，HTO：$70.36kJ \cdot mol^{-1}$ 降至 $51.96kJ \cdot mol^{-1}$），指前因子在 LTO 阶段降低近 14 个百分点（LTO：$23.56kJ \cdot mol^{-1}$ 降至 $20.31kJ \cdot mol^{-1}$），HTO 阶段可降低近 35 个百分点（HTO：$2466.2kJ \cdot mol^{-1}$ 降至 $1612.3kJ \cdot mol^{-1}$）。活化能的大小可表明氧化反应的难易程度，即黏土的加入使原油更容易发生氧化反应。

5）重金属对原油氧化速率的影响

在分析金属类型影响基础上，结合高温空气氧化和稠油催化降黏技术的研究，选用油田中常用金属（药品：$Al_2(SO_4)_3$、$FeSO_4 \cdot 7H_2O$、$CuSO_4 \cdot 5H_2O$、$NiSO_4 \cdot 6H_2O$、$ZnCl_2 \cdot 4H_2O$、$MnCl_2 \cdot 4H_2O$ 均为化学纯）作为原油低温氧化反应催化剂，在油藏温压系统（70℃、20MPa）下，筛选具有强氧化性能的过渡金属（浓度为 0.5%）和优化其浓度，结果见表 5.12 和图 5.14。

表 5.12 催化效果统计表

样 品	初始条件			结束条件			平均反应速率/ $10^{-3}mol(O_2)/[h \cdot mL(oil)]$
	温度/℃	压力/MPa	O_2含量/%	压力/MPa	O_2含量/%	时间/h	
原油	70	20	21	18.61	5.8	95.4	2.94
原油+地层水				15.82	4.2	94.0	3.38
原油+Al				14.67	3.7	87.4	3.76
原油+Fe				14.29	3.4	82.4	4.05
原油+Cu				14.01	3.0	72.3	4.70
原油+Ni				14.63	3.8	84.7	3.87
原油+Zn				14.21	3.1	82.5	4.09
原油+Mn				14.13	4.0	77.9	3.22

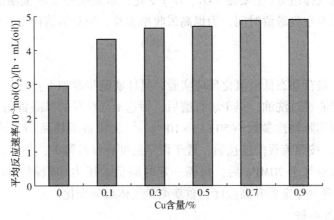

图 5.14 催化效果与浓度关系图

分析催化效果实验可知：地层水具有一定的催化效果，主要因为地层水中金属离子具有催化作用；其余金属盐类具有明显的催化作用，其中 Cu 盐的催化效果最佳，平均反应速率为 $4.70 \times 10^{-3}mol(O_2)/[h \cdot mL(oil)]$，远远高于原油的反应速率。氧化反应速率随 Cu 浓度的增加而增大，但当浓度分数高于 0.7% 时，增加幅度变小，所以最佳浓度为 0.7%。

分析原因为，过渡金属离子分子在原油中，可与富含杂原子的原油成分相互提供电子和杂化轨道，形成配位络合物。氧分子体积小、有一定氧化活性能、能提供电子或空轨道，可与过渡金属相联成键，被络合活化后，氧分子参与反应的活化能减小，更容易与原油中的重组分发生反应，提高了低温氧化反应速率。

5.1.2 动态氧化实验研究

通过空气与原油的静态氧化实验，证明了试验区内原油样品在油藏温压系统下具有良好的低温氧化性能，地层水和黏土矿物的存在有利于氧化反应地进行。但实际油藏中，空气驱替介质推动部分原油向前运移，使得原油处于复杂状态，是一种动态氧化过程，因此，有必要开展动态氧化实验，通过在不同条件下连续注入空气，分析产出气体含量变化，并计算耗氧量。

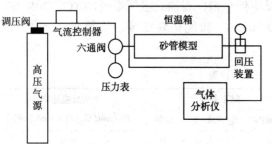

图 5.15　空气动态氧化流程图

1. 实验仪器及装置

空气与原油的动态氧化实验流程图如图 5.15 所示，主要有空气注入系统、反应系统和气体检测系统。其中注入系统主要由空气压缩机、增压泵、中间容器、流量计和减压阀等组成；反应系统主要由恒温箱和高温高压填砂管($\varphi=5.0cm$，$L=100cm$)等组成；检测系统主要由回压阀、检测仪等组成。

2. 实验目的及方法

1) 实验目的

注空气低温氧化动态实验研究不同于静态氧化实验，主要是在动态驱替过程中，分析不同温度下氧化后的气体组分(主要是 CO_2、O_2)变化，从而模拟实际油藏的注空气驱，以评估原油耗氧情况以及空气滞留时间，为提高采收率实验、油藏数值模拟及现场先导试验的实施奠定基础。

2) 实验方法

按实验要求，进行动态低温氧化反应实验，具体实验步骤如下：

(1) 将天然岩心经过洗油、烘干、打磨后，筛选不同粒径的样品备用。

(2) 根据油藏实际物性参数[$(50\pm1)\times10^{-3}\mu m^2$]，将备用样品装入填砂管($\varphi=5.0cm$，$L=100cm$)中压实，按照流程图连接后，置于设定温度的恒温箱中，并饱和原油和地层水。

(3) 恒速注入空气至 20MPa 后，每隔一定时间记录压力和检测气体组分变化(CO_2 和 O_2)；当气体组分含量稳定后升高温度，重新测量气体组分变化。

3. 实验结果与分析

1) 氧化反应特征

原油与空气的动态氧化反应结果见图 5.16。从图中气体组分曲线可以看出，在第一反应阶段(70℃)时，在 0~30h 内的气体组分中 O_2 含量为 21% 左右，CO_2 含量为 0.3% 左右，主要因为反应系统利用空气加压，检测的气体组分是反应系统加压部分空气组分；随着反应的进行，产出气组分中 O_2 含量逐渐降低，CO_2 含量逐渐升高，说明空气与原油发生了动态反应，但由于填砂管较短（100cm）、反应温度不高，发生不完全动态氧化反应。因此，出口平均 O_2 含量仍然较高，而 CO_2 含量很低，240h 后反应系统的压力基本平稳，经计算可得，出口端平均 O_2 含量为 19.54%，平均 CO_2 含量为 0.71%。

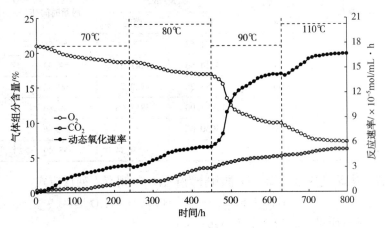

图 5.16　动态氧化实验气体含量、反应速率与时间关系曲线

在第二、第三、第四反应阶段（80℃、90℃、110℃）时，原油与空气的动态氧化反应继续进行，反应系统压力基本平稳，出口端平均 O_2 含量降低了 10 个百分点（17.56% 降至 7.86%），而平均 CO_2 含量上升了近 4 个百分点（2.26% 增至 5.7%）。这表明温度升高，原油消耗 O_2 的能力也越强，并发生断键反应，生成 CO_2；动态反应速率进一步验证了这一观点。

综上所述，动态氧化实验中，O_2 含量下降与 CO_2 含量上升是相对应的。结合原油静态氧化实验结果可以发现，在压力和温度较低时，虽然原油的氧化活性不是很强，但 O_2 在油藏中与原油接触时间较长，仍可以消耗掉大量 O_2，消除生产井的安全隐患。此外，若反应产生热量大于该体系向地层散失的热量，则油层温度可能升高，反应就能加速进行，这不但保证了 O_2 的快速消耗，而且使得氧化反应的热效应（如挥发轻烃、降低原油黏度等）更为明显，这与王杰祥、任韶然等专家研究的动态氧化结果基本一致。

2）耗氧率计算

氧气消耗率（简称耗氧率）定义如式（5-3）所示：

$$耗氧率 = \sum_{i=1}^{n} \frac{（注入氧气量 - 未消耗氧气量）}{总注入氧气量} \times 100\% \qquad (5-3)$$

式中　$i = 1, 2, 3\cdots, n$——每个阶段的氧气含量变化情况。

氧气滞留时间定义为孔隙体积与空气流量之比主要是空气从注入填砂体内到充满整个孔隙体积后，O_2 开始发生低温氧化反应，到产出端气体突破，这段时间为空气的滞留时间。如式（5-4）所示：

$$氧气滞留时间 = \frac{孔隙体积}{空气流量} \qquad (5-4)$$

根据实验数据，通过式（5-3）可计算各温度下平均含氧量和耗氧率，结果见表 5.13。从表中可以看出，各个反应阶段的温度越高，耗氧率越大，最终平均耗氧量为 28.11%；其 O_2 的滞留时间在 [54.36h，60.42h] 之间，平均滞留时间为 58.49h。该数值主要与岩心特性和注入参数有关。进行现场注空气设计时，可以大概估算 O_2 在油藏中的滞留时间，同时可根据实验数据推算地层中的氧化情况。

表 5.13　各温度下含氧量和耗氧率统计表

温度/℃	平均含氧量/%	平均流量/（mL/min）	O_2量/mL		滞留时间/h	平均耗氧率/%
			通入	消耗		
70	19.54	5.48	16571.52	737.43	54.36	4.45
80	17.56	5.41	14314.86	1441.51	59.32	10.07
90	11.71	5.46	12383.28	4960.74	60.42	40.06
110	7.86	5.50	11781.00	6817.66	59.86	57.87
合计	56.67	21.85	55050.66	13957.35	233.96	112.45
平均	14.17	5.46	13762.665	3489.34	58.49	28.11

根据王杰祥专家研究成果可知：设油组分为 $C_{15}H_{32}$，则有下列反应式：

$$C_{15}H_{32}+1.5O_2 \longrightarrow C_{14}H_{30}+CO_2+H_2O$$

摩尔质量：212g　　1.5×32g

实验值：160g　　需要 O_2 量

求得：需要 O_2 量 = 36.23g = 1.132mol = 25.36L，总耗氧量/原油 = 18894/160 = 118.1mL/g。由实验可知，在反应期间内共消耗 O_2 约为 13.96L，这个体积仍没有超过原油可以消耗 O_2 的总量，即继续通入 O_2 或者升高温度再继续氧化，还会有一部分 O_2 被消耗。因此，认为低温氧化过程原油可以消耗大量的 O_2，但不同油品消耗比可能有所不同，但与相对轻质的油品相比，这个比例具有一定的相似性。

鉴于注空气低温氧化工艺的驱油特点，在实施现场试验之前，可通过室内实验评估油藏温度和压力下试验区油品的耗氧量，从而根据孔隙体积大致估算出相应油藏所需的最大注气量、注气速度、注入周期等。另外，油藏中原油发生低温氧化，导致即使是少量的油（残余油）仍可以消耗大量的 O_2。因此，只要空气有足够的滞留时间，油藏中剩余油仍可以将 O_2 充分消耗。

5.1.3　空气驱替实验研究

为了确定注空气提高采收率的潜力及优化注入参数等，确保注空气项目成功与安全，使用动态驱替实验研究是一项重要手段。

1. 实验仪器及装置

空气动态驱替实验流程图见图 5.17。该装置主要由注入系统、砂管系统以及计量系统等构成。其中，注入系统主要由空气压缩机、增压泵、中间容器、流量计和减压阀等组成；砂管系统主要由恒温箱和高温高压填砂管（$\varphi = 5.0cm$，$L = 100cm$）等组成，是原油与 O_2 反应的场所；计量系统主要由回压阀、量筒等组成。

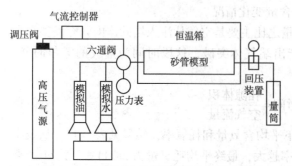

图 5.17　注空气提高采收率实验装置示意图

2. 实验目的及方法

1）实验目的

空气驱提高采收率研究是注空气低温氧化工艺取得预期经济效益的关键。该实验利用砂管模型，针对试验区选取油样，测定不同条件下提高采收率，评价不同注入速度、地层温度、地层倾角等对采收率的影响，为现场实施提供技术参数与依据。

2）实验方法

（1）将天然岩心经过洗油、烘干、打磨后，筛选不同粒径的样品备用。

（2）根据油藏实际物性参数[$(1500\pm50)\times10^{-3}\,\mu m^2$]，将备用样品装入填砂管（$\varphi=5.0cm$，$L=100cm$）中压实，按照实验要求连接装置，并置于设定温度的恒温箱中，测定砂管模型的基本参数后，饱和原油和地层水。

（3）根据实验条件，先水驱油至出口端不出油，后空气驱至出口端不出油，记录相关数据并计算绘图。

3. 实验结果与分析

1）注入速度的影响

从图5.18可以看出：其他条件不变，改变注入速度情况下，在注水阶段：阶段驱油效率随着注入速度的增大而降低，降低了近13个百分点（40.70%降至28.07%），主要因为注入速度大，容易形成突进，造成无效注入水增大，从而使驱油效率下降。在注气阶段：阶段驱油效率增加幅度随着注入速度的增大而减少了2个多百分点（2.81%降至0.62%）；注空气驱可以进一步提高驱油效率，但随着注入速度的增大，加快了气体的突破时间，致使驱油效率总体上增幅不大。

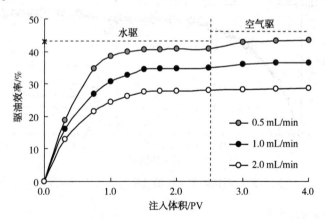

图5.18　不同注入速度下驱油效率与注入体积曲线

2）地层温度的影响

分析图5.19可知：其他条件不变，改变温度情况下，注水阶段驱油效率随着温度的升高而增大，增大了约4个百分点（35.02%增加至39.21%），主要因为温度对原油黏度有一定的影响，从而降低了流度比，减缓了水的突破速度，提高了驱油效率。注气阶段驱油效率增加幅度随着温度的升高而增大，增大了近1.5个百分点（1.50%增加至2.82%），主要因为温度的升高可以加速空气与原油的氧化反应速度和反应程度，从而使空气驱可以进一步提高驱油效率。

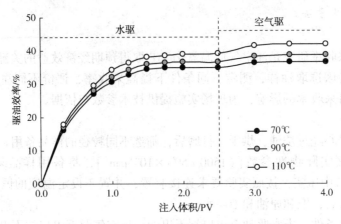

图 5.19 不同温度下驱油效率与注入体积曲线

3）地层倾角的影响

分析图 5.20 可知：其他条件不变，改变倾角情况下，注水阶段驱油效率基本差别不大，分别为 35.02%、35.41%、36.14%。注气阶段将砂管模型按照实验要求放置一定角度，从高部位注气，低部位生产，以实现重力和空气驱替，驱替效率增加幅度分别为 1.50%、1.79%、1.94%，说明倾角对注气实现重力驱替有一定作用，但由于模型较小，总体效果不是非常明显。

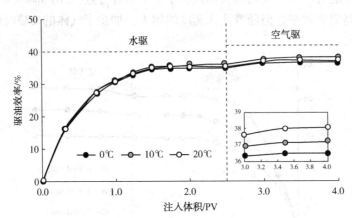

图 5.20 不同倾角下驱油效率与注入体积曲线

4）非均质性的影响

根据油藏实际渗透率 $[(1500\pm50)\times10^{-3}\,\mu m^2]$，制作相对低的渗透层，另外根据实验要求和渗透率级差评价标准（表 5.14）制作相对高的模拟渗透层，实现非均质程度为中等、较强、极强的驱替实验，结果见图 5.21。

表 5.14 渗透率级差评价标准

渗透率级差/$10^{-3}\,\mu m^2$	非均质程度	渗透率级差/$10^{-3}\,\mu m^2$	非均质程度
<10	弱	30~100	较强
10~30	中等	>100	极强

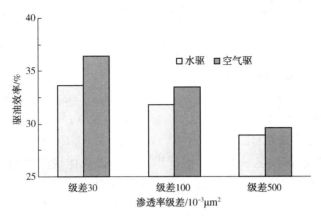

图 5.21　不同级差下的驱油效率图

　　分析上图可知：水驱、空气驱的驱油效率均随着渗透率级差的增大而减少（水驱从 33.67% 降低至 28.99%，空气驱从 36.51% 降低至 29.65%，空气驱较水驱提高幅度从 2.84 个百分点降低至 0.66 个百分点），主要因为在驱替过程中，有水窜、气窜现象发生，造成大量无效驱替液差别不大，说明油藏非均质性严重影响到驱替效果，在现场施工中要考虑到油藏非均质性，通常采用空气泡沫来封堵高渗透层，达到提高采收率目的。

5.2　空气泡沫调驱实验研究

　　注空气提高原油采收率技术有许多优势，如气源丰富、成本廉价、应用范围广、不受地域和空间的限制等，但对于非均质油藏而言，会产生气窜、黏性指进等现象，严重影响到注空气开采效果，甚至可能引起安全隐患。因此，采用空气泡沫辅助空气开采技术。

　　空气泡沫驱综合了空气驱的低温氧化机理和泡沫驱的驱油及封堵等优势，具有成本低、安全可靠、适用范围广等特点，尤其适用于非均质严重、存在裂缝或大孔道的油藏，是具有很好发展前景的提高采收率技术之一。目前，空气泡沫驱油技术在国内外许多油田进行了现场应用，事实证明它能够进一步提高 10%～25% 的原油采收率，但关于空气泡沫驱室内研究还需要进一步探索。

5.2.1　空气泡沫调驱体系研究

　　泡沫流体由于具有静液柱压力低、滤失量小、携砂性能好、助排能力强、对地层伤害小等优良特性，现已广泛应用于低压、漏失、水敏性地层的钻井、完井、修井和油气井增产措施（如气井泡沫排水、油气井泡沫堵水、泡沫酸酸化、泡沫压裂和泡沫钻井等）。国内外开展了空气泡沫技术研究和矿场试验。

　　空气泡沫调驱体系主要包括起泡剂和稳泡剂体系，其性能主要从两个方面进行筛选和评价，一是起泡能力，二是稳定性。评价起泡能力和泡沫稳定性的参数主要是起泡体积 V_0 和半衰期 t_{50}。

　　起泡体积和半衰期是两个相对独立的参数，起泡体积反映起泡的难易程度和数量，半衰期反映泡沫的稳定性，可以将起泡体积与半衰期乘积作为一个主要参数，用于筛选和评价泡沫调驱过程中起泡剂和稳定剂的性能，并将该参数定义为起泡剂的泡沫综合值，其定义式如式(5-5)所示：

$$F_C = V_0 \cdot t_{50} \tag{5-5}$$

式中 F_C——泡沫综合值，mL·s；

V_0——起泡体积，mL；

t_{50}——半衰期，s。

1. 空气起泡剂的优选指标

空气泡沫与常规泡沫性能一致，即泡沫形成后，表观体现的性质包括起泡能力、泡沫稳定性、泡沫携液和析液、泡沫黏度、泡沫尺寸分布等，但本章节主要优选了以下几个指标：

1）起泡能力

起泡能力是指在同等条件下，体系能够产生泡沫量。由于气/液相和能量的引入是形成泡沫必不可少的条件，因此一般起泡能力是指在引入能量相等的条件下，产生泡沫量；起泡量越多，说明起泡能力越强，反之亦可。

2）泡沫稳定性

稳定性指泡沫的持久性，常用泡沫半衰期和析液半衰期衡量稳定性的好坏。泡沫半衰期指泡沫体积衰减一半所用的时间。析液半衰期指从泡沫中析出一半液体所需的时间。

3）抗盐性

起泡剂与地层水的配伍性(即耐盐性能)也是重要的评价指标之一。这是因为地层水中一般含有不同类型离子可能会对起泡剂的发泡性能和泡沫稳定性产生影响，在室内必须对其进行与地层水的配伍性评价。

4）热稳定性

由于油藏温度高低不同，这就要求所选用的起泡剂具有耐温性能。即起泡剂在油藏温压系统条件下热老化一定时间，测定有效成分损失的快慢及多少。

图5.22 实验用高速搅拌器

2. 起泡剂室内优选实验

中国石油天然气总公司北京勘探开发研究院与加拿大ARC研究院合作，共同进行了起泡剂的筛选研究，也统一了筛选研究方法。筛选与评价起泡剂的主要技术性能有两大方面：①静态实验(发泡性、泡沫稳定性、配伍性及热稳定性)。②动态实验(起泡剂的封堵能力、驱油效率)。

根据行业标准SY/T 5672—93、SY/T 6465—2000以及企业标准Q/DDS 010—2007，在室内对国内外常见的8种起泡剂进行了室内优选和评价。

1）起泡剂的静态评价

起泡剂的静态评价方法比较多，但本次实验采用Waring Blender法，主要因为该方法比较简便快捷，同时也是美国、日本等国使用最多的一种方法。实验方法为：首先将100mL一定浓度的起泡剂溶液，加入高速搅拌器(图5.22)中，然后高速(>1000r/min)搅拌一定时间后，马上倒入1000mL量筒中开始读取泡沫体积，表示起泡剂的起泡能力，然后记录从泡沫中析出 50ml 液体所需的时间，作为泡沫半衰期，反映其稳定性。

（1）发泡性和泡沫稳定性评价。

发泡性是指泡沫产出的难易程度和产生的泡沫量。泡沫稳定性是指泡沫存在的"寿命"长短，可以用泡沫半衰期来衡量，即泡沫体积衰减一半所经历的时间。

在常温常压下，对国内外常见的 8 种起泡剂（质量浓度为 0.5%）做了评价。其方法是将泡沫液在搅拌器中恒速搅拌 1min 后，倒入量杯中测定其体积随时间的变化（表 5.15）。

表 5.15 常见高温起泡剂的发泡能力和稳定性

起泡剂（代号）	发泡体积/mL	半衰期/min	综合值/mL·min($V_o \times t_{50}$)
MG-I	410	46.8	19188
MG-II	350	34.6	12110
HR-I	630	150	94500
HR-II	455	33	15015
FCY	750	261	195750
TRH-II	196	79	15484
QP-2(XW-1)	580	44.3	25694
LD-Foam	309	47	14523

注：蒸馏水配制的质量浓度为 0.5%。

结合表 5.15 可知：有的样品（如 HR-II、QP-2），产生的泡沫量较大但衰减较快，即泡沫综合值小，泡沫不稳定，而发泡量较小的 TRH-II 产生泡沫细小均匀，衰减却较慢，稳定性较好。综合考虑，可以初步看出 HR-I 和 FCY 具有较好地发泡性和稳定性。

（2）抗盐性（配伍性）评价。

起泡剂与地层水的配伍性（即耐盐性能）也是重要指标之一。这是因为起泡剂一般为阴离子磺酸盐表面活性剂，地层水中一般含有不同类型的一价阳离子（Na^+/K^+）、二价阳离子（Ca^{2+}/Mg^{2+}）等会对其性能产生影响，在室内必须对其进行与地层水的配伍性评价（表 5.16）。

表 5.16 常见高温起泡剂的发泡能力和稳定性

起泡剂（代号）	发泡体积/mL		半衰期/min		泡沫综合值/mL·min	
	蒸馏水	地层水	蒸馏水	地层水	蒸馏水	地层水
MG-I	410	437	46.8	13	19188	5681
MG-II	350	361	34.6	23.3	12110	8411.3
HR-I	630	620	150	146	94500	90520
HR-II	455	505	33	29.8	15015	15049
FCY	750	746	261	252	195750	187992
TRH-II	196	213	79	75.2	15484	16017.6
QP-2	580	588	44.3	37.5	25694	22050
LD-Foam	309	333	47	50	14523	16650

通过起泡剂与地层水的配伍性结果可以看出：①地层水对 LD-Foam 起泡剂的发泡性和泡沫的稳定性都是有利的，原因是地层水中一价阳离子使临界胶束浓度降低，有利于将更多的活性分子吸附到表面，降低界面张力，从而有利于起泡剂的发泡和稳定。②地层水对 MG-Ⅰ、MG-Ⅱ 起泡剂的发泡性是有利的，而对其泡沫的稳定性又是不利的，原因是地层水中一价阳离子削弱液气界面的双电层，降低了液膜间排斥力，造成泡沫不稳定。③地层水对 HR-Ⅱ、TRH-Ⅱ、QP-2 起泡剂的发泡性是有利的，而对其泡沫的稳定性影响不十分明显。④地层水对 HR-Ⅰ 和 FCY 发泡性没有明显影响，而对其泡沫的稳定性又稍有不利。

综合考虑发泡性和稳定性、抗盐性的评价，选择 HR-Ⅰ、FCY 作为空气起泡剂，用于室内实验评价研究。

（3）热稳定性评价。

目前，分析起泡剂的热稳定性方法主要有两种：一种是起泡剂经热老化后再次测量其发泡性和稳定性；另一种是采用亚甲基蓝两相滴定法测定起泡剂热老化前后其有效浓度的变化。

由于第一种方法简单易行，本实验就采用了该方法进行评价。具体研究方法：根据起泡剂的发泡能力、稳定性及配伍性初步筛选出发泡量较大、半衰期较长且与地层水具有良好配伍性的起泡剂共 2 种，并将这 2 种起泡剂分别装入不锈钢高压容器内密封，置于恒温箱内，分别在 80℃ 和 110℃ 条件下热老化 5d（120h）后取出进行分析，评价结果见表 5.17。

表 5.17　起泡剂的热稳定性评价结果

起泡剂	80℃			110℃		
（代号）	发泡体积/mL	半衰期/min	泡沫综合值/mL·min	发泡体积/mL	半衰期/min	泡沫综合值/mL·min
HR-Ⅰ	666	145	96570	365	120	43800
FCY	785	253	198605	698	210	146580

由表 5.17 发现：在 80℃ 条件下老化 120h 后，HR-Ⅰ、FCY 两种起泡剂的发泡能力及半衰期都稍好于常温下发泡能力及半衰期，这主要是因为在常温下溶解性较差，而在 80℃ 条件下其溶解性变好的缘故。HR-Ⅰ 起泡剂在 110℃ 条件下的发泡能力和半衰期都有所降低，主要是由于发生了热降解；FCY 起泡剂的变化不大，说明耐温性强。

2）界面张力评价

实验中油样在温度为 70℃ 的条件下，用地层水配置不同浓度 FCY、HR-Ⅰ 起泡剂溶液，并测量界面张力，结果见表 5.18 和图 5.23。

表 5.18　起泡剂浓度对原油界面张力作用

浓度/%		0.0	0.1	0.2	0.3	0.4	0.5	1.0
界面张力/（mN/m）	FCY	41.23	0.28	0.125	0.05	0.026	0.025	0.041
	HR-Ⅰ		26.5	18.89	11.23	8.61	8.23	7.95

从实验结果分析，这两种调驱剂都有降低油水界面张力的作用，但 FCY 体系在浓度为 0.4%~0.5% 时，油界面张力达到 10^{-2} mN/m 数量级；而 HR-I 体系效果相对不明显。

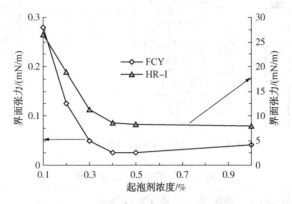

图 5.23 不同浓度下起泡剂界面张力

根据上述所选的起泡剂发泡性、稳定性、配伍性、热稳定性及界面张力等特性的综合评价结果认为：HR-Ⅰ、FCY 起泡剂性能较好，可满足条件，但 FCY 体系界面张力性能好于 HR-Ⅰ，所以优选的起泡剂为 FCY，结合起泡剂在油藏中存在吸附作用，优先其浓度为 0.5% 进行动态性能评价(阻力因子测定)。

5.2.2 空气泡剂调驱动态实验

1. 空气泡沫阻力因子研究

泡沫调驱体系主要有两个方面作用，一是起泡剂的表面活性剂成分来降低储层内油水界面张力，提高驱油效率；二是泡沫对高渗层、裂缝等大通道的封堵作用，扩大波及面积和体积。由实验和矿场应用表明，提高注入流体波及体积是提高最终采收率的关键，因此泡沫驱油体系的封堵性能评价是主要关键，主要用阻力因子来表示封堵能力大小。

泡沫阻力因子定义为泡沫体系在岩心中运移达到平衡时，岩心两端所建立的压差与相同条件下单纯注水时压差的比值，它是衡量泡沫封堵能力的重要指标，如式(5-6)所示：

$$R_F = \frac{\Delta P_f}{\Delta P_w} \tag{5-6}$$

式中　R_F——泡沫的阻力系数；

　　　ΔP_f——注入泡沫时岩心模型两端压差，MPa；

　　　ΔP_w——相同条件下，水驱时岩心模型两端压差，MPa。

根据实验要求(图 5.24)，结合起泡剂的界面张力实验结果和油井流压(回压 2.5MPa)，采用砂管模型($\varphi = 5.0$cm，$L = 100$cm)置于恒温箱内，进行实验测试。首先根据实验要求建立束缚水饱和度场，其次建立响应的含油饱和度场，最后空气泡沫驱替，在实验过程中当岩心两端的压差达到平稳时，记录相关压差并计算阻力因子。

1）正交实验的直观分析

根据确定的因素和位级选用合适的正交表，并测试计算 16 种实验阻力因子。分析依据正交实验结果(表 5.19)，根据实验实验级差分析主次因素。

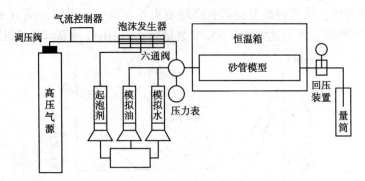

图 5.24 空气泡沫驱替实验装置流程图

表 5.19 正交表及测试结果

序 号	注入速率/(mL/min)	温度/℃	渗透率/$10^{-3}\mu m^2$	S_o/%	气液比	阻力因子
实验 1	0.5	70	100	0	1:2	40.9
实验 2	0.5	80	500	10	1:1	37.1
实验 3	0.5	90	1500	30	2:1	22.8
实验 4	0.5	110	2000	50	3:1	13.6
实验 5	2.0	70	500	30	3:1	19.7
实验 6	2.0	80	100	50	2:1	11.5
实验 7	2.0	90	2000	0	1:1	56.9
实验 8	2.0	110	1500	10	1:2	39.7
实验 9	4.0	70	1500	50	1:1	15.8
实验 10	4.0	80	2000	30	1:2	27.3
实验 11	4.0	90	100	10	3:1	36.9
实验 12	4.0	110	500	0	2:1	48.4
实验 13	6.0	70	2000	10	2:1	45.6
实验 14	6.0	80	1500	0	3:1	53.7
实验 15	6.0	90	500	50	1:2	13.6
实验 16	6.0	110	100	30	1:1	20.8
K_1	114.4	122.0	110.1	199.9	121.5	
K_2	127.8	129.6	118.8	159.3	130.6	
K_3	128.4	130.2	132.0	90.6	128.3	
K_4	133.7	122.5	143.4	54.5	123.9	
k_1	28.60	30.50	27.53	49.98	30.38	
k_2	31.95	32.40	29.70	39.82	32.65	
k_3	32.10	32.55	33.00	22.65	32.07	
k_4	33.42	30.63	35.85	13.63	30.98	
级差 R	4.82	1.91	8.52	36.35	2.28	
因素主次			S_o>渗透率>注入速率>气液比>温度			

分析实验结果(图5.25)可知：①空气泡沫体系的阻力因子随注入流速增加而增大，但考虑到现场油藏注空气泡沫时，空气与原油发生氧化反应需要一定反应时间，所以选择 2.0 ~ 4.0 mL/min 较合适。②泡沫体系是一种热力学不稳定体系，高温下，泡沫体系中分子运动加剧，泡沫稳定性下降；同时，较高温度下，泡沫溶液会膨胀，泡沫上的表面活性剂分子动能变大容易从膜上逃逸掉，导致泡沫上表面活性分子减少，表面张力下降，泡沫用于破灭；另外，高温下，水蒸发加快，泡沫液黏度降低，使得液膜排液速度加快，泡沫不稳定，容易破灭。实验中温度在 80 ~ 90℃ 阻力因子好于其他温度。③泡沫具有"堵水不堵油"和"堵高不堵低"的性能，所以空气泡沫具有普通泡沫的选择性封堵，可扩大波及体积，提高其驱油效率。④气液比较小，泡沫剂不能有效发泡，封堵能力差；气液比过大，必然使孔喉上游的气相压力增大，使形成泡沫膜厚度变薄，强度变小，同时起泡剂溶液供给量不足，难以形成稳定的泡沫；气液比太大，容易形成气窜，无法形成泡沫。从经济方面和油田的实际情况考虑，最优的气液比为 1 : 1。

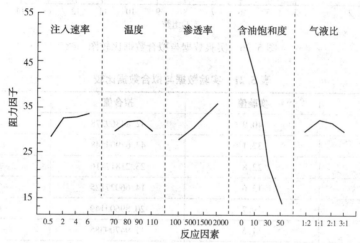

图5.25 平均反应速率四因素关系图

总之，经直观分析和方差分析可知：影响空气泡沫封堵能力显著性顺序为：S_o>渗透率>注入速率>气液比>温度。

2) 正交实验的拟合曲线分析

通过正交实验测定的数据利用 Data Fit 软件进行拟合，优选了一种拟合最好的关系式，氧化平均反应速率，如式(5-7)所示：

$$Y_{阻力因子} = \exp(a \times x_{1起泡剂浓度} + b \times x_{2温度} + c \times x_{3渗透率} + d \times x_{4含有饱和度} + e \times x_{5气液比} + f) \tag{5-7}$$

其中，拟合常数见表5.20，拟合曲线见图5.26；其中正交实验数据与关系式拟合数据，见表5.21。

表5.20 拟合关系式常数

常 数	突破压力梯度	常 数	突破压力梯度
a	0.12415147	d	−2.60035871
b	2.98700383	e	−7.17716501
c	1.23161717	f	3.69693400

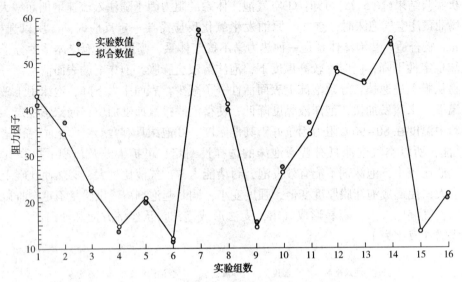

图 5.26　实验数据与拟合数据比较图

表 5.21　实验数据与拟合数据比较

实　　验	实验值	拟合值	误差/%
1	40.9	42.84369278	−4.75230508
2	37.1	43.67904548	6.52548388
3	22.8	23.21817416	−1.83409719
4	13.6	14.66027125	−7.79611216
5	19.7	20.89605149	−6.07132738
6	11.5	11.94709385	−3.20877165
7	56.9	55.97689101	1.62233567
8	39.7	40.97388265	−3.20877242
9	15.8	14.70580903	6.92525928
10	27.3	26.48347161	2.99094647
11	36.9	34.71129637	5.90190686
12	48.4	47.93907713	0.95132998
13	45.6	45.31905269	0.61611251
14	53.7	55.03075908	−2.47813610
15	13.6	13.54112536	0.43290180
16	20.8	21.73391206	−4.48996184

　　由实验图表可以看出：实验数据与通过拟合曲线计算数据相对误差不大（<8.0%），说明 Data Fit 软件完全满足工程要求，可以根据参数利用拟合关系式预测封堵性能，为现场施工提供可靠的依据。

　　2. 空气泡沫驱油实验研究

　　空气泡沫调驱剂因为其中有表面活性剂（起泡剂），所以在调剖的同时还有提高采收率的效果，实验流程严格按照有关国家标准《稠油油藏驱油效率的测定》(SY/T 6315—1997)执行，主要研究了空气泡沫体系的双管驱油实验，目的是利用物理模拟技术研究非均质油藏开采过程中出现的气窜和指进，通过添加所选用的起泡剂能否改善油藏非均质性，从而扩大波及体积，达到提高了原油采收率目的。

在动态驱替模拟系统中，按照实验程序测量砂管模型($\varphi = 5.0$cm，$L = 100$cm)基本参数(表 5.22)，在油藏稳压系统下，注入速率为 2mL/min，气液比为 1∶1，回压控制在 2.5MPa 下，先水驱至模型出口端不出油为止，再以同速率注入空气泡沫体系，结果见图 5.27。

表 5.22 岩心的基本参数

样品编号	岩心类型	孔隙度/%	渗透率/$10^{-3}\,\mu m^2$	原始含油饱和度/%
1#	中渗透	31.60	230	65.0
2#	特高渗	36.21	1510	65.3

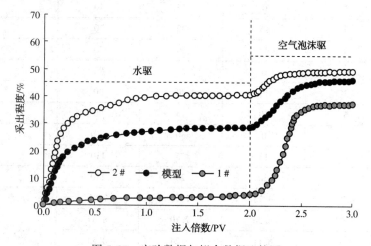

图 5.27 实验数据与拟合数据比较图

经过并联双管实验分析可知：双管模型的渗透率级差为 6.565 倍，当砂管模型水驱结束时，模型采出程度为 28.72%，2#砂管模型采出程度为 40.61%，1#砂管模型采出程度仅为 4.08%，动用程度很低；当空气泡沫驱结束时，模型采出程度为 46.12%，提高了 17 个百分点，2#砂管模型采出程度为 49.26%，提高了近 9 个百分点，1#砂管模型采出程度为 37.12%，提高了 33 个百分点。2#砂管模型采出程度的提高，主要因为空气泡沫提高了驱油效率，而 1#砂管模型采出程度的提高，主要因为空气泡沫扩大波及体积，从而宏观上体现为整体双管模型的采出程度提高了 17 个百分点。从各个砂管模型的采出程度可以看出，模型中仍可以利用空气驱低温氧化开采模型中剩余油。

5.3 空气泡沫静态氧化动力学研究

空气驱能大幅度提高原油采收率，但对于非均质油藏来说，在气驱过程中常常发生气窜和黏性指进等情况，严重影响到注气开发效果，同时可能会发生气窜，导致生产井较早的出现氧气,引发安全隐患。因此,通常采用空气与空气泡沫结合技术提高原油采收率。

将配置好的空气泡沫(地层水起泡剂溶液浓度为0.5%,气液比为1:1)置于恒温箱内,按照实验要求将空气泡沫注入空气与原油反应釜内,进行测试实验,并记录相关参数。

5.3.1 静态氧化实验结果与讨论

1. 正交实验的直观分析

根据确定的因素和位级选用合适的正交表,本次实验有三个因素和每个元素有三个水平位级,故选用$L_9(3^4)$型→正交表$_{实验号数}$(水平个数^{列数})。通过正交表中的因素进行分配比和设计,测试计算9种实验平均反应速率(表5.23)。

表5.23 正交表及测试结果

因　素	黏土含量/%	空气泡沫含量/%	压力/MPa	温度/℃	平均反应速率 $10^{-3}mol(O_2)/[h \cdot mL(oil)]$
实验1	3	0	15	70	2.33
实验2	6	15	20	70	2.21
实验3	9	30	30	70	2.19
实验4	9	0	20	90	3.38
实验5	3	15	30	90	3.03
实验6	6	30	15	90	1.81
实验7	6	0	30	110	4.02
实验8	9	15	15	110	2.96
实验9	3	30	20	110	2.11
K_1	6.73	9.73	7.10	7.47	
K_2	8.22	8.20	7.70	8.04	
K_3	9.09	6.11	9.24	8.53	
k_1	2.24	3.24	2.37	2.49	
k_2	2.74	2.73	2.57	2.68	
k_3	3.03	2.04	3.08	2.84	
级差R	0.79	1.21	0.71	0.35	
因素主次	空气泡沫含量黏土含量压力温度				

分析实验结果可知:①黏土中的金属盐类对原油氧化有催化作用,所以随着黏土含量的增加,平均反应速率也升高($2.24 \times 10^{-3} mol(O_2)/[h \cdot mL(oil)]$升高至$3.03 \times 10^{-3} mol(O_2)/[h \cdot mL(oil)]$)。②空气泡沫存在时,泡沫液膜可以阻止空气与原油的接触,减小了空气与原油的反应面积;另外,空气泡沫破灭后,起泡剂也可以阻止空气与原油的接触,减小接触面积,因而对氧化反应起到阻碍的作用,导致平均反应速率降低($3.24 \times 10^{-3} mol(O_2)/[h \cdot mL(oil)]$降低至$2.04 \times 10^{-3} mol(O_2)/[h \cdot mL(oil)]$)。③压力升高时,氧的相对浓度增大,原油氧化时活化能也越低,导致平均反应速率增大($2.37 \times 10^{-3} mol(O_2)/[h \cdot mL(oil)]$升高至$3.08 \times 10^{-3} mol(O_2)/[h \cdot mL(oil)]$)。④温度增大会促使自由基的生产,同时活化了高

活化能基团，导致平均反应速率增大（2.49×10^{-3} mol（O_2）/［h·mL（oil）］升高至 2.84×10^{-3} mol（O_2）/［h·mL（oil）］）。

总之，经直观分析和方差分析可知，影响空气泡沫的封堵能力显著性顺序为：空气泡沫含量>黏土含量>压力>温度。

2. 正交实验的拟合曲线分析

通过正交实验测定的数据利用 Data Fit 软件进行拟合，优选了一种拟合最好的关系式，氧化平均反应速率，如式（5-8）所示：

$$Y_{静态氧化速率} = a \times x_{1黏土含量} + b \times x_{2泡沫含量} + c \times x_{3压力} + d \times x_{4温度} + e \tag{5-8}$$

其中，拟合常数见表 5.24，拟合曲线见图 5.28；其中正交实验数据与关系式拟合数据，见表 5.25。

表 5.24　拟合关系式常数

常　数	突破压力梯度	常　数	突破压力梯度
a	0.06102933	d	0.02038906
b	−0.04000818	e	0.06102933
c	0.04928777		

表 5.25　实验数据与拟合数据比较

实　验	实验值	拟合值	误差/%
1	2.33	2.34963898	−0.84287453
2	2.21	2.17904311	1.40076414
3	2.19	2.25488608	−2.96283492
4	3.38	3.37003505	0.29482098
5	3.03	2.89661409	4.40217523
6	1.81	1.74026288	3.85287949
7	4.02	4.08760603	−1.68174201
8	2.96	2.93125482	0.97112096
9	2.11	2.21139502	−4.80545132

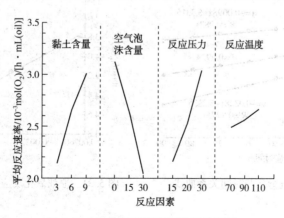

图 5.28　平均反应速率四因素关系图

由表 5.25、图 5.28 可以看出，实验数据与通过拟合曲线计算数据相对误差不大（<5.0%），说明 Data Fit 软件完全满足工程要求，可以根据参数，利用拟合关系式进行预测泡沫存在情况下的空气与原油静态氧化平均反应速率，为现场施工提供可靠的依据。

5.3.2 氧化动力学参数计算

在油藏压力(20MPa)下，根据油藏温度改变不同条件，每隔 10h 记录压力并计算 O_2 分压(图 5.29)；结合实验数据，根据 Arrhenius 方程，计算原油与空气低温氧化反应速率(图 5.30)，并计算反应动力学方程，如式(5-9)所示：

$$-\frac{\mathrm{d}p_x}{\mathrm{d}t} = 32.46 \times \frac{23100.45}{RT} \qquad (5-9)$$

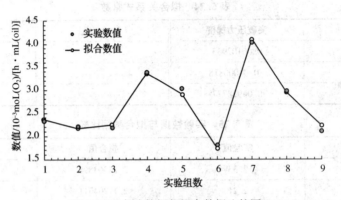

图 5.29 实验数据与拟合数据比较图

活化能是表征反应进行难易程度的参数，活化能越大，反应越难进行。由实验结果计算可知：该试验区内原油在泡沫下的低温氧化反应活化能为 23.1kJ/mol，高于原油活化能(16.519kJ/mol，图 5.31)，但远低于一般原油活化能(48~98kJ/mol)，说明原油在泡沫下也可发生氧化反应，但反应速率慢，主要因为空气泡沫存在，减少空气与原油的接触，导致原油的活化分子数量减少，从而影响到平均反应速率。

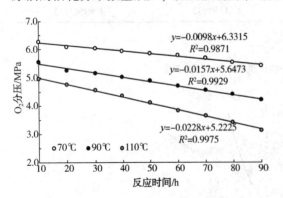

图 5.30 不同温度氧气分压与时间关系曲线

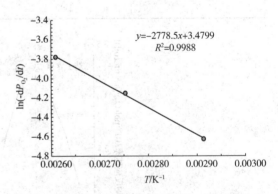

图 5.31 原油氧化反应速率与绝对温度倒数关系

5.4　空气/空气泡沫调驱实验

由资料可知，油藏非均质严重影响到水驱开发效果，而空气泡沫体系可以封堵孔道，改变液流方向，改善油藏非均质性，提高驱油效率。因此，针对非均质油藏开展水驱后提高采收率研究，可以利用空气/空气泡沫技术进一步提高原油驱油效率。

按照实验要求采用双管驱替模拟系统，在油藏温压系统(70℃、20MPa)、气液比为1∶1、回压控制在 2.5MPa、改变注入速率条件下，建立束缚水的基础上，进行驱替实验(水驱→空气泡沫驱→空气驱→后续水驱)，记录相关参数并计算，结果见图 5.31和 5.32。

由实验可以看出：在同注入速率下，渗透率级差增大时(1 增至 50)，水驱、空气泡沫、空气驱和后续水驱采收率均有所降低，但各幅度不同，即 0.5mL/min 时分别降低 19.28 个百分点、14.80 个百分点、11.70 个百分点和 10.50 个百分点；2.0mL/min 时分别降低 20.68个百分点、15.15 个百分点、8.25 个百分点和 5.70 个百分点；4.0mL/min 时分别降低 21.60个百分点、15.10 个百分点、7.85 个百分点和 4.10 个百分点；6.0mL/min 时分别降低 21.66个百分点、16.82 个百分点、11.10 个百分点和 5.81 个百分点。分析原因为，同一注入速率

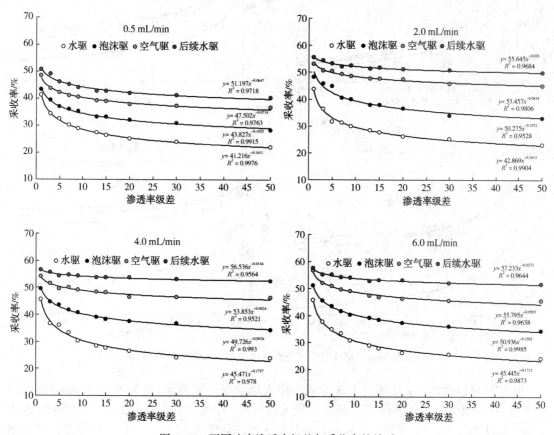

图 5.32　不同速率渗透率级差与采收率的关系

下，采收率随着渗透率级差的增大而降低，主要因为多孔介质中有黏性阻力（$-\frac{\mu}{K}v$）和惯性

阻力（$-C_2\frac{1}{2}\rho v^2$），其中，μ 为流体黏度，K 为多孔介质渗透率，v 为流体流速，ρ 为流体密

度，C_2 为惯性阻力系数，$C_2=\frac{3.51-\phi}{C_p}\frac{\phi}{\phi^3}$；高渗透层中的阻力因子较小，但驱替流体通过高渗

透层的量相对大，形成无效驱替液量相对大，最终导致原油采收率较低。空气泡沫体系具
有"堵水不堵油"和"堵高不堵低"的性能，即改善驱替流体的方向，进入相对低的渗透层，
减少了无效驱替液的量，增加驱油效率。空气泡沫驱替后可以改善油藏非均质性，空气与原
油可发生低温氧化反应，进一步提高原油采收率。后续水驱仍能提高原油采收率，主要因为
油藏非均质得到了一定的改善。通过实验结果，可以按渗透率级差合理的组合来开发层系，
提高开采速率，到达最佳经济效益(图 5.33)。

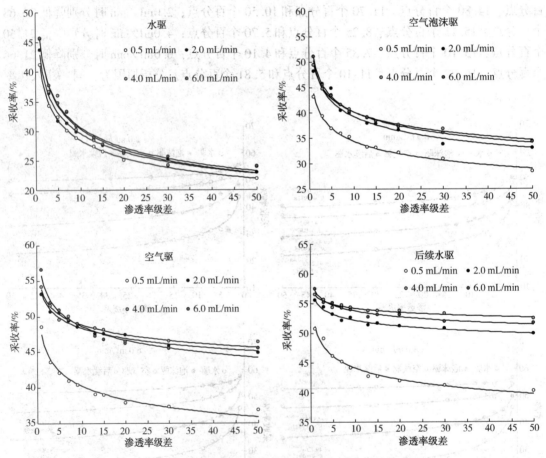

图 5.33 不同驱替方式下渗透率级差与采收率的关系

由实验可以看出：无论哪种开采方式，注入速度在一定范围(0.5~6.0mL/min)内，同
一渗透率级差时，采收率随着注入速率的增大而提高，但增加幅度会有所减少；其中注入速
率为 2.0mL/min 是幅度最大，水驱为 2.5 个百分点，空气泡沫驱为 7.90 个百分点，空气驱
为 9.50 个百分点，后续水驱为 8.78 个百分点。分析认为。由于多孔介质中存在一定的黏性

和惯性阻力，均随着流体速率的增大而增大，则驱替液的波及范围和冲刷能力随注入速度的增加而加强，因此采收率随注入速度的增加而大幅增大；但当驱替液速度加快时，驱替液沿大通道突进，因此采收率的增幅会降低。但总体来看，最终采收率还是随驱替流体注入速度的增加而增大，存在一个最合理的注入速率，达到最佳经济效益。

　　总之，空气/空气泡沫采油技术可以充分利用空气低温氧化和泡沫的封堵性能，大幅提高原油采收率。

第6章 空气/空气泡沫调驱中安全性分析

空气/空气泡沫技术具有气源来源广、应用范围广、成本低等优势，已备受关注，但由于空气中氧的存在，在油藏条件下，残余 O_2 和原油中的可燃性气体（轻烃组分）存在可能爆炸的危险，引起安全隐患，限制了空气/空气泡沫技术的广泛应用，所以空气/空气泡沫技术时安全评价是必不可少的环节。

6.1 试验区内爆炸极限与临界氧含量计算

6.1.1 爆炸极限计算

基于试验区内油藏伴生气组分（表6.1），结合第4章理论计算公式，计算试验区爆炸极限结果见表6.2。结合空气低温氧化的安全性评价，考虑惰性气体（N_2、CO_2）的影响，从计算结果可知，随着惰性气体量的不同，对爆炸极限有一定影响，但对爆炸上限的影响显著于对爆炸下限的影响，这与资料研究一致；主要因为惰性气体浓度加大，即氧的浓度相对减少，爆炸上限中氧的浓度本来已经很小，故惰性气体浓度稍微增加一点，即产生很大影响，使爆炸上限剧烈下降。

表 6.1 试验区内油藏伴生气组分统计表

井号	CH_4/%	C_2H_6/%	C_3H_8/%	iC_4H_{10}/%	nC_4H_{10}/%	iC_5H_{12}/%	nC_5H_{12}/%	iC_6H_{14}/%	nC_6H_{14}/%	N_2/%	CO_2/%	相对密度
1#	45.567	12.817	14.569	2.967	8.652	3.021	4.809	2.360	3.432	1.734	0.072	0.756
2#	50.284	9.115	12.261	3.147	8.607	3.410	4.913	2.172	4.121	1.929	0.041	0.726
3#	44.509	13.886	14.725	3.270	8.167	3.270	4.634	2.011	3.515	1.994	0.017	0.749
4#	36.570	15.751	17.859	3.507	9.447	3.304	5.048	2.433	3.994	2.007	0.081	0.763
5#	39.200	9.010	13.129	4.119	10.672	4.610	7.255	2.691	7.208	2.059	0.047	0.753
平均	43.226	12.116	14.509	3.402	9.109	3.523	5.332	2.333	4.454	1.945	0.051	0.749

表 6.2 试验区内油藏伴生气理论爆炸极限计算表 %

井　号		1#	2#	3#	4#	5#	平　均
方法2	爆炸上限	11.18	11.30	11.20	10.81	10.51	10.99
	爆炸下限	2.72	2.76	2.73	2.55	2.39	2.62
方法2+4	爆炸上限	9.44	9.55	9.49	9.23	9.03	9.34
	爆炸下限	2.67	2.71	2.69	2.53	2.38	2.59
方法3	爆炸上限	9.48	9.60	9.50	8.93	8.37	9.15
	爆炸下限	2.89	2.94	2.90	2.69	2.49	2.77

续表

井 号		1#	2#	3#	4#	5#	平 均
方法 3+4	爆炸上限	8.24	8.35	8.28	7.87	7.46	8.02
	爆炸下限	2.83	2.88	2.85	2.66	2.47	2.73
理论爆炸安全上限		11.18	11.30	11.20	10.81	10.51	11.30
理论爆炸安全下限		2.67	2.71	2.69	2.53	2.38	2.38

影响可燃性气体爆炸极限因素有许多，理论计算仅考虑了部分因素影响，与真实井下情况有一定差距，为了以防万一，必须进行理论计算和实验结果相结合；不同理论计算的爆炸极限不同，为了进一步确保发生爆炸，应取较大范围极限，即试验区的爆炸极限为 [2.38%，11.30%]。

6.1.2 临界含氧量计算

1. 理论计算

根据试验区内油藏伴生气组分(表4.1)，和完全燃烧的化学反应方程式为：$C_nH_mO_\lambda + \left(n + \dfrac{m-2\lambda}{4}\right)O_2 \Longleftrightarrow nCO_2 + \dfrac{m}{2}H_2O$，根据临界含氧量计算公式，可求出试验区内的可燃性气体的临界氧含量，结果见表6.3。

表6.3 试验区内油藏伴生气临界含氧量计算统计表 %

井 号	C 个数	H 个数	O 个数	N 个数	CO_2
1#	2.4367992	7.8832999	0.0012286	4.41	12.25
2#	2.3286551	7.6453593	0.0006699	4.24	11.96
3#	2.4099940	7.7786671	0.0002977	4.35	12.15
4#	2.4709371	7.7106274	0.0014061	4.40	11.46
5#	2.4402962	7.5782496	0.0008010	4.33	10.54
平均	2.4172082	7.7208576	0.0008771	4.35	11.64

试验区内的安全含氧量平均值为11.64%，但最小量为10.54%，为了进一步安全所以取值为10.54%；理论上等于下限浓度的可燃物刚好完全反应所需要的临界氧含量，而其临界氧含量上限等于混合气中的实际氧含量。在没有具体实验依据时，可用可燃性气体的爆炸下限达到完全燃烧时所需要氧分子个数即最小氧体积分数来估算临界氧含量。

2. 实验法

该方法主要通过实验测得，爆炸装置主要由爆炸容器、配气装置、控温控压、点火和安全控制系统(可自动泄压)

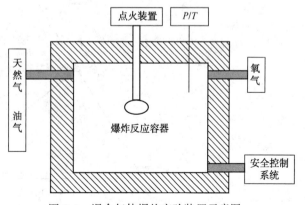

图6.1 混合气体爆炸实验装置示意图

组成(图 6.1)。根据混合气体分压计算方法,在油藏温压系统下,首先向爆炸容器中充空气,静置一段时间后,电极点火,观察是否爆炸;然后改用纯氧气,重复实验,并记录相关数据,根据绘图原理分别绘制图,结果见图 6.2。

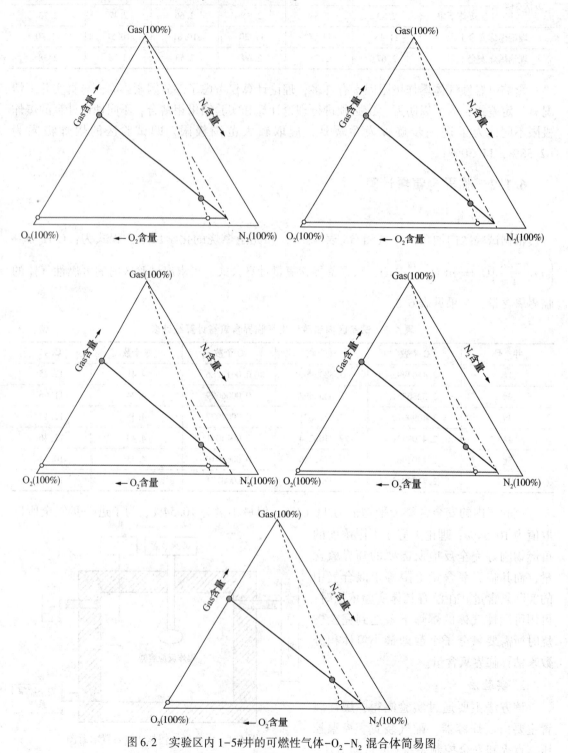

图 6.2　实验区内 1-5#井的可燃性气体-O_2-N_2 混合体简易图

发生爆炸时，压力会瞬间快速上升（可增至 5~9 倍），温度也急剧升高（可达 400℃）；若没发生爆炸，间隔数分钟后再点火，当重复五次都不爆炸，才认为该浓度下的气体不可燃（表 6.4）。

表 6.4　试验区临界含氧量理论计算与实验比较　　　　　　　　　　　　　%

井　号	1#	2#	3#	4#	5#	平　均
理论计算	12.25	11.96	12.15	11.46	10.54	11.64
绘图法	10.65	10.40	10.56	9.97	9.16	10.12

理论临界氧含量等于下限浓度的可燃物刚好完全反应所需的临界氧含量，但影响因素较多，必须通过实验和理论相结合，确定最安全临界含氧量，试验区内应取最低临界含氧量，即 9.16%。通过比较理论计算和实验法可知，理论计算普遍低于实验数据，主要因为爆炸容器、点火位置等影响到可燃性气体的完全燃烧结果，导致测量值比理论计算偏大；而理论计算是假定可燃性气体完全燃烧情况下计算得到的结果小于实验测量值。

总之，通过分析理论计算、实验分析以及国内外调研，建议最终油井安全氧含量值为 8%，即考虑其他方面及现场应用，确定氧含量的安全标准为 5%~8%；当 O_2 浓度>5%时，启动安全预警措施；当 O_2 浓度>8%时，关闭生产井和注入井，但仍需要继续监测 O_2 含量；当 O_2 浓度<5%时，恢复生产井；当 O_2 浓度<3%时，恢复注气井等措施。

6.2　空气/空气调驱中耗氧剂性能评价

为进一步降低含氧浓度保障注空气的安全性，利用耗氧剂在地层内部进一步消耗部分 O_2 降低其含量浓度，保障注气安全。

6.2.1　耗氧剂静态性能评价

耗氧剂是指可吸收 O_2、减缓氧化作用的添加剂。目前研究使用的耗氧剂有很多种类方法，按原材料分为无机类耗氧剂和有机类耗氧剂，其中无机类耗氧剂使用较广的主要有三种包括铁系、亚硫酸盐系、加氢催化剂型等耗氧剂，但无机类耗氧剂的产物不溶解水，具有腐蚀、污染环境、污染地层等缺陷，目前发展了有机类耗氧剂，其中主要有碳酰肼类、肟类、胺类、喹啉化合物、抗坏血酸型等耗氧剂，有机类耗氧剂对金属表面有缓蚀和钝化的作用，另外用量少、易溶解水和有机溶剂、无污染、产物主要是气体（N_2、CO_2）等优势。

1. 实验目的及方法

根据空气与原油氧化反应实验可知，评价耗氧剂性能有静态和动态方法，静态法结合静态 LTO 实验评价方法，根据行业标准《耗氧剂性能评价方法》（SY/T 5889—93）评价耗氧剂性能，优选耗氧剂及其基本参数为耗氧剂的矿场应用提供理论基础。

耗氧剂性能可以通过动/静态实验评价：①静态实验评价，在一定条件下，利用砂管模型（储层岩石磨碎后按要求填制）分析原油与空气在耗氧剂下作用后气体组分及原油中氧含量的变化情况，优选性能优良的耗氧剂。②动态实验评价，基于静态实验下，利用双管模型进行驱替实验，并测量模型出口端原油量、突破后气体组成及 O_2 浓度等，通过计算分析评价其性能和驱替效果，为矿场应用提供重要的依据和指导意义。

2. 实验结果与讨论

针对常见的 4 中常见耗氧剂，在油藏温压系统下（70℃、20MPa），探讨了视密度、酸溶解度（pH＝5.5）、碱溶解度（pH＝10）和地层水溶解度对比实验（表 6.5）。

表 6.5　耗氧剂基本性能测试结果

类　　型	无机类		有机类	
	WA	WB	YA	YB
室内视密度/(g/mL)	1.56	1.64	0.91	0.98
酸液溶解度/%	3.06	3.48	2.92	3.02
碱液溶解度/%	2.73	2.01	2.79	2.22
地层水溶解度/%	1.72	1.98	3.32	2.97
原油溶解度/%	1.77	1.86	3.57	3.03

1）气体组分前后变化分析

在 LTO 中静态低温氧化反应研究基础上，油藏温压系统（70℃、20MPa）下，研究了不同情况下，耗氧剂质量分数（原油+耗氧剂）的最终含氧量（图 6.3）。无机类耗氧剂在酸液的溶解度高于有机类，而在原油和地层水中的溶解度则低于有机类；另外，有机类耗氧剂的效果明显好于无机类，分析认为有机耗氧剂分散在原油和地层水中可以与 O_2 充分发生反应，除氧效果好，最后优选 YA 耗氧剂，质量浓度为 1%~2%。YA 耗氧剂质量分数为 1.5%，一般情况下，采用质谱图分析了作用前后气体组分（表 6.6）。

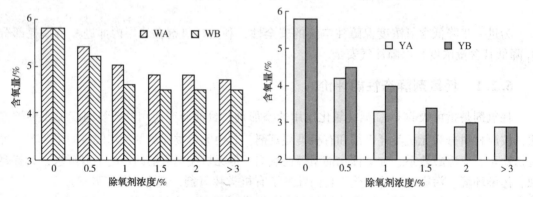

图 6.3　耗氧剂浓度对含氧量的影响

表 6.6　YA 耗氧剂下空气与原油作用前后组分统计表　　　　　　　　%

气体组分	O_2	N_2	CO_2	CO
作用前空气	21.89	77.83	0.03	0
作用后空气无 YA	5.8	21.89	77.83	0.03
作用后空气有 YA	2.9	5.8	90.03	1.66

分析表 6.6 可知，空气与原油作用前后相比，在无耗氧剂 YA 作用下，O_2 含量明显减小，其减少幅度与原油静态氧化反应研究一致；但在耗氧剂 YA 作用下，其减小幅度进一步增加，但 CO_2 和 CO 在作用后的气体中含量均在增加，由此可见耗氧剂 YA 能显著促进低温氧化反应的进行，大大降低反应后气体中的 O_2 浓度。

2）原油族组分及元素的分析

从表6.7中可知：①空气与原油1#作用前后对比，作用后的原油中饱和烃和芳香烃含量略有减少，胶质和沥青含量略增加。但在含耗氧催化剂与无耗氧催化剂实验中，作用后的油样族组分并没有发生显著变化，可见耗氧催化剂YA对原油族组分的影响不明显。②在含耗氧催化剂与无耗氧催化剂实验中，作用后N、O、H元素变化不明显，而C元素含量有明显减少。但作用后两组实验的各元素含量基本一致，可见耗氧催化剂YA对原油元素组成的影响不明显。

表6.7　YA耗氧剂下原油作用前后族组分及元素统计表　　　　　　　　　　%

组分及元素	饱和烃	芳香烃	胶质	沥青	C	H	N	O
作用前原油1#	80.21	14.19	4.14	1.46	83.33	12.76	0.12	3.61
作用后原油1#无YA	79.99	12.42	5.11	2.48	75.08	11.05	0.09	1.37
作用后原油1#有YA	79.71	11.63	6.05	2.61	73.89	11.81	0.08	1.46

3）全烃气相色谱分析

YA耗氧剂对原油低温氧化作用前后1#油样进行了全烃气相色谱分析，检测原油中正构烷烃碳原子个数及其含量，同时分析了其增减量，结果见图6.4和图6.5。

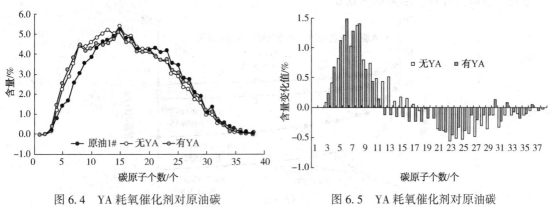

图6.4　YA耗氧催化剂对原油碳　　　　　　　　图6.5　YA耗氧催化剂对原油碳
原子个数的影响曲线　　　　　　　　　　　　　原子含量变化曲线

由图6.5可以看出，耗氧剂YA作用后原油重组分略有减少，轻质组分增加，这与原油低温氧化实验原油正构烷烃变化趋势相同。图6.6是有无YA耗氧剂作用下，原油碳原子含量的变化情况，YA耗氧剂作用下与无YA耗氧剂的变化趋势相似，但在低碳区[3，10]内，YA耗氧剂作用下的原油碳原子个数增加量高，而在高碳区[10，40]碳原子个数则相对降低，可见加入耗氧催化剂可使碳链断裂的范围增大，断裂后生成短碳链更加集中。

6.2.2　耗氧剂动态性能评价

1. 耗氧剂与起泡剂的配伍性研究

如果缓蚀剂与起泡剂不配伍，或是具有消泡作用，势必严重影响泡沫驱油效率。因此，在耗氧剂静态评价基础上，结合发泡性的室内优选结果，以发泡体积和半衰期为指标，考察了两者在油藏温压系统(70℃、20MPa)下，用地层水配置相应浓度进行配伍性研究，结果见表6.8。

表 6.8　常见高温起泡剂的发泡能力和稳定性

药 剂		浓度/%	发泡体积/mL	半衰期/min	综合值/(mL·min)($V_0 \times t_{50}$)
FCY/0.5	YA	0.0	746	252	187992
		1.0	739	260	192140
		1.5	723	266	192318
		2.0	720	273	196560
YA/1.5	FCY	0.3	711	256	182016
		0.4	719	260	186940
		0.5	723	266	192318

如表6.8可知：YA 耗氧剂对发泡剂的发泡体积略有降低趋势，但有助于半衰期的延长，对发泡剂性能在油藏温压系统下的影响不大，说明这两种药剂的配伍性能较好，对其驱替效果和除氧效果影响不大，完全满足要求。

2. 动态驱替评价

按照实验要求采用双管驱替模拟系统，在空气/空气泡沫调驱实验优化基础上，进行驱替实验(水驱→空气泡沫驱→空气驱→后续水驱)，其中驱替液中均溶有 1.5%的耗氧剂 YA，记录相关参数并计算，结果见图6.6。

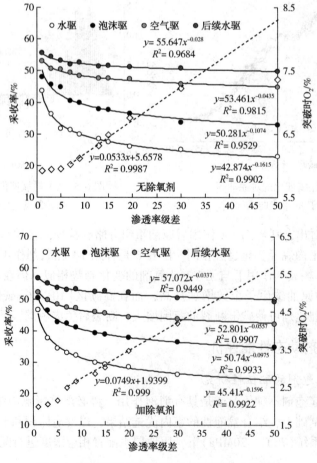

图 6.6　耗氧剂浓度对空气/空气泡沫技术的影响

比较两组实验结果可知：添加耗氧剂水驱和空气泡沫驱的采收率均高于无耗氧剂，分析原因为耗氧剂溶液呈碱性（pH=8.5~10），具有类碱驱效果；另外，与空气泡沫中的起泡剂有协同作用，起到类二元复合驱（碱与表活剂）作用。添加耗氧剂空气驱的采收率略低于无耗氧剂，主要因为耗氧剂消耗了部分空气，减缓了空气与原油低温氧化反应；后续水驱采收率两者之间差别不到；空气突破时，O_2 的含量在添加耗氧剂条件下，渗透率级差为 50 时，预测数值与实验测量值，降低幅度较大（由 13.09% 至 22.53%），分析原因为由于泡沫具有选择性封堵，最终含量为 4.64%，远远低于理论计算值（9.16%）和现场经验值（5%），完全满足要求。

6.3 空气/空气泡沫调驱中防腐分析

空气/空气泡沫调驱开采技术虽然是一种高效、节能、环保的技术，但因空气中的 O_2 以及空气与原油发生低温氧化反应产生的 CO_2 等物质，均会对管柱产生一定的腐蚀作用，结果导致采油井油管穿孔，采油井套管变薄或穿孔，出现套管变形甚至裂断等，这些因素严重影响了油井的正常生产，有的甚至导致油井大修乃至报废，严重制约着油田经济效益与发展。因此，在空气/空气泡沫调驱中很有必要采取一定的防腐措施，其中投加缓蚀剂是油气井防腐的一个重要措施。

在美国材料与实验协会《关于腐蚀和腐蚀实验术语的标准定义》中，缓蚀剂是一种以适当的浓度和形式存在于环境介质中时，可以防止或减缓腐蚀的化学物质或几种化学物质的混合物。缓蚀剂的应用是为了在腐蚀介质中添加某些化学药品（即缓蚀剂）来达到抑制金属在腐蚀介质中被破坏的目的。

缓蚀剂主要机理可以概括成两种，电化学机理（以金属表面发生的电化学过程为基础）和物理化学机理（以金属表面发生的物理化学变化过程为依据）。实质上各种物理化学机理仍然是通过对金属电化学过程的抑制而发生作用，而这种抑制的根本原因是由于在金属表面形成了一层保护膜。缓蚀作用可以分为氧化膜、沉淀膜和吸附膜三种（图6.7）。

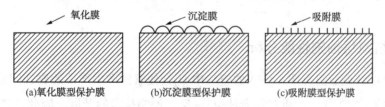

图 6.7 三类缓蚀剂保护膜的示意

其中，图 6.7 中的（a）氧化膜型缓蚀剂：本身是氧化剂或以介质中的溶解氧作氧化剂，使金属表面形成钝态极薄致密的保护性氧化膜，造成金属离子化过程受阻，从而减缓对金属的腐蚀。本身不具有氧化性的那些缓蚀剂作用机理是使金属表面发生了特征吸附，主要影响电化学腐蚀的阳极过程，使活化—钝化性金属的腐蚀电位进入钝化区，从而使金属处于钝化状态，形成一层钝化膜。氧化膜型缓蚀剂又被称为钝化剂。

图 6.7 中的（b）沉淀膜型缓蚀剂：沉淀膜型缓蚀剂是通过化学反应在金属表面生成沉淀

膜。沉淀膜可由缓蚀剂之间相互作用生成，也可由缓蚀剂和腐蚀介质中的金属离子作用生成。多数情况下，沉淀膜在阴极区形成并覆盖于阴极表面，将金属和腐蚀介质隔开，抑制金属电化学腐蚀的阴极过程。有时沉淀膜由缓蚀剂分子上的反应基团和腐蚀过程中生成的金属离子相互作用而形成，覆盖金属的全部表面，同时抑制金属电化学腐蚀的阳极过程和阴极过程。例如硫酸锌，在中性含氧的水中，硫酸锌对钢铁的缓蚀作用，是锌离子与阴极反应生成的氢氧根离子发生反应，生成难溶的氢氧化锌沉淀膜。其反应有：

阴极反应：　　$O_2 + 2H_2O + 4e^- \longrightarrow 4OH^-$

沉淀反应：　　$Zn^{2+} + 2OH^- \longrightarrow Zn(OH)_2$

氢氧化锌的沉淀膜覆盖于金属阴极表面，抑制阴极过程，从而起到缓蚀作用。

图 6.7 中的(c)吸附膜型缓蚀剂：其分子一般是由极性基团和非极性基团组成。极性基团中含有电负性高的氧、氮、磷、硫等元素。非极性基团的主要成分是碳、氢元素。其中极性基团是亲水性的，可以吸附于金属表面活性点或整个表面，在金属表面形成吸附层。吸附层和金属之间的结合强度取决于缓蚀剂和金属之间吸附的性能及两者之间化学键的强度。而非极性基团是疏水或亲油的，位于离开金属的方向，通过憎水基起隔离作用，把金属表面和腐蚀介质隔开。将吸附膜型缓蚀剂加入腐蚀介质，通过吸附一方面改变了金属表面电荷状态和界面性质，使金属表面的能量状态趋于稳定，增加腐蚀反应的活化能，减缓腐蚀速度，另一方面被吸附的缓蚀剂分子上的非极性基团能在金属表面形成一层疏水性保护膜阻碍与腐蚀反应有关的电荷或物质的转移，也可以减缓腐蚀速度。

总之，缓蚀剂作为一种生产用的化学添加剂，其作用明显，相对于其他防腐措施，添加缓蚀剂具有性能好、造价低等特点。目前研究方法主要有失重法、电化学方法(电化学交流阻抗法、极化曲线法、光电化学法)、光谱分析法(表面增强拉曼光谱法、椭圆偏振光谱法)和量子化学等方法。其中失重法最简单，也是目前国内外缓蚀剂研究最主要的方法。

影响缓蚀剂缓蚀性能的因素有很多，外部条件和缓蚀剂结构等都会对缓蚀性能造成很大影响，因此针对不同条件选用不同类型的缓蚀剂，对空气/空气泡沫调驱应用时的防腐非常重要。

6.3.1　抗氧缓蚀剂性能分析

空气/空气泡沫调驱过程中，注入的空气中 O_2 会使管柱产生严重的腐蚀问题，影响到注入井和生产井的正常工作，严重制约着注空气/空气调驱技术的开展。因此，针对 O_2 的腐蚀开展抗氧缓蚀剂研究。

1. 抗氧缓蚀剂性能评价实验

目前，专门针对氧腐蚀的缓蚀剂较少，常用耗氧剂代替。因此，针对耗氧剂 YA 的腐蚀性，利用失重法进行了相应的评价。

1) 实验流程及方法

利用高温高压闭式容器动态腐蚀仪，在不同条件下，考察耗氧剂 YA 的抗氧缓蚀性能，其流程图见图 6.8。

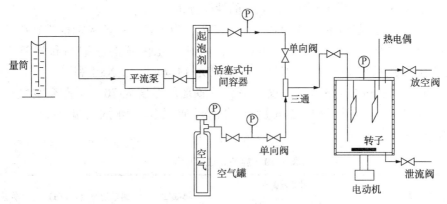

图 6.8　空气/空气泡沫腐蚀实验流程图

实验中，针对研究区管柱所用的材料 N80 和 P110 钢（其化学成分见表 6.9），并进行适当的处理。其处理方法为，首先用丙酮清洗除油，砂纸将钢样逐级打磨后，最后用蒸馏水冲洗、风干及称其重量。实验方法为，首先将处理好的钢样相互绝缘并安装在防腐试样架上，放入高温高压动态腐蚀仪中，最后加入模拟介质（研究区内储层流体，地层水、原油及其混合物），按实验要求开始模拟腐蚀实验。实验结束后，将不同钢样取出，并用 5% 的盐酸溶液加上缓蚀剂（YA 耗氧剂）除去腐蚀产物，蒸馏水冲洗钢样和风干后，称重并计算其失重腐蚀速率，来计算其腐蚀速率及缓蚀率，其计算公式如式（6-1）和式（6-2）所示：

$$v_c = \frac{8.76 \times 10^4 \times (M - M_t)}{S \cdot t \cdot \rho} \tag{6-1}$$

$$\eta = \frac{\Delta M_0 - \Delta M_1}{\Delta M_0} \times 100\% \tag{6-2}$$

式中　v_c——腐蚀速率，mm/a；

$\quad\quad M$——实验前钢样质量，g；

$\quad\quad M_t$——实验后钢样重量，g；

$\quad\quad S$——钢样总面积，cm^2；

$\quad\quad t$——测试时间，h；

$\quad\quad \rho$——钢样总密度，g/cm^3；

$\quad\quad \eta$——缓蚀率，%；

$\quad\Delta M_0$——空白实验中钢样质量损失，g；

$\quad\Delta M_1$——加入缓蚀剂后钢样质量损失，g。

表 6.9　钢材的主要化学成分　　　　　　　　　　　%

钢材类型	碳（C）	硅（Si）	锰（Mn）	铬（Cr）	钒（V）	钼（Mo）	镍（Ni）	磷（P）	硫（S）
N80	0.357	0.239	1.227	0.035	0.144	0.019	0.007	0.012	0.001
P110	0.269	0.201	0.689	1.032	0.009	0.173	0.066	0.006	0.003

2）实验结果与讨论

（1）静态腐蚀实验。

① 油藏条件下抗氧缓蚀剂(耗氧剂 YA)的性能分析。

在空气泡沫优化(起泡剂浓度为 0.5%、气液比为 1∶1)和耗氧剂优选(浓度 1.5%)基础上,结合油藏温压系统(70℃、20MPa),将地层水配置的起泡剂和耗氧剂混合物放入腐蚀仪中,然后将处理好的钢样(表面积为 11.66cm²,N80 和 P110 密度分别为 7.85g/cm³ 和 7.87g/cm³。)置于腐蚀仪中,最后设置地层温度为 70℃,再充空气使压力达到油藏压力为 20MPa 进行反应 24h 后测试钢样质量,在测试实验中设置转子转速 0r/min,结果见表 6.10。

表 6.10　静态腐蚀实验结果

钢材类型		钢材质量/g		ΔM/g	腐蚀速率/(mm/a)	缓蚀率/%
		腐蚀前	腐蚀后			
N80	前	10.1007	10.0736	0.0271	0.1081	—
	后	9.9988	9.9871	0.0117	0.0467	56.83
P110	前	10.1395	10.1163	0.0232	0.0923	—
	后	10.0976	10.0885	0.0091	0.0362	60.78

由实验结果可以看出,耗氧剂 YA 的缓蚀效果比较好,其腐蚀速率完全满足石油行业标准规定的 0.076mm/a 的要求,对不同钢材的腐蚀速率分别从 0.1081mm/a 降低至 0.0467mm/a 和 0.0923mm/a 降低至 0.0362mm/a;P110 钢材的缓蚀率(56.83%)高于 N80 钢的近 4 个百分点(60.78%),主要原因是 P110 中的 Cr 和 Mo 含量高于 N80 中的含量,增强钢材的抗腐蚀性。

② 温度对抗氧缓蚀剂(耗氧剂 YA)的影响。

温度是影响氧腐蚀主要的因素之一,同样对缓蚀效率存在着较大的影响,因此在油藏条件下的抗氧腐蚀剂(耗氧剂 YA)性能评价基础上,考察了油藏压力(20MPa)下,分析和总结不同温度的腐蚀特点和规律,并针对具体油藏情况,制定合理防腐措施,结果见表 6.11 和图 6.9。

表 6.11　温度对腐蚀剂影响结果

钢材类型	温度/℃	钢材质量/g		ΔM/g	腐蚀速率/(mm/a)
		腐蚀前	腐蚀后		
N80	70	9.9988	9.9871	0.0117	0.0467
	80	10.1013	10.0874	0.0139	0.0554
	90	10.0018	9.9873	0.0145	0.0578
	110	10.0991	10.0864	0.0127	0.0506
P110	70	10.0976	10.0885	0.0091	0.0362
	80	9.9963	9.9866	0.0097	0.0386
	90	10.1113	10.1003	0.0110	0.0438
	110	10.1303	10.1218	0.0085	0.0338

从图 6.12 中可以看出,缓蚀剂(YA 耗氧剂)对不同钢样(N80、P110)在温度[70℃,110℃]内的腐蚀速率变化趋势基本相同,即腐蚀速率随温度的升高呈现先增后低的趋势。

分析原因为随温度升高，缓蚀剂（YA 耗氧剂）在管柱表面的吸附速度下降；但当温度继续升高后，由于管柱表面吸附速度增大以及腐蚀产物膜增厚，另外，溶解氧的含量不断降低。O_2 在水中的溶解度随着温度升高而降低，当水达到沸腾温度 100℃时，溶解氧含量非常低，因此使钢样腐蚀程度降低。另外，因为钢样（N80、P110）中 Cr 和 Mo 含量不同，导致同温度下的腐蚀速率有差异。

③ 压力对抗氧缓蚀剂（耗氧剂 YA）的影响。

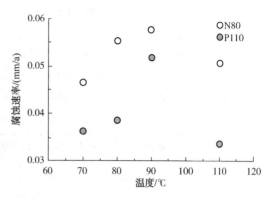

图 6.9　温度对腐蚀速率的影响

环境压力也是影响氧腐蚀的一个重要参数，因此在油藏条件下的抗氧腐蚀剂（耗氧剂 YA）性能评价基础上，考察了油藏温度（70℃）下，分析和总结不同压力的腐蚀特点和规律，结果见表 6.12 和图 6.10。

表 6.12　压力对腐蚀剂影响结果

钢材类型	压力/MPa	钢材质量/g		ΔM/g	腐蚀速率/（mm/a）
		腐蚀前	腐蚀后		
N80	5	10.0033	9.993	0.0103	0.0411
	10	9.7896	9.7781	0.0115	0.0459
	20	9.9988	9.9871	0.0117	0.0467
	25	9.6783	9.6663	0.012	0.0479
P110	5	10.1523	10.1443	0.008	0.0318
	10	9.9876	9.9793	0.0083	0.0330
	20	10.0976	10.0885	0.0091	0.0362
	25	10.0011	9.9906	0.0105	0.0418

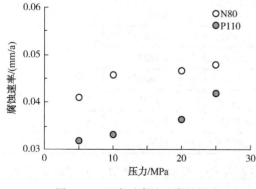

图 6.10　压力对腐蚀速率的影响

环境压力对氧腐蚀速率的影响见图 6.13，腐蚀速率随着压力的增大略有增大，主要因为在一定温度下氧的溶解度随着压力增大而增大，但增加幅度较小。另外，因为钢样（N80、P110）中 Cr 和 Mo 含量不同，使同温度下的腐蚀速率有差异。

（2）动态腐蚀实验。

因为空气/空气泡沫调驱技术在油田中应用时，先注入空气泡沫进行封堵高渗层，后注空气进行驱替实验，为了更接近矿场注入工艺技术，必须对抗氧缓蚀剂的动态模拟实验，如前文实验流程图 6.11 所示。

空气泡沫腐蚀实验过程，模拟现场注入工艺技术，将水浴加热升温至 70℃，转子转速设置为 400r/min。设置平流泵的流速为 10mL/min 和最高压力为 2MPa，开启平流泵，推动活塞将泡沫液打入三通，同时开启空气瓶，调节空气压力，使空气和起泡剂按一定比例在三通中充分混合后，注入反应釜内，当反应釜内压力达到 1MPa 时，关闭所有阀门。

根据确定的因素和位级选用合适的正交表，测试计算 16 种实验阻力因子。分析依据正交实验结果（见表 6.13），根据实验实验级差分析主次因素。

表 6.13　正交表及测试结果

因　素	温度/℃	压力/MPa	泡沫体积	油水比	注气速率/(mL/min)	腐蚀速率/(mm/a)
实验 1	70	5	0.25	2∶4	2	0.9345
实验 2	70	10	0.5	2∶2	4	1.2721
实验 3	70	20	1	2∶0.5	6	1.5531
实验 4	70	25	2	2∶0.25	8	1.9558
实验 5	80	5	0.5	2∶0.5	8	1.0026
实验 6	80	10	0.25	2∶0.25	6	1.2721
实验 7	80	20	2	2∶4	4	1.6989
实验 8	80	25	1	2∶2	2	1.9506
实验 9	90	5	1	2∶0.25	4	1.0610
实验 10	90	10	2	2∶0.5	2	1.1286
实验 11	90	20	0.25	2∶2	8	1.9701
实验 12	90	25	0.5	2∶4	6	2.1193
实验 13	110	5	1	2∶2	6	1.2251
实验 14	110	10	1	2∶4	8	1.5245
实验 15	110	20	0.5	2∶0.25	2	1.6034
实验 16	110	25	0.25	2∶0.5	4	1.8567
K_1	5.7155	4.2232	6.0334	6.2772	5.6171	
K_2	5.9242	5.1973	5.9974	6.4179	5.8887	
K_3	6.2790	6.8255	6.0892	5.5410	6.1696	
K_4	6.2097	7.8824	6.0084	5.8923	6.4530	
k_1	1.4289	1.0558	1.5084	1.5693	1.4043	
k_2	1.4811	1.2993	1.4994	1.6045	1.4722	
k_3	1.5698	1.7064	1.5223	1.3853	1.5424	
k_4	1.5524	1.9706	1.5021	1.4731	1.6133	
级差 R	0.1409	0.9148	0.0230	0.2192	0.2090	
因素主次			压力>温度>注气速度>油水比>泡沫体积			

通过正交实验测定的数据利用 Data Fit 软件进行拟合，优选了一种拟合最好的关系式，氧化平均反应速率，如式（6-3）所示：

$$Y_{腐蚀速率} = a \times x_{温度} + b \times x_{压力} + c \times x_{体积} + d \times x_{油水比} + e \times x_{注气速度} + f \tag{6-3}$$

拟合常数见表 6.14，拟合曲线见图 6.11；其中正交实验数据与关系式拟合数据，见表 6.15。

　　由实验图表可以看出：实验数据与通过拟合曲线计算数据相对误差不大（<6.2%），说明 Data Fit 软件完全满足工程要求，可以根据参数利用拟合关系式进行预测封堵性能，为现场施工提供可靠的依据。

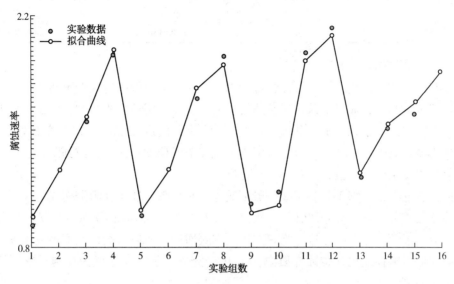

图 6.11　实验数据与拟合数据比较图

表 6.14　拟合关系式常数

常　　数	突破压力梯度	常　　数	突破压力梯度
a	0.0031322857	d	2.4562748700
b	0.0447330000	e	0.0348575000
c	−0.0010191304	f	0.2587033421

表 6.15　实验数据与拟合数据比较

实　　验	实验值	拟合值	误差/%
1	0.9345	0.979189625	−4.782196344
2	1.2721	1.270609096	0.117200237
3	1.5531	1.584174919	−2.000831824
4	1.9558	1.97886636	−1.179382366
5	1.0026	1.014727341	−1.20958921
6	1.2721	1.271262696	0.065820633
7	1.6989	1.749439004	−2.974807447
8	1.9506	1.902702388	2.455532261
9	1.0610	1.008441205	4.953703578
10	1.1286	1.059041503	6.163255103
11	1.9701	1.920269593	2.529333908
12	2.1193	2.075670557	2.058672368
13	1.2251	1.240421829	−1.250659432

实　　验	实验值	拟合值	误差/%
14	1.5245	1.536526706	-0.788895086
15	1.6034	1.672876485	-4.333072505
16	1.8567	1.864180695	-0.402902755

2. 氧腐蚀的机理探讨

氧具有强烈的去极化作用，即使含量为 1mg/L，也会对管柱造成严重腐蚀。一定量的氧在水中溶解至饱和后，通过扩散作用到达管柱表面，作为阴极去极化剂，开始发生电化学反应，这一过程包括一系列步骤：①氧穿过空气/溶液界面进入溶液。②在溶液对流作用下，氧迁移到阴极表面附近。③在扩散层范围内，氧在浓度梯度作用下扩散到阴极表面。④在阴极表面氧分子发生还原反应，即氧的离子化反应。

这四个步骤中，步骤①和步骤②一般不成为控制步骤；通常受阻滞而成为控制步骤的是氧通过静止层扩散步骤。静止层又称扩散层，其厚度约为 0.1mm～0.5mm。虽然扩散层的厚度不大，但由于氧只能以扩散这一唯一的传质方式通过，所以一般情况下扩散步骤是控制步骤；只有在加强搅拌或流动腐蚀介质中，O_2 供应充分，步骤④才成为控制步骤。氧腐蚀的电化学反应如下：

阳极反应：$Fe \longrightarrow Fe^{2+}+2e^-$

阴极反应：

① 酸性环境：有氧 $O_2+H^++4e^- \longrightarrow 2H_2O$；无氧 $2H^++2e^- \longrightarrow H_2$

② 中性或碱性：有氧 $O_2+2H_2O+4e^- \longrightarrow 4OH^-$；无氧 $Fe+2H^+ \longrightarrow Fe^{2+}+H_2$

当 pH 值<5 时，反应快速发生；当 pH 值在 5～9 时，仅只有轻微腐蚀；当 pH 值>9 时，无任何腐蚀发生。腐蚀反应在有氧和无氧条件下不一样，但均包含阳极反应。

在一定条件下，腐蚀反应后产生 $Fe(OH)_2$（$2Fe+O_2+2H_2O \longrightarrow 2Fe(OH)_2$），但这种物质在水中极不稳定，会继续发生如下反应：$4Fe(OH)_2+O_2+2H_2O \longrightarrow 4Fe(OH)_3$ 和 $Fe(OH)_2+2Fe(OH)_3 \longrightarrow Fe_3O_4+4H_2O$。由此可见，反应后主要产物是 $Fe(OH)_3$ 和 Fe_3O_4，但该产物的结构较为疏松，不能在管柱表面形成有效保护膜，因此管柱一旦发生氧腐蚀后，将会加剧腐蚀反应。

目前，国内外预防氧腐蚀主要方法有三种方法：①添加 Na_2CO_3 或 NaOH 调节溶液 pH 值至 9 以上。②添加耗氧剂降低氧含量到最低水平。③添加防腐剂消除残余的腐蚀影响。目前，普遍采用添加耗氧剂达到降低氧腐蚀目的。

6.3.2　CO_2 缓蚀剂性能分析

空气/空气泡沫调驱过程中，其中 O_2 在油藏条件下可与原油发生低温氧化反应，产生大量 CO_2；CO_2 溶解于地层水后对部分管柱有较强的腐蚀性，引起管柱材料破坏。在油田应用中，这将极大地降低油气井的生产寿命，严重影响油气正常生产，从而制约着注空气/空气调驱技术的开展。因此，针对 CO_2 腐蚀开展缓蚀剂研究，一般含有 N、S、O、P 等相应官能团结构，吸附在管柱表面，从而抑制 CO_2 腐蚀的发生。

1. CO_2缓蚀剂性能评价实验

在空气/空气泡沫调驱过程中，空气在油藏条件下发生LTO反应产生CO_2，为了更好模拟CO_2的腐蚀性能和CO_2缓蚀剂的优选，本实验直接用CO_2代替空气进行研究。

1）实验药剂

针对国内油气田现场应用，选用水溶性的两种缓蚀剂，其物化性能见表6.16；对钢样N80的腐蚀性评价。

表6.16　缓蚀剂的有效成分及适应范围

编　号	有效成分	颜　色	密度/(g/cm³)	其余指标	适应范围	应用情况
1#	硫炔氧甲基季铵盐	棕褐	1.0~1.15	凝固点：≤-10℃	以CO_2腐蚀为主	四川气田
2#	炔氧甲基胺衍生物+醚类化合物	棕黑	0.92~1.05	1%溶液pH值：9~11	CO_2+高矿化度水	中原油田

2）实验结果与讨论

（1）CO_2缓蚀剂的配伍性。

① 水溶性评价。

参照行业标准《油田采出水用缓蚀剂性能评价方法》（SY/T 5273—2000），实验结果见表6.17。缓蚀剂的水溶解分散性均较好。

表6.17　缓蚀剂的水溶性实验结果

种　类		1#	2#
现象	30min	溶液呈均相，透明	溶液呈均相，不透明
	24h		
评价结果		溶解性好	分散性好
照片		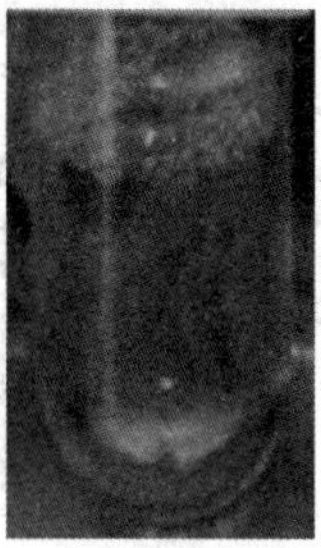	

② 热稳定性评价。

分别将500ppm和10^6ppm浓度的缓蚀剂分别在70℃条件下放置7d，观察其热稳定性，结果如表6.18。纯缓蚀剂和不同浓度（500ppm和10^6ppm）热稳定性结果一致，为1#>2#。

表 6.18　热稳定性实验统计表

浓度/ppm	时间	1#	2#
	3h 后	结蜡，不易流动	有结蜡的现象，不易流动
500	1~9h	溶液无色，半透明状，底部有锈红色沉淀	
	3~5d	溶液近乎透明，底部仍为锈红色沉淀	
	6d	近乎透明，底部有锈红色沉淀	出现少量白色方形晶体
	7d	出现白色方形晶体	沉积物量有增多现象
10⁶	2h	透明状	
	6h		出现浮于上层的褐色絮凝物质
	9h	呈半透明状	
	3d		体积挥发至 16mL，絮凝油状物沉淀，上部溶液黄色透明
	4d	体积挥发至 7mL	上层褐色油状物，下层黄色透明
	5~7d	残留褐色油状物	油状物浮于上层，下层仅存少量溶液，半透明

（2）CO_2缓蚀剂的电化学研究。

腐蚀电化学是在物理化学和金属学这两门学科基础上发展起来的，它用电化学方法对金属电极腐蚀的一些基本电化学过程进行分析和研究。一般最常用的电化学方法是用稳态极化曲线法，具体方法为将实测阴、阳极极化曲线的数据在半对数坐标上作图，将阳极极化曲线直线部分和阴极极化曲线直线部分外延，理论上应交于一点，则该点的横坐标就是腐蚀电流，纵坐标就是自腐蚀电位(图 6.12)，其类型判断如图 6.13 所示。若阳极极化曲线的规律性不好，则将实测阴极极化曲线的直线部分外推与自腐蚀电位的垂直线相交，交点处横坐标即为腐蚀电流。电化学性能研究中采用线性极化技术，快速筛选适应的缓蚀剂种类及初步确定加量与缓蚀率的关系。

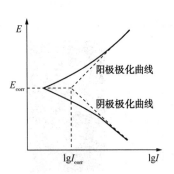

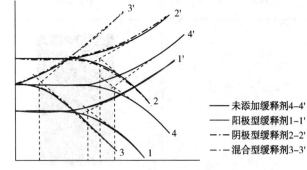

图 6.12　稳态极化曲线外推示意图　　图 6.13　不同类型的稳态极化曲线示意图

① 缓蚀剂浓度优化。

实验方法为线性极化法；实验介质为地层水；极化区间为 ±8mV；扫描速率为 0.17mV/s；室温。

表 6.18 缓蚀剂线形极化测量值

种 类	浓度/ppm	自腐蚀电位/mV	极化电阻 R_p/$\Omega \cdot m$	腐蚀电流密度/(mA/cm^2)	腐蚀速率/(mm/a)	缓蚀率/%
1#	0	-652.60	66.92	0.325	3.81	
	100	-647.40	127.30	0.171	2.00	47.44
	150	-619.90	1791.00	0.012	0.14	96.37
	300	-607.60	1992.00	0.011	0.13	96.59
	500	-598.70	1821.00	0.012	0.14	96.31
2#	0	-652.60	66.92	0.325	3.81	
	100	-621.10	214.20	0.101	1.19	68.72
	150	-617.70	2574.00	0.008	0.10	97.40
	300	-606.20	2329.00	0.009	0.10	97.33
	500	-632.40	2232.00	0.010	0.11	97.09

线形极化测试表明，在浓度为 100ppm 以下时，两种缓蚀剂缓蚀效率均较低，仅有 47%~69%；当缓蚀剂浓度达 150ppm 时，缓蚀效率明显增大，均达到 95% 以上，此后随着缓蚀剂浓度的增大，缓蚀效率变化不大，确定其最佳浓度为>150ppm。

② 缓蚀剂类型确定。

通过极化曲线法研究了缓蚀剂的缓蚀机理，介质条件为地层水和地层水配制 150ppm 的溶液，电化学参数为 ±200mV，扫描速率为 0.5mV/s，温度为室温，结果见图 6.14 和表 6.19。

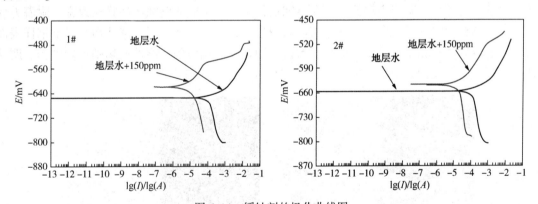

图 6.14 缓蚀剂的极化曲线图

表 6.19 缓蚀剂的极化曲线参数

种 类	介 质	自腐蚀电位/mV	腐蚀电流密度/(mA/cm^2)	腐蚀速率/(mm/a)	缓蚀率/%
1#	地层水	-658.8	0.332	3.889	—
	地层水+150ppm	-619.0	0.011	0.129	96.71
2#	地层水	-658.8	0.332	3.889	—
	地层水+150ppm	-638.1	0.027	0.300	92.22

相对于空白（地层水）实验，添加 150ppm 缓蚀剂后，两种缓蚀剂下 tafel 曲线均向左移一

个数量级左右，腐蚀电流密度明显降低，腐蚀速率数量级降低，缓蚀效率明显。加入地层水 1#缓蚀剂后，N80 碳钢的自腐蚀电位明显升高，缓蚀剂对腐蚀过程的阳极反应抑制作用大于阴极反应抑制作用，为阳极型缓蚀剂。加入地层水 2#缓蚀剂后，N80 碳钢的自腐蚀电位升高不明显，缓蚀剂对腐蚀过程的阳极反应和阴极反应抑制作用基本相等，为混合型缓蚀剂。

（3）CO_2 缓蚀剂的作用后测试实验。

① 电镜扫描。

在油藏温压系统（70℃、20MPa）、地层水及 CO_2 环境条件下，模拟有无缓蚀剂作用 96h，并经处理的钢研 N80 电镜扫描，结果见图 6.15。

1#缓蚀剂作用前后   2#缓蚀剂作用前后

图 6.15 腐蚀产物 SEM 图（×200）

从 1#缓蚀剂作用前后钢样扫描电镜形貌可知，当无缓蚀剂情况下钢样表面均匀，并出现了腐蚀，且表面腐蚀产物附着力低，局部有较大的脱落现象；但在缓蚀剂状况下，钢样表面腐蚀产物较为致密，未见腐蚀产物膜脱落现象。无缓蚀剂作用下，腐蚀比较高的主要原因在于腐蚀产物疏松、附着力较低，而在缓蚀剂作用下，生成的腐蚀产物膜较致密，附着力变大，腐蚀速率随之降低。2#缓蚀剂作用前后扫描电镜形貌可知，当无缓蚀剂情况下钢样表面均匀，表层腐蚀产物呈颗粒状，但是不致密，而在腐蚀剂作用后腐蚀产物则比较致密，腐蚀速率降低，结果见图 6.16。

1#缓蚀剂作用后   2#缓蚀剂作用后

图 6.16 不同缓蚀剂作用后钢样腐蚀产物膜横截面照片

由上图可以看出，1#缓蚀剂最后用的钢样表面腐蚀产物膜均未分层，厚度约为 0.7μm，腐蚀程度相对高；而在 2#缓蚀剂作用后的表面腐蚀产物膜均较为致密，厚度约为 1.3μm，腐蚀程度相对低，初步确定 2#缓蚀剂作为后期研究和矿场应用。

② 其他测试。

图 6.17 为 2#缓蚀剂腐蚀产物膜的 EDS 能谱图，可以看出，腐蚀产物膜所含的主要元素有 Fe、C、O、Ca。结合图 6.18 为 2#缓蚀剂作用后腐蚀产物膜的 EDS 线性扫描，可看出：在实验条件下 Mg 和 C 和 O 元素的含量较为恒定，而 Fe 的含量则由开始的低含量转变为高含量最后趋于稳定，而 Ca 的含量则刚好相反，最后腐蚀产物膜中 Mg 和 Ca 元素的含量较为恒定，说明腐蚀产物膜内层主要产物为 $FeCO_3$；试样表面为黑色物质且很均匀，腐蚀产物膜未分层，$FeCO_3$ 的致密性好，因此腐蚀速率也较低。通过 XRD 测试（图 6.19）结果表明，腐蚀产物膜的表层成分为 $(Mg_{0.065}Ca_{0.935})CO_3$。

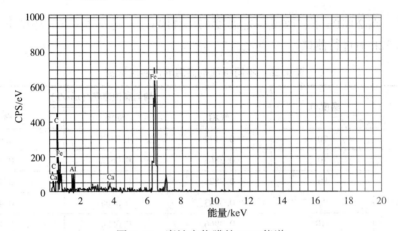

图 6.17　腐蚀产物膜的 EDS 能谱

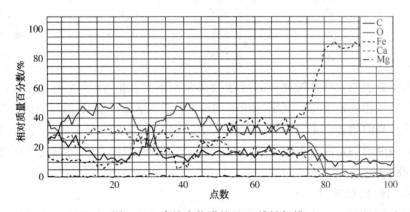

图 6.18　腐蚀产物膜的 EDS 线性扫描

（4）高温高压失重评价。

室内对两种缓蚀剂进行了高温高压失重实验评价。综合考虑井下环境复杂、缓蚀剂加注方式、加注周期等相关因素的影响，为了保证气液两相环境中有足够浓度的缓蚀剂，其浓度取 300ppm（表 6.20）。

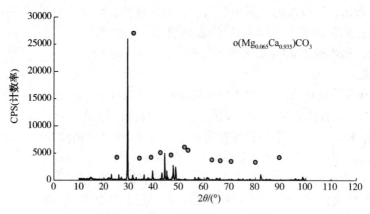

图 6.19　腐蚀产物膜的 XRD 谱图

实验条件：在 20MPa 下，改变一定温度（70~110℃）、地层水+空气环境下，对 N80 钢样，实验时间 72h 后进行测试。

表 6.20　不同缓蚀剂高温高压实验数据

缓蚀剂	温度/℃	均匀腐蚀速率/（mm/a）		
		气相	液相	气+液
空白样	70	0.3137	1.7487	2.0624
1#缓蚀剂	70	0.3863	0.0672	0.4535
	80	0.3821	0.0687	0.4508
	90	0.3803	0.0706	0.4509
	110	0.3966	0.0588	0.4554
2#缓蚀剂	70	0.1756	0.0331	0.2087
	80	0.1988	0.0433	0.2421
	90	0.1696	0.0463	0.2159
	110	0.2166	0.0389	0.2555

高温高压实验表明：两种缓蚀剂的缓蚀效果差别不大，但 2#缓蚀剂液相缓蚀效果相对好一点，无论是气相还是液相，其腐蚀速率均低，但气液两相中总平均腐蚀速率温度升高后呈现先降低后升高的趋势，主要因为 CO_2 在水中溶解度受温度的变化影响（图 6.20）。值得注意的是这种缓蚀剂均是混合型缓蚀剂，最终确定 2#缓蚀剂作为后期研究和矿场应用，其浓度确定为 300ppm。

2. CO_2 腐蚀的机理探讨

CO_2 腐蚀俗称"甜蚀"。干燥的没有腐蚀性，但其溶于水后形成碳酸就表现出很强的腐蚀性，甚至比盐酸还强。其中油田管柱 CO_2 腐蚀问题及其机理是研究热点之一，CO_2 溶于水时，促进钢铁发生电化学腐蚀。文献资料可知，CO_2 腐蚀机理主要概括为以下几点：

（1）阳极反应：

① Waard 观点：$Fe \longrightarrow Fe^{2+} + 2e^-$（$Fe + OH^- \longrightarrow FeOH^- + e^-$、$FeOH \longrightarrow FeOH^+ + e^-$、$FeOH \longrightarrow Fe^+ + OH^-$）。

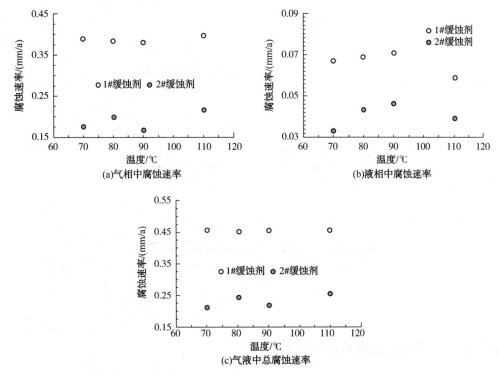

图6.20　不同缓蚀剂下的腐蚀速率

② Davies 观点：$Fe + H_2O \longrightarrow Fe(OH)_{2(s)} + 2H^+ + 2e^-$、$Fe + HCO_3^- \longrightarrow FeCO_{3(s)} + H^+ + 2e^-$、$Fe(OH)_2 + HCO_3 \longrightarrow FeCO_3 + H_2O + OH^-$。

③ Ogundele 观点：$Fe \longrightarrow Fe^{2+} + 2e^-$、$Fe + HCO_3^- \longrightarrow FeCO_{3(s)} + H_+ + 2e^-$。

④ Linter 观点：最初形成的腐蚀产物为 $Fe(OH)_2$，即：$Fe + 2OH^- \longrightarrow Fe(OH)_{2(s)} + 2e^-$
随后有：$Fe(OH)_2 + CO_2 \longrightarrow FeCO_3 + H_2O$。

（2）阴极反应：

① 非催化氢离子阴极还原反应：$H_3O^+ + e^- \longrightarrow H(吸附) + H_2O$。

② 表面吸附 CO_2 的氢离子催化还原反应：$CO_2(溶液) \longrightarrow CO_2(吸附)$、$CO_2(吸附) + H_2O \longrightarrow H_2CO_3(吸附)$、$H_2CO_3(吸附) + e^- \longrightarrow H(吸附) + HCO_3^-(吸附)$、$HCO_3^-(吸附) + H_3O^+ \longrightarrow H_2CO_3(吸附) + H_2O$。

根据金属表面产生的腐蚀破坏形态，可以按介质温度范围将腐蚀分为三类（图6.21）。在温度较低时，主要发生金属的活性溶解，为全面腐蚀，而对于含铬钢可以形成腐蚀产物膜（类型Ⅰ）。在中温区，两种金属由于腐蚀产物在金属表面的不均匀分布，主要发生局部腐蚀，如点蚀等（类型Ⅱ）。在高温时，无论碳钢还是含铬钢，腐蚀产物可较好地沉积在金属表面，从而抑制金属的腐蚀（类型Ⅲ）。

实际上，CO_2 腐蚀是一种典型的局部腐蚀，其产物（$FeCO_3$）或无机垢（$CaCO_3$）在管柱表面不同区域覆盖度也不同，在不同区域间具有自催化特性的腐蚀电偶，在这种腐蚀电偶作用下产生 CO_2 局部腐蚀就是这种的结果。这一机理可以很好地解释水化学作用和矿场上发生局部腐蚀后会突然变得非常严重等现象。

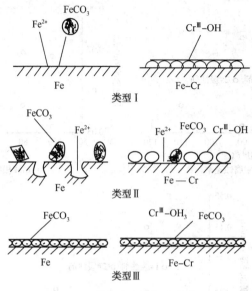

图 6.21　碳钢和含铬钢腐蚀类型

6.3.3　缓蚀剂与起泡剂的配伍性研究

1. 气泡剂性能评价

1) 起泡性评价

评价方法采用前面起泡剂的评价技术，具体研究方法是根据前面起泡剂的优选和缓蚀剂的筛选，采用地层水配制其混合溶液(起泡剂为 0.5%、抗氧化试剂为 1.5%、CO_2 缓蚀剂为 300ppm)，并将其混合溶液装入不锈钢高压容器内密封，置于恒温箱内，分别在 70℃和110℃条件下热老化 5d(即 120h)后取出进行分析，评价结果见表 6.21。

表 6.21　起泡剂的热稳定性评价结果

溶　液	80℃			110℃		
	发泡体积/mL	半衰期/min	泡沫综合值/mL·min	发泡体积/mL	半衰期/min	泡沫综合值/mL·min
FCY	785	253	198605	698	210	146580
混合溶液	866	268	232088	777	243	188811

由表 6.21 可知：在 70℃条件下老化 120h 后，混合溶液的发泡性能和半衰期都好于单独发泡剂下的情况，这主要是因为在添加的缓蚀剂具有表面活性和稳泡性能，使化学药剂之间发生协同效应，但在 110℃条件下的发泡能力和半衰期都有所降低，主要是因为高温下化学药剂可能发生热降解，但其变化不大，表明各种化学药剂之间具有一定的配伍性能。

2) 驱替实验评价

针对非均质油藏开展水驱后提高采收率研究，利用空气/空气泡沫技术进一步提高原油驱油效率。实验原理和条件均与空气/空气泡沫条件一致，但仅比较了注入速率为 2.0mL/min时，有无缓蚀剂的双管模型的采收率，结果见图 6.22。

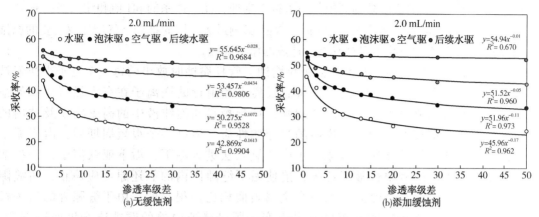

图 6.22 不同情况下的渗透率级差与采收率的关系

由实验可以看出：无论有无缓蚀剂，在相同注入速率条件下，渗透率级差增大时（1 增至 50），水驱、空气泡沫、空气驱和后续水驱采收率均有所降低，但各幅度不同。添加缓蚀剂时，在水驱和泡沫驱过程中的采收率略高于无缓蚀剂的采收率，主要原因是缓蚀剂具有一定表面活性，起到表面活性剂驱的作用；当空气驱和后续水驱效果略低于无缓蚀剂时，由于缓蚀剂消耗掉了部分氧气，与原油的低温氧化反应程度减少，但最终驱替效果差别不大，所以缓蚀剂对起泡剂的性能几乎无影响。

2. 缓蚀剂性能评价

采用高温高压缓蚀剂失重法。采用地层水配制其混合溶液（起泡剂 0.5%、抗氧化试剂 1.5%、CO_2 缓蚀剂 300ppm），考察了不同温度（70~110℃）和压力（5~25MPa）下，混合溶液对 N80 钢样作用 72h 后的腐蚀情况，结果见图 6.23。

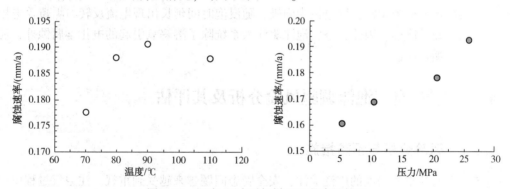

图 6.23 温度/压力对钢样 N80 的腐蚀情况

高温高压实验表明：混合溶液对钢样 N80 的腐蚀情况完全满足要求，说明各种化学药剂是相互配伍的。与单独缓蚀剂对钢样的腐蚀情况相比，混合溶液对钢样 N80 的腐蚀速度高于纯 O_2 实验，但低于纯 CO_2 的腐蚀程度。分析原因为空气与原油发生低温氧化反应，消耗掉部分 O_2，产出少量 CO_2，是 O_2 和 CO_2 共同作用的结果。

6.3.4 空气/空气泡沫腐蚀机理探讨

空气/空气泡沫调驱中注入体系的腐蚀情况较为复杂，在分析了可能对腐蚀造成影响的主要因素后发现，除地层的高温高压等不可抗因素外，注入体系的 pH 值和注入泡沫液中 O_2 的含量对腐蚀影响最大，离子因素中 Ca^{2+}、Mg^{2+} 影响最大，因此推测空气泡沫驱主要的腐蚀机理为溶解 O_2 产生的电化学腐蚀和结垢造成的垢下腐蚀。

氧腐蚀是金属与氧接触发生的去极化腐蚀，管柱腐蚀时放出的每一个电子很快就被溶解氧所吸收，生成了氢氧根离子，氢氧根离子和附近的铁离子在有大量氧存在的情况下，管壁的表面覆盖了一层腐蚀产物膜，且产物膜和泡沫液中的高聚物以及井内的污物混合，在管壁某处沉积，形成垢的半导体性质。经过一个很短周期后，由于垢下流体滞流作用使氧的扩散速度减小，水中的氧无法进入垢下，垢下亚铁离子无法扩散出去，垢下缝隙内的氧很快被消耗掉，迫使垢下缝隙区内的氧还原反应停止，垢缝隙内外形成氧浓差。垢下缝隙面积和整个金属表面相比是很小的，由于缝隙外的氧去极化反应仍在进行，氧还原的总速度几乎不变，所以缝隙内外的腐蚀速率仍保持不变。氧浓差电池是垢下缝隙腐蚀的起因，氧浓差电池使缝隙内成为阳极，而缝隙外成为阴极。随着腐蚀过程的进行，亚铁离子在缝隙内大量积聚，使垢下缝隙内正电荷不断增加，产生了电荷梯度。为了保持缝隙内的电中性，迁移性大的不断向缝隙内迁移，进入缝隙后不断与 Fe^{2+} 反应生成了高浓度的 $FeCl_2$，$FeCl_2$ 不断水解的结果使缝隙内的 pH 值逐渐下降而成为酸化区。缝隙内的低 pH 值又导致了氢去极化反应，使腐蚀速率迅速增加。

除溶解气体对金属造成的腐蚀以外，金属表面发生结垢也会加速腐蚀。研究表明，垢层对电极阳极溶解有一定的抑制作用，增加腐蚀电位，结垢后金属表面的腐蚀电流密度增大，垢层不致密会被击穿，从而加速金属的腐蚀。随着温度的升高，腐蚀垢层的形成对垢下基体进一步腐蚀有促进作用，腐蚀过程受扩散作用影响。只有在一定腐蚀电位范围内，垢层对金属才有防腐蚀作用，否则会加剧腐蚀。不同温度下，垢层电极和裸电极形成电偶腐蚀时，偶接初期，垢覆盖电极为阴极，裸电极为阳极，随浸泡时间延长出现电流反转，垢覆盖电极从阴极变为阳极而被腐蚀。因此，空气泡沫驱注入系统除了溶解氧引起的电化学腐蚀外，还存在结垢引起的垢下腐蚀。

6.4 空气/空气泡沫调驱风险分析及其评估

6.4.1 风险分析与预防措施

随着人们对注空气采油的广泛关注，安全隐患问题越来越受到重视。注空气过程中存在的安全隐患很多，主要包括注气设备(如空气压缩机、管线与其他设备)爆炸及其腐蚀风险、注采井爆炸风险以及油套管腐蚀风险等。

1. 风险性分析

1) 空气压缩机

空气压缩机存在的风险最多，发生事故概率也最大。由于注空气压缩机结构复杂、零部件多、运行速度快、内部摩擦多，且长期连续工作在高温、高压、强气流冲击、振动等恶劣工况条件下，压缩机故障频繁发生。其风险主要包括空气压缩机的爆炸、排气压力不足、排气量波动、噪声影响等。

（1）空气压缩机的爆炸。

根据事故现场情况分析判断，空压机爆炸的主要原因包括高温运行、积炭和供油不当等。

① 高温运行。

运行温度高的主要原因是冷却效果不好。一是因为冷却系统的结构存在着设计制造缺陷。二是冷却水质差，硬度高且含有杂质，使冷却系统逐渐结垢堵塞，缩小通道面积，使导热效果变差，影响冷却效果。部件质量低劣，尤其是进、排气阀使用寿命短，漏气严重，也是运行温度过高的重要原因。设备长期高温运行又大大加速了积炭的生成速度。

② 积炭。

积炭的形成首先与润滑油供给量有着密切联系。供油过少，气缸润滑不良，容易造成烧缸；供油过多，则易形成积炭。

高温运行还加速了润滑油的蒸发，一些相对分子质量较小的碳氢化合物会蒸发进入压缩空气中，使剩下一些固态较重的分子沉积下来成为积炭的一部分。润滑油的蒸发，气缸内的压缩气体实际上是空气和可燃油蒸气的混合物，与内燃机气缸内的情形极为相似。

积炭本身也易燃易爆，这时如遇积炭自燃，油质劣化闪点降低，排气管、气缸等温度过高或受机械冲击，气流中硬质颗粒在运动中冲击和碰撞，静电积聚引起积炭燃烧，都能引起着火爆炸。

③ 供油不当。

注油量偏高。操作工的意识存在偏差，认为注油量大的设备不至于烧缸，所以在操作上比较保守；再者在设备运行时，由于振动等原因，使注油器的锁母松动，比原来锁定的注油量大。

由于检修不及时或备件质量问题，造成机身与气缸间密封不严，油池的油大量窜到气缸内。

（2）排气压力异常。

排气压力异常主要是指空压机的排气压力不足，据空压机事故统计表明，这主要是因为气阀故障与空气滤芯故障。另外密封填料漏气、气阀组件与压缩机座接触面密封不严、活塞环磨损与泄漏、排气管道泄漏、弹簧疲劳断裂、阀片磨损或断裂等都会引起排气量的不足。

（3）排气量不足。

造成排气量不足的原因是，排气压力损失；管道阻力、吸气阀门阻力以及过滤器阻力的增大；吸气阀弹簧力过大，吸气阀片提前关闭；吸气温度高造成的气体体积就会膨胀；密封不严，填料磨损等造成的泄漏都会造成进气量的减少。

（4）机械故障。

空压机常常出现气阀故障、活塞杆断裂、轴烧瓦等机械事故，这主要是因为空压机长期连续工作在高温、高压、强气流冲击、振动等恶劣工况环境。同时由于注空气采油的排气压力高达十几兆帕甚至几十个兆帕，排气温度也高于100℃，而且注空气采油用的空压机没有经过专门的设计，在交变载荷的作用下，机械强度无法满足要求，就会发生机械事故。

（5）噪声危害。

压缩机噪声主要由进、出气口辐射的空气动力性噪声，结构件机械噪声和驱动机机械及电磁噪声组成。空压机噪声具有声压级高、低频突出、传播距离远、污染范围大等特点，特别是某些频率噪声与人的内脏器官固有频率相接近，易发生并产生共振，使人头晕、恶心、心跳过速、高血压等症状。严重影响工作人员的工作质量和生活质量，易引发安全事故。

2）注气管线

注气管线的风险主要为爆炸与腐蚀，其原因包括，管线内的铁锈及其他固体微粒随空气高速流动时产生摩擦热和碰撞（尤其在管道拐弯处）；空气流作用使管线与空气压缩机之间的阀门沾有油脂；管线漏气，其外围形成爆炸性气体滞留空间，遇明火发生着火或爆炸；空气压缩机着火导致注气管线着火或爆炸；管线腐蚀，导致其承受能力显著降低、破裂失效。

3）注入井和生产井

（1）注入井。

注入井的爆炸主要是因为空气注入压力低，导致油气回流到注气井，与空气混合发生燃烧爆炸反应。空气注入压力低的主要原因包括，空压机正常停注或故障停注，导致注入井压力突然为零；空压机的重新启动时，井口压力开始时也会低于设计压力；腐蚀穿孔引起的注气管线泄漏会导致注气量和注气压力不足；空压机排气量异常，注气压力不稳定；等等。

（2）生产井。

生产井爆炸主要是因为气窜或氧化不完全造成生产井中 O_2 含量过高，若有足够点火能量且在爆炸范围内，井下轻烃组分与 O_2 形成的混合性爆炸气体将发生爆炸。O_2 气窜或氧化不完全是注空气泡沫过程中最为关注的风险因素，其原因包括，油藏温度过低，导致氧化反应速度过慢甚至氧化过程停止，耗氧量很低，存在过剩氧；注采井距过短，导致 O_2 过早突破；油藏非均质严重或存在大孔道，导致空气沿高渗层或大孔道突破到生产井；产出气体的监测或预警措施不完善。

4）油套管腐蚀风险分析

由于注空气/空气泡沫现场井下油套管柱长期受到 O_2 腐蚀和 CO_2 腐蚀，会造成管柱金属大量脱落而堵塞地层，同时还会出现管壁断裂、点蚀或穿孔等现象。其中，注入井管柱主要受注入空气中的 O_2 腐蚀，生产井管柱主要受氧化反应产出的 CO_2 腐蚀。

5）其他设备风险分析

注空气泡沫工艺中涉及的辅助设备较多，它们的安全可靠性也至关重要，如注空气制动器、流量计、级间冷却器、涤气器、采出气分离器、远程终端控制系统以及气体监测系统等设备，在工程实施中应严格按照操作规程使用，在生产中更要加强设备的检修和维护工作。

2. 预防措施

1）空气压缩机预防措施

① 压缩机的设计、选型要合理，必须根据目的层的地质特征、开发年限以及最大注气量等因素来合理选择。

② 润滑油的选择和用量要适当，防止积炭产生；根据油田现场经验一般选用高温合成双脂润滑剂，防止高温爆炸。

③ 提高检修质量，严格控制因密封不严而使润滑油窜入气缸内。

④ 采用铜制波纹管式冷却器芯，定期清理冷却器内的积炭。

⑤ 加强管理，定期巡检，及时调整制定设备保养和排污周期；及时调整风压，避免空负荷运转。

⑥ 空气高压压缩采用级间冷却方式，排气温度控制在 150℃ 以下。

2）注气管线预防措施

① 注气管线内部涂层防止生锈，减少锈皮与高速流动的空气摩擦产生热，防止爆炸隐患。

② 尽量减小注气管线的拐弯，应采用焊接连接管道，阀门和附件等的连接部位可采用法兰或螺纹连接。

③ 选用适当的防腐剂，降低氧腐蚀。

④ 进行气密性和泄露性检测实验，防止管线泄漏。

3）注入井预防措施

（1）爆炸预防。

① 对注气管线进行内部涂层，防止内部生锈，减少锈皮与高速流动的空气摩擦产生的热。

② 尽量减小注气管线的拐弯，管道连接应采用焊接，但与设备、阀门和附件的连接处可采用法兰或螺纹连接。

③ 防止空气压缩机爆炸，将明火倒入管道内部。

④ 进行气密性和泄露性实验防止管线泄漏。

（2）防腐预防。

由于井下管柱长期受到 O_2 腐蚀和 CO_2 腐蚀，如果不采用防腐油管，只采用金属管柱，则管柱会因 O_2 腐蚀和 CO_2 腐蚀造成大量脱落而堵塞地层，同时还会出现管壁断裂、点蚀或穿孔等现象。对于生产井和注气井可以通过挂片和电化学方法以及分析水样品中铁的含量等来检测腐蚀情况。对有明显腐蚀的油井，我们必须采取一定的措施来减缓腐蚀，延长油套管的使用寿命。

4）生产井爆炸预防措施

① 在工程开始之前，应筛选确定适合注空气的目标油藏，深入研究油藏动态，进行室内氧化实验研究，评估注空气低温氧化工艺技术可行性。

② 生产过程中应进行气体监测分析，重点监测与注气井连通性极强的生产井中气体排量和组分检测，气体的排量显示了油藏内气体流动的选择方向，并对注入区域内的空气限量进行评价。检测产出气的组分至少应包括 O_2、CH_4、N_2 和 CO_2，N_2 和 CO_2 是解释氧气带温度的关键组分。

③ 通过对油井气体量和成分的监测分析，进一步研究油藏内的氧化反应状态和气体流动途径，改进工艺，优化注采井的位置和注气量，提高低温氧化效率和原油采收率。

5）其他设备预防措施

注空气工艺中涉及的其他辅助设备较多，在注空气项目实施中目前报道的火灾事故只有两起，均是发生在辅助设备上的，可见其安全可靠性也至关重要，如注空气控制制动器、流量计、级间冷却器、涤气器、分离器、远程终端控制系统以及气体监测系统等设备。在工程实施中应严格按照操作规程使用，在生产中更要加强设备的检修和维护工作。

3. 产出气的处理

在注空气采油中，注入气中 O_2 在油藏中发生低温氧化反应，放出大量热量使油藏温度升高，促使烃组分蒸发，生产井产出气中含有 CO_2、少量的 CO、轻烃组分和 O_2 等废气。这些废气不能直接排放到大气中，以免污染环境。为了防止废气对环境的污染，应尽量控制其排放量，合理利用。根据油田工况，对产出气采取适当的处理方式，燃烧产出气，重新注入地层，还可以将油气分离回收利用。目前对于产出气的处理方法也做了很多研究，主要有：①放空燃烧。②回注。③与其他的油田气体混合进入系统。④用于驱动燃气涡轮发电机。⑤产出气中烃类气体的回收利用等。从环境和经济效益出发，最好的处理方法是能进一步回收利用，给生产带来经济效益。

对于产出气中的 CO，采用催化氧化方法来消除。催化氧化相比于其他方法有很大的优势，操作方便。催化氧化在环境温度下将 CO 与 O_2 发生反应生成 CO_2。

6.4.2 风险评估及控制措施

1. 风险评估

1）事故树分析

根据前面的风险分析和国内外现场应用的实际经验可知，注空气采油技术存在的风险较大，容易发生生产井爆炸、注入井爆炸、空压机爆炸以及腐蚀等事故，为避免出现危险事故，应采取风险分析和评价方法，及时发现存在的安全隐患，将事故控制在可接受的范围内。事故树分析法（Fault-TreeAnalysis），又称故障树分析，是故障事件在一定条件下的逻辑推理方法，风险评价中应用较多方法之一。主要原理是把系统不希望出现的事件作为事故树的顶事件，用规定的逻辑符号自上而下分析导致顶事件发生所有可能的直接因素及其相互间的逻辑关系，并由此逐步深入分析，直到找出事故的基本原因，即事故树的基本事件为止。事故树评价的最终目的是找出系统薄弱环节，提高系统的安全性和可靠性（图 6.24）。

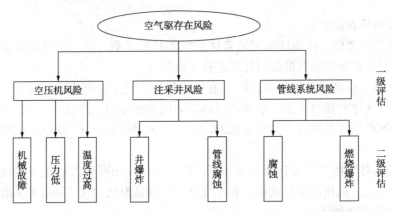

图 6.24 空气/空气泡沫调驱工艺事故树分析图

（1）风险彼此关联。一个安全隐患的发生很可能诱发其他风险的连锁反应，所以在工程施工中要对每个环节把好关，严格控制各个风险。

（2）通过定性对注气开采事故分析，将注采工艺进行单元细分，综合分析各个安全隐患，对事故树进行更低层次的风险评估，图 6.24 分到二级评估，可以将二级评估继续分析安全隐患，分到三级或四级评估。

（3）事故树定量分析是建立在注气采油过程中各个实际数据之上的，通过分析采集的数据，确定事故中的重要因素以及发生的可能性，用以指导制定相应的安全措施，防止事故的发生或扩大。

2）岗位风险分析

评价栏中的符号表示危害或潜在事件的风险度大小。"○"表示风险度为 1~5；"△"表示风险度为 6~10(表 6.22)。

表 6.22 注气岗位作业程序表

作业项目	作业程序	工 具	事 件	评 价	安全操作方法
空压机启动前检查	检查空压机	扳手	损坏设备	△	启泵前检查空压机的连接、紧固部位、润滑、仪表情况及保护装置、系统情况
	检查开关箱			○	检查开关箱是否漏电，打开开关箱，检查三相电压检查三相电压平衡，合空气开关
	倒流程	F扳手		○	空压机放空阀门全开，出口阀门关闭
	盘空压机		机械损坏	△	用手盘空压机，检查转动情况
空压机启动	盘联轴器		铁碰伤手头发绞入	△	长发盘入帽内，脱掉手套，转动联轴器盘泵
	启动		触电	△	空气开关拨至"ON"，按启动按钮
	升压	F扳手			人站在阀门侧面，打开出口阀，缓慢关闭放空阀门，压力升到工作压力
	巡回检查		检查不仔细，造成设备事故	△	按巡回检查路线、内容仔细检查，记录各项参数、资料
空压机运行检查	检查机油压力		不检查，空压机烧瓦	△	检查机油位必须在 1/2~2/3，油质合格，压力在 0.2MPa 以上
	检查各级压力		检查各级压力过高或过低，冷却器堵塞	△	发现各级压力过高或过低及时处理
	检查减速箱		有异响未发现，减速箱损坏	△	听转动声音有无异常
	检查排污		冷却器堵塞，	△	定时检查，及时排污
	检查电机		电机温度过高，烧电机	△	用手背摸电机，检查电机温度
停机	泄压		站位不对，阀门部件脱出伤人	△	人站在阀门侧面，缓慢、平稳打开放空阀门，关闭出口阀门。
	停机		触电	△	打开开关箱前，要检查开关箱上否漏电。按停止按钮，空气开关拨至"OFF"

2. 控制措施

（1）安装安全防爆防漏监测系统，自动计量注入气体；注气井安装井口控制器，防止回流和过高压力；井下可采用封隔器和回流控制阀等装置，防止注入井内压力低于油藏压力，减少油气进入注气井。

（2）所有管子经钝化处理，减轻内部生锈、腐蚀和结垢程度；注入管线采用加入高压润滑脂防腐，生产井采用环空加缓蚀剂防腐；空气压缩机采用特殊高温润滑剂，降低爆炸危险；准备两台压缩机，留有余量，保证注气量恒定。

（3）注空气前实施环空管柱充 N_2 保护；当空气停注超过 30min 时，用 N_2、水或2%的氯化钾水溶液将井筒内的空气泵入地层；如果产出气油比较小且无污染，则产出气体可放空；原油集输采用单罐计量集输管理。

（4）当监测到生产井内 O_2 浓度超过3%时，应启动安全预警措施；当 O_2 浓度达到5%时，油井关井，注入井停注；关井一段时间后，连续取样监测生产井内的 O_2 含量，当 O_2 浓度小于3%时，油井恢复生产；当 O_2 浓度小于1%时，注入井恢复注入空气、空气泡沫或注水等措施。

（5）正确履行注入、观察、生产和监控程序，确保各个环节安全运行；制定严格的检修制度，定期进行工艺设备的检修、清理、除垢等工作，及时发现潜在的安全隐患；成立安全管理工作领导小组，执行有关安全、环保及井控规定；建立、健全各项管理制度并认真实施，确保各个环节安全运行、各项操作严格按规程执行。

第7章 矿场试验与效果监测

在对国内外空气/空气泡沫调驱技术大量调研分析以及低渗轻质原油性质，开展了室内低温氧化实验、空气泡沫体系评价及空气/空气泡沫调驱实验室内研究；针对空气/空气泡沫调驱技术的安全性，在室内研究了耗氧剂、缓蚀剂等性能；另外，分析了该技术实施过程中的风险，对其分析进行了评估并制定了相应的控制措施。结合上述国内外调研和室内实验研究，并有针对性地开展了矿场试验，最后根据矿场试验和检测结果，探讨了空气/空气泡沫调驱技术的适用性。

7.1 试验区储层地质特征

7.1.1 储层岩石学特征

因空气/空气泡沫技术中的 LTO 与储层黏土矿物成分相关，分析试验区井组的矿物成分；试验区内仅取一个井组作为先导性试验区，共有 9 口井(1 口注入井，8 口生产井)，仅有 1 口(L1 井)取心井，即岩心深度 1083.53m、1086.31m、1087.27m 处骨架颗粒以石英和钾长石为主，次要的岩石组分包括燧石、变质石英岩、花岗岩及或砂岩、黏土岩和片岩；可视孔隙度分别为 9.2%、12.8%、13.2%(图 7.1)。综合分析，砂岩的颗粒成分主要由石英、钾长石、碳酸盐矿物和云母组成，为长石石英砂岩(表 7.1 和图 7.1)。

(a)1083.53m处薄片   (b)1086.31m处薄片

(c)1087.27m处薄片

图 7.1 L1 井 1083.53m 处薄片

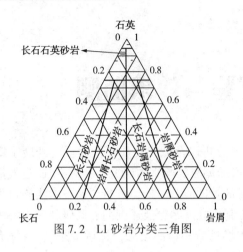

图 7.2 L1 砂岩分类三角图

填隙物按成因可以分为杂基和胶结物两类。杂基主要指粒度小于 0.03mm 形成于同生期的非化学沉淀陆源碎屑颗粒，主要有高岭石、水云母、绿泥石等。胶结物是指成岩期在颗粒之间孔隙中或缝隙中由于孔隙水的物理化学条件变化而形成的化学沉淀物，主要是碳酸盐、硅质、自生黏土矿物和硫化物（黄铁矿）等。研究区填隙物经 X-射线衍射样品分析可知，黏土矿物由伊利石和绿泥石组成，高岭石含量很少，未见蒙脱石（表 7.1）。

表 7.1 L1 井岩心分析统计表

层 位	深度/m	薄片分析含量/%			X-射线分析含量/%			
		石英	长石	岩屑	伊利石	绿泥石	高岭石	合计
L×井 CW4[6]	1083.53	91.71	5.37	2.93	2.94	6.75	0.03	9.72
	1086.31	91.24	6.19	2.58	3.07	7.59	0.05	10.71
	1087.27	91.33	6.63	2.04	3.38	7.03	0.06	10.47

7.1.2 储层成岩作用

成岩作用与储集层性质密切相关，因此一直是沉积学和油气地质学研究者关注的焦点之一。李忠等对成岩作用的发展历史进行了总结，将成岩作用的研究总结为 4 个大的阶段（表 7.2）。

表 7.2 成岩作用研究发展阶段和主要标志

成岩作用研究历史	成岩作用研究发展的主要标志
1990 年至今	地质流体、水-岩相互作用及其过程模拟、成岩过程中生物作用研究兴起；提出 diageneticist 一词（K. H. Wolf, 1994）
20 世纪 70 年代中期~20 世纪 80 年代：定量化和多学科研究	在深埋次生孔隙、白云岩化、成烃-成岩相互作用等方面取得突破性认识；推动了油气工业的发展（Schmidtetal., 1977; Zengeretal., 1980; Surdametal., 1984; Gautier, 1986）
20 世纪 50 年代~20 世纪 70 年代早期：岩作用独立研究及奠基阶段	对早期成岩作用、层控矿床的研究改变了沉积岩石学的传统观念；碳酸盐岩成岩作用研究取得突破（Paryetal., 1965; Bathurst, 1971）
1890 年~20 世纪 40 年代：一般成岩现象的观察描述阶段	依附于沉积岩岩类组构和碎屑物源分析；提出 diagenesis 一词

对研究区成岩作用研究，研究区内的成岩作用主要有压实、胶结、溶蚀、交代等作用。其中以压实、胶结及溶蚀作用为主，同时这三种成岩作用对储渗空间影响较大。

1）压实作用

压实作用是指沉积物在上覆沉积重荷作用下，水分不断排出，孔隙度不断降低，体积不断缩小而成为固结的岩石。该作用包括机械压实和化学压溶，其中机械压实主要发生在早期成岩阶段，化学压溶发生在晚期成岩阶段。

研究区的长砂岩压实作用主要体现在改变颗粒间接触关系。随着压实作用的增强，接触关系由点接触发展成为点、线接触、颗粒定向排列，见图7.3和图7.4。常见片状矿物如云母片、长条状矿物如石英等的定向排列，在镜下碎屑颗粒略具方向性；塑性颗粒如云母片、泥岩岩屑等弯曲变形、拉长，有的挤入孔隙中形成假杂基。

 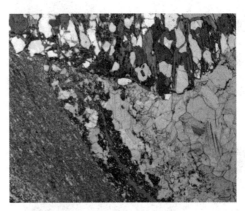

图7.3　颗粒定向排列　　　　　　　　　图7.4　塑性颗粒被拉长

2）胶结作用

（1）早期绿泥石的胶结。

沉积不久后就形成了绿泥石的早期胶结。绿泥石多呈环状分布，形成薄膜式胶结，均匀地包绕在碎屑颗粒表面，阻碍了碎屑颗粒与孔隙水接触，减少了其他胶结物的沉淀，对储层的孔隙及其结构有明显的保护作用，但也大大缩小了储层的孔道(图7.5)。

（2）次生石英、长石加大作用。

次生石英是硅质胶结物最常见的形式，也有呈非晶质蛋白石、微晶石英、纤维状玉髓的形式的。在成分成熟度高的石英砂岩中，次生石英加大最为发育，往往能使碎屑石英变成良

图7.5　叶片状绿泥石

好的自形晶。扫描电镜下(图7.6和图7.7)，观察到次生石英加大晶体向孔隙中生长，充填于孔隙或粒间孔中，从而进一步降低了储层的孔隙度，同时使储层物性变差。

（3）碳酸盐胶结作用。

碳酸盐胶结物可形成于不同的成岩阶段。当砂岩中碳酸盐胶结物呈嵌晶状，碎屑颗粒呈漂浮状，则此胶结物形成于未经压实的浅埋藏阶段。在深埋藏阶段所形成的碳酸盐，往往晶粒较大，多为微-粗晶，成分上多含 Fe^{2+} 和 Mn^{2+}，常与蒙脱石向伊利石转化过程中析出的 Fe^{2+} 和 Mn^{2+} 有关。研究区的碳酸盐胶结物，有方解石、铁方解石、铁白云石等(图7.8和图7.9)。早期碳酸盐胶结阻止了压实作用，但其充填形成致密储层，导致粒间孔隙全部丧失殆尽，次生孔隙难以发育，非均质性增强。

图 7.6　致密方解石轻度腐蚀

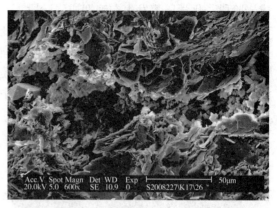

图 7.7　黏土矿物紧密胶结充填

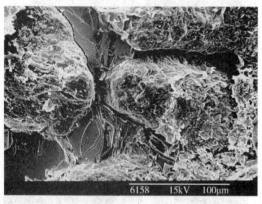

图 7.8　方解石胶结物全充填粒间孔,镶嵌胶结

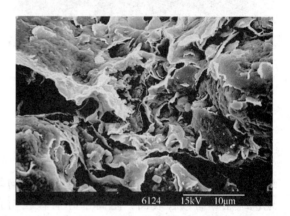

图 7.9　黏土矿物伊利石/蒙脱石充填孔隙

3）溶蚀作用

溶解作用是在地下深部,碎屑岩中各种组分、胶结物及杂基,在特定的环境下发生了溶解作用而形成了次生孔隙;溶蚀作用是矿物组分的不一致溶解,所形成的新矿物的化学组成与被溶矿物相近,如长石的高岭土化。研究区的储层受不同程度的溶蚀作用,形成次生孔隙,对改善砂岩储层的储集性能起积极作用(图7.10和图7.11)。

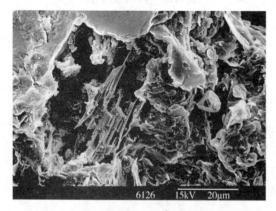

图 7.10　溶蚀严重的个别颗粒形成粒内孔隙

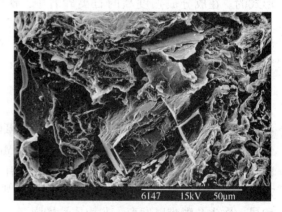

图 7.11　溶蚀现象不显著,粒内孔不发育

7.1.3 地质特征及非均质性

1. 地质特征

1）油层发育状况

研究区内油层构造较为平缓，地层倾角为3°左右。区块断层发育，断距较大，共发育断层18条，均属正断层，断层走向均为北北西向，最大延伸长度为6.6km，最小延伸长度只有0.5km，最大断距为92.0m，最小断距为1.2m，断层平均倾角为52°左右。油层主要以正韵律和多段多韵律为主，河道砂发育规模明显变小，层数增多，厚度变薄、渗透率变低。

研究区内总体属于低孔、低渗储层。油层平均单井钻遇砂岩厚度为20.4m，有效厚度为15.4m，渗透率为$4.46\times10^{-3}\mu m^2$，其中河道砂砂岩厚度为10.4m，钻遇率为51.0%，有效厚度为8.9m，钻遇率为57.6%，渗透率为$4.71\times10^{-3}\mu m^2$。各单元的河道砂及渗透率分布存在一定的差异（表7.3）。油层非均质特征表现为正韵律和多段多韵律为主，平面上河道砂与河间砂交错分布，平面矛盾突出。

表7.3 研究区内油层厚度分级统计表

单元	有效≥2.0m			1.0m≤有效<2.0m			有效≤1.0m		
	砂岩/m	有效/m	渗透率/$10^{-3}\mu m^2$	砂岩/m	有效/m	渗透率/$10^{-3}\mu m^2$	砂岩/m	有效/m	渗透率/$10^{-3}\mu m^2$
1#	2.17	2.15	3.80	1.71	1.64	2.80	0.94	0.85	3.30
2#	2.92	2.78	4.00	2.12	1.94	2.90	2.10	1.78	3.60
3#	3.61	3.45	10.70	1.91	1.81	8.80	2.58	2.32	10.40
4#	3.00	2.91	10.70	1.77	1.72	9.50	1.83	1.68	10.40
5#	2.69	2.58	9.70	1.86	1.76	8.20	1.61	1.41	9.30
6#	3.80	3.50	4.10	1.85	1.72	2.40	2.71	2.28	3.80
7#	2.66	2.56	10.00	1.97	1.84	7.90	1.68	1.46	9.20
8#	2.47	2.42	4.90	1.87	1.79	3.00	1.41	1.27	4.10
9#	2.65	2.55	4.70	1.92	1.79	3.00	1.63	1.40	4.10
10#	3.17	3.03	0.48	1.88	1.79	0.36	2.10	1.88	0.45
11#	2.03	2.03	0.44	1.73	1.70	0.48	0.82	0.79	0.48
12#	2.76	2.65	0.43	1.81	1.73	0.32	1.63	1.44	0.40
13#	2.66	2.58	0.47	1.77	1.69	0.27	1.49	1.32	0.42
14#	2.36	2.32	0.47	1.79	1.72	0.27	1.21	1.09	0.39
15#	2.64	2.53	9.00	1.82	1.72	7.70	1.52	1.31	8.60
合计/平均	41.6	40.0	4.93	27.8	26.4	3.86	25.3	22.3	4.60

2）沉积特征

研究区内各单元由于沉积环境不同，单元厚度、渗透率存在较大差异，导致各单元的钻遇率也有较大差别，其中河道砂分布广，河道砂体钻遇率在6.36%~60.60%，砂体的连通性较好。其中，3#、4#沉积单元相似，是区块河道砂分布最广泛的沉积单元，河道砂体钻遇率分别为60.60%、57.17%，3#沉积单元西部发育成片的表外层，钻遇率为12.80%，4#沉积单元东侧河道内有一大片尖灭区，尖灭占16.74%（表7.4）。

表 7.4 研究区内钻遇率统计表　　　　　　　　　　单位:%

单 元	河道砂/%	河间砂		表外/%	尖灭/%
		≥1m	<1m		
1#	9.49	9.31	19.30	26.19	35.70
2#	47.27	11.858	15.81	11.45	13.62
3#	60.60	8.428	10.57	12.80	7.60
4#	57.17	9.8	9.02	7.28	16.74
5#	25.45	12.348	12.32	18.43	31.45
6#	46.97	11.368	16.01	15.33	10.34
7#	29.29	16.66	33.76	14.74	5.55
8#	24.85	11.564	27.65	23.28	12.67
9#	27.78	13.622	28.32	25.32	4.96
10#	49.29	7.742	18.24	19.11	5.63
11#	6.36	10.976	29.20	24.83	28.63
12#	27.07	11.172	11.83	17.36	32.56
13#	17.37	14.504	10.19	16.10	41.84
14#	12.63	14.308	12.13	14.45	46.49
15#	24.04	10.29	14.94	14.84	35.89
平均	31.04	11.60	17.95	17.43	21.98

3) 油层水淹特征

研究区层内水淹程度差异较大,有效厚度大于 1.0m 的油层低未水淹厚度比例低于 30%;有效厚度小于 1.0m 的油层低未水淹厚度比例高于 40%。新钻井水淹层解释资料表明,有效厚度大于 2.0m 的层全部见水,层内低未水淹厚度比例占 27.5%(表 7.5);有效厚度 1~2.0m 的层仅有 0.5%未见水,层内低未水淹厚度比例占 27.7%;有效厚度 0.5~1.0m 的层有 3.0%未见水层,层内低未水淹厚度比例达到 42.7%,有效厚度小于 0.5m 的油层有 21.4%未见水层,层内低未水淹厚度比例 57.7%。目的层的 15 个沉积单元,层内高水淹、中水淹、低水淹、未水淹比例分别为 32.4%、38.3%、25.8%、3.5%,高中水淹比例高达 70.6%。其中有效厚度大于等于 2m 的油层层内高中水淹比例 72.5%,低未水淹比例 27.5%;有效厚度 1~2m 的油层层内高中水淹比例 72.3%,低未水淹比例 27.7%;有效厚度 0.5~1m 的油层层内高中水淹比例 58.3%,低未水淹比例 41.7%;小于 0.5m 油层高中水淹比例 42.3%,低未水淹比例 57.7%。

表 7.5 研究区内水淹状况统计表

有效 分级/ m	层间见水/%												层内水淹/%			
	高水淹			中水淹			低水淹			未水淹			高水淹	中水淹	低水淹	未水淹
	层数	砂岩	有效	层数	砂岩	有效	层数	砂岩	有效	层数	砂岩	有效	有效	有效	有效	有效
≥2.0	74.0	73.6	74.1	23.0	22.9	22.5	3.1	3.5	3.4	—	—	—	35.3	37.1	25.4	2.2
1~2	49.9	49.8	51.8	39.3	40.0	38.5	10.2	9.6	9.2	0.6	0.6	0.5	30.9	41.4	23.8	3.9

续表

有效分级/m	层间见水/%												层内水淹/%			
	高水淹			中水淹			低水淹			未水淹			高水淹	中水淹	低水淹	未水淹
	层数	砂岩	有效	层数	砂岩	有效	层数	砂岩	有效	层数	砂岩	有效	有效	有效	有效	有效
0.5~1	22.9	22.2	24.2	41.9	42.2	42.3	31.8	31.7	30.5	3.3	3.9	3.0	21.2	37.1	33.6	8.1
<0.5	1.7	3.4	5.1	11.2	26.5	37.8	12.0	24.9	35.7	75.1	45.2	21.4	5.1	37.3	35.9	21.8
合计	37.2	58.3	62.8	25.7	29.6	28.6	11.8	9.1	7.7	25.2	3.1	0.9	32.4	38.3	25.8	3.5

2. 储层物性及非均质性

储层物性参数是标定储层属性和规律的尺度，也是储层综合评价与量化的依据。

1）储层物性分析

（1）压汞法。

压汞法以毛管束模型为基础，假设多孔介质是由直径大小不相等的毛管束组成。汞不润湿岩石表面是非润湿相，相对来说，岩石孔隙中的空气或汞蒸气是润湿相。因此，往岩石孔隙中压注汞是用非润湿相驱替润湿相。当注入压力高于孔隙喉道对应的毛管压力时，汞即进入孔隙之中，此时注入压力就相当于毛细管压力，所对应的毛细管半径为孔隙喉道半径，进入孔隙中的汞体积即该喉道所连通的孔隙体积。不断改变注入压力，就可以得到孔隙分布曲线和毛管压力曲线（图7.12），其计算公式，如式（7-1）所示：

$$P_c = \frac{2\sigma\cos\theta}{r} \qquad (7-1)$$

可得孔隙半径 r 所对应的毛管压力为：

$$r = \frac{0.735}{P_c}$$

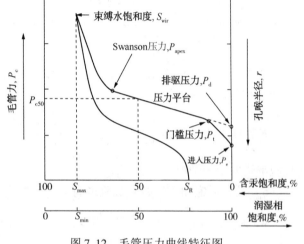

图 7.12 毛管压力曲线特征图

式中 P_c ——毛细管压力，MPa；

　　　σ ——汞与空气的界面张力，$\sigma = 480$dyn/cm；

　　　θ ——汞与岩石的润湿角，$\theta = 140°$，$\cos\theta = 0.765$；

　　　r ——孔隙半径，μm。

描述孔喉大小分布定量指标主要有以下参数：排驱压力、中值压力、最大连通孔隙半径、孔隙半径中值、平均孔隙半径、半径均值、最大汞饱和度、最终剩余汞饱和度、仪器最大退出效率、分选系数、结构系数、孔隙度峰位、渗透率峰位、渗透率峰值、孔隙度峰值、歪度、相对分选系数、特征结构参数、均质系数等。

P_d 排驱压力（MPa）：指非润湿相开始进入岩样最大喉道的压力，也就是非润湿相刚开始进入岩样的压力。

r_{max} 最大孔喉半径(μm)$\left(r_{max}=\dfrac{0.7354}{P_d}\right)$：压力为排驱压力时非润湿相进入岩石的孔喉半径为最大孔喉半径，其与 P_d 都是表示岩石渗透性好坏的重要参数。

P_{50} 饱和度中值压力(MPa)：非润湿相饱和度50%时相应的毛管压力为 P_{50}，其数值越小反映岩石渗滤性越好，产能越高。

r_{50} 孔喉半径中值(μm)$\left(r_{50}=\dfrac{0.7354}{P_{50}}\right)$：非润湿相饱和度为50%时相应的孔喉半径为 r_{50}，它可近似地代表样品的平均孔喉半径。

$\bar{r}$ 孔喉半径平均值(μm)$\left[\bar{r}=\dfrac{\sum(r_{i-1}+r_i)(s_i-s_{i-1})}{2\sum(s_i-s_{i-1})}\right]$：它是表示岩石平均孔喉半径大小的参数。采用半径对汞饱和度的权衡求出。

α 均质系数$\left(\alpha=\dfrac{\sum\limits_{i=1}^{n}\dfrac{r_i}{r_{max}}\times\Delta S_i}{\sum\limits_{i=1}^{n}\Delta S_i}=\dfrac{1}{r_{max}\times S_{max}}\int_0^{S_{max}}r_{(s)}\times dS\right)$：均质系数表征储油岩石孔隙介质中每一个孔喉($r_i$)与最大孔喉半径的偏离程度，$\alpha$ 在 $0\sim1$ 之间变化，α 的值愈大，孔喉分布愈均匀。

F 岩性系数$\left(F=\dfrac{K}{0.0000111333\phi\int_0^{S_{max}}r_{(S)}^2 dS}\right)$：它是岩样实测渗透率与计算渗透率之比，反映喉道的迁曲情况。

S_{max} 最大汞饱和度(%)：实验最高压力时的累计汞饱和度。

We 退汞效率(%)$\left(We=\dfrac{S_{max}-S_{min}}{S_{max}}\times100\%\right)$：在限定的压力范围内，从最大注入压力降到起始压力时，从岩样内退出的水银体积与降压前注入的水银总体积的百分数。它反映了非湿相毛细管效应采收率。

ϕ_p 结构系数$\left[\phi_p=\dfrac{\phi}{8K}(\bar{r})^2\right]$：它表征了真实岩石孔隙特征与假想的长度相等、粗细不同的圆柱形平行毛管束模型之间的差别，它的数值是影响这种差别的各种综合因素的度量。

$1/D_r\varphi_p$ 特征结构系数：它是相对分选系数 D_r 与结构系数 φ_p 乘积的倒数，既反映孔喉分选程度，又反映孔喉连通程度，此值愈小，岩样孔隙结构愈差。

S_{KP} 偏态(又称歪度)$\left[S_{kp}=\dfrac{S_p^{-3}\times\sum(r_i-\bar{r})^3\times\Delta S_i}{\sum\Delta S_i}\right]$：表示孔喉大小分布对称性的参数，当 $S_{KP}=0$ 时为对称分布；$S_{KP}>0$ 时为正偏(粗歪度)；$S_{KP}<0$ 时为负偏(细歪度)。

K_p 峰态$\left[K_p=\dfrac{S_p^{-4}\times\sum(r_i-\bar{r})^4\times\Delta S_i}{\sum\Delta S_i}\right]$：表示孔喉分布频率曲线陡峭程度的参数，当 $K_p=1$ 时为正态分布曲线；$K_p>1$ 时为高尖峰曲线；$K_p<1$ 时为缓峰或双峰曲线。

D_r变异系数 $\left[D_r = \dfrac{S_p}{\bar{r}} = \dfrac{1}{\bar{r}} \sqrt{\dfrac{\sum (r_i - \bar{r})^2 \times \Delta S_i}{\sum \Delta S_i}} \right]$：又称相对分选系数，能更好反映孔

喉大小分布均匀程度的参数。数值越小，孔喉分布越均匀。

K_j渗透率贡献值（%）$\left(K_j = \dfrac{\displaystyle\int_{S_j}^{S_{j+1}} r_{(S)}^2 \, dS}{\displaystyle\int_0^{S_{max}} r_{(S)}^2 \, dS} \right)$：以某孔喉半径所能提供的渗透率百分数。

$J(S_w)$函数 $\left[J(S_w) = \dfrac{P_c}{\sigma} \left(\dfrac{k}{\phi} \right)^{0.5} \right]$：又称为毛管力函数，是基于因次分析推论出的一个半经验关系的无因次函数，它是毛管力曲线的一个很好的综合处理方法，并可用来鉴别岩石的物性特征。

执行石油天然气行业标准《岩石毛管压力曲线的测定》（SY/T 5346—2005），针对研究区进行了压汞实验，其中原始数据见表 7.6、表 7.7 和图 7.13；其余的见附表 3。

表 7.6 试验区井组岩心毛管压力曲线的测定统计表

基本参数			
地 区	—	井 号	
样品号	34	井深/m	1129.84~1129.87
层 位	—	岩 性	—
孔隙度/%	13.00	渗透率/$10^{-3}\mu m^2$	3.72
样品体积/cm^3	8.427	样品重量/g	20.225

压汞特征参数			
门槛压力/MPa	0.1894	最大孔喉半径/μm	3.8808
中值压力/MPa	5.4165	中值半径/μm	0.1357
分选系数	3.3019	最大进汞饱和度/%	76.5928
变异系数	0.3906	未饱和汞饱和度/%	23.4072
均值系数	8.4533	残留汞饱和度/%	61.8851
歪度系数	1.8548	退出效率/%	19.2024

实验数据					
序号	进汞压力/MPa	孔喉半径/μm	进汞饱和度/%	渗透率贡献/%	退汞饱和度/%	退汞压力/MPa
1	0.0044	168.3654	0.0000	0.0000	61.8851	0.1324
2	0.0073	100.9702	0.0000	0.0000	66.7745	0.5180
3	0.0117	62.8560	0.0000	0.0000	68.1320	1.0108
4	0.0183	40.2370	0.0000	0.0000	69.4900	2.0169
5	0.0291	25.3031	0.0000	0.0000	70.9632	4.0136
6	0.0465	15.8111	0.0000	0.0000	71.7892	6.0043
7	0.0739	9.9544	0.0000	0.0000	72.3488	8.0151
8	0.1197	6.1413	0.0000	0.0000	72.8154	9.9915

		基本参数			
序号	进汞压力/MPa	孔喉半径/μm	进汞饱和度/%	渗透率贡献/%	退汞饱和度/%	退汞压力/MPa
9	0.1894	3.8830	0.3226	5.7498	73.1569	12.0143
10	0.2820	2.6080	5.0448	34.8827	73.4089	14.0316
11	0.4560	1.6127	17.3661	39.1138	73.6917	16.0220
12	0.7226	1.0177	29.3686	14.7373	73.9377	18.0200
13	1.1644	0.6316	37.9478	4.1555	74.1866	20.0337
14	1.8060	0.4072	42.8432	0.9333	74.8731	25.0536
15	2.8992	0.2537	46.4805	0.2826	75.9231	30.0568
16	4.4969	0.1635	49.0873	0.0802	76.2546	40.0724
17	7.3862	0.0996	51.9550	0.0355	76.5804	60.0641
18	11.7772	0.0624	55.1397	0.0149	76.6302	80.0458
19	18.1621	0.0405	59.3323	0.0078	76.6302	100.0584
20	29.1847	0.0252	65.5515	0.0048	76.6302	120.0442
21	45.6006	0.0161	69.8657	0.0013	76.6302	140.0361
22	74.4092	0.0099	73.2128	0.0004	76.6302	160.0260
23	118.7278	0.0062	75.1990	0.0001	76.6302	179.9134
24	200.2410	0.0037	76.5928	0.0000	76.6302	194.8245

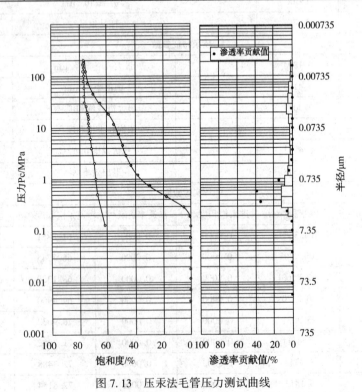

图 7.13　压汞法毛管压力测试曲线

表 7.7 研究区毛管压力曲线的测定统计表

参 数	实验1	实验2	实验3	实验4	实验5	实验6	实验7	最 小	最 大	平 均
孔隙度/%	13.00	17.50	18.80	23.10	19.10	14.90	15.70	13.00	23.10	17.44
渗透率/$10^{-3}\mu m^2$	3.72	82.9	23.7	35.5	18	1.61	5.58	1.61	82.90	24.43
门槛压力/MPa	0.1894	4.4965	0.2839	0.0291	0.0183	0.0291	0.0465	0.0183	4.4965	0.7275
中值压力/MPa	5.4165	54.3377	67.0520	1.5522	10.2924	45.1409	16.3303	1.5522	67.0520	28.5889
分选系数	3.3019	4.3750	4.5377	3.3791	3.6893	4.0190	3.9350	3.3019	4.5377	3.8910
变异系数	0.3906	0.4804	0.5276	0.3371	0.3715	0.4084	0.6117	0.3371	0.6117	0.4468
均值系数	8.4533	9.1068	8.6008	10.0241	9.9320	9.8409	6.4330	6.4330	10.0241	8.9130
歪度系数	1.8548	1.3499	1.4716	0.7273	0.8165	1.2082	1.9211	0.7273	1.9211	1.3356
最大孔喉半径/μm	3.8808	0.1635	2.5889	25.2916	40.1440	25.2892	15.8024	0.1635	40.1440	16.1658
中值半径/μm	0.1357	0.0135	0.0110	0.4735	0.0714	0.0163	0.0450	0.0110	0.4735	0.1095
最大进汞饱和度/%	76.5928	62.8271	62.1524	94.0295	87.3289	73.2242	63.1629	62.1524	94.0295	74.1883
未饱和汞饱和度/%	23.4072	37.1729	37.8476	5.9705	12.6711	26.7758	36.8371	5.9705	37.8476	25.8117
残留汞饱和度/%	61.8851	0.0000	0.0000	0.0000	71.8084	54.0220	54.7512	0.0000	71.8084	34.6381
退出效率/%	19.2024	100.0000	100.0000	100.0000	17.7725	26.2238	13.3174	13.3174	100.0000	53.7880

根据研究区压汞毛管力统计结果可知：平均中值压力为 28.5889MPa，最大进汞饱和度为 74.1883%，退出效率为 53.7880%，最大孔喉半径为 16.1658μm，中值半径为 0.1095μm；岩心分析孔隙度为 17.44%，渗透率为 24.43×10^{-3}μm²。

（2）储层渗透率分析。

利用测井解释和岩心实验统计，研究区内孔隙度和渗透率如图 7.14，统计计算表明孔隙度主要集中在 4.0%～7.8%，渗透率集中在 0.1×10^{-3}～15×10^{-3}μm²；平均孔隙度为 9.55%，平均渗透率为 7.81×10^{-3}μm²，整体上属于典型的低孔（<10%）低渗（<50×10^{-3}μm²）油藏。

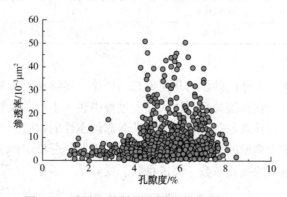

图 7.14 研究区内储层孔隙度和渗透率交汇图

2）储层非均质性

渗透率变化是定量描述非均质性的重要内容，一般采用渗透率变异系数、渗透率级差和渗透率突进系数进行定量表征。

① 渗透率变异系数(V_k)：指渗透率标准偏差与其平均值之比值，如式(7-2)所示：

$$V_k = \frac{\sigma}{\bar{k}} \tag{7-2}$$

其中：$\sigma = \left[\sum_{i=1}^{n} (k_i - \bar{k})^2/(n-1) \right]^{1/2} \qquad \bar{k} = \sum_{i=1}^{n} k_i/n$

式中，n 为层内采样总点数。

变异系数反映样品偏离整体平均值的程度。其变化范围为 $V_k \geq 0$，该值越小，说明样品值越均匀。反之，非均质性越强，$V_k = 0$ 时为均匀型。这是一个重要的表征量，国内外都用它来计算数据中的变化性。

② 渗透率突进系数(S_k)：一定井段内渗透率极大值(K_{max})与其平均值($\bar{K}$)的比值如式(7-3)所示：

$$S_k = K_{max}/\bar{K} \tag{7-3}$$

评价层内非均质性的一个重要参数，变化范围为 $S_k \geq 1$，数值越小说明垂向上渗透率变化越小，注入剂波及体积大，驱油效果好。数值越大，说明渗透率在垂向上变化越大，注入剂易由高渗透率段窜进，注入剂波及体积小，水驱油效果差。

③ 渗透率级差(N_k)：一定井段内渗透率最大值与最小值之比值，如式(7-4)所示：

$$N_k = K_{max}/K_{min} \tag{7-4}$$

反映渗透率变化幅度的参数，即渗透率绝对值的差异程度，变化范围 $N_k \geq 1$。数值越大，非均质性越强，数值越接近于1，储层越均质。储层非均质性综合评价标准，如表7.8所示。

表7.8 储层非均质性的综合评价标准(据吴胜和等，1998)

储层类型	变异系数/V_k	突进系数/T_k	渗透率级差/N_k
弱非均质储层	<0.5	<2	<10
中等非均质储层	0.5~0.8	2~4	10~50
强非均质储层	>0.8	>4	>50

(1)平面非均质性。

平面非均质性是指一个储层砂体的几何形态、规律、连续性以及储层内各项参数的平面变化所引起的非均质性，它直接关系到注入开发过程中注入水的波及效率，一般采用渗透率级差系数、突进系数、变异系数等来表征储层平面非均质性的程度。

研究区内含油层属于典型的低孔低渗储层。在平面上，分析统计了平面上渗透率的差异性，计算了各小层渗透率的级差系数、突进系数、变异系数等参数(表7.9)。

表7.9 平面非均质性统计表

沉积单元	变异系数	突进系数	渗透率级差
1#	0.74	2.10	3.5
2#	0.77	2.10	4.4
3#	0.94	4.58	53.1

续表

沉积单元	变异系数	突进系数	渗透率级差
4#	0.85	3.95	57.4
5#	0.86	3.89	44.5
6#	0.73	2.10	3.5
7#	0.86	7.73	21.6
8#	0.62	2.10	3.5
9#	0.73	8.21	45.1
10#	0.94	6.15	28.8
11#	0.92	4.52	33.4
12#	0.85	10.25	21.1
13#	0.65	3.44	13.0
14#	0.94	4.75	49.8
15#	0.92	3.91	36.8
16#	0.62	3.95	7.9
平均	0.81	4.61	26.7

从统计结果对比来看，研究区整体的渗透率非均质性很强，其中非均质比较强是3#~5#、7#、10#、11#、12#、14#、15#沉积单元，主要因为平面内非均质性差异与沉积时期的沉积微相类型有关；另外，由于河道的来回迁移、摆动造成砂体横向上连续性差，加强了平面上的非均质性。

（2）垂向非均质性。

研究区砂体层理发育且类型丰富多样，在细砂岩、粉细砂岩中常见交错层理、波状层理、水平层理及平行层理；在一些具有水平层理和波状层理的粉细砂岩中见到虫孔构造；在局部层段也发育滑动变形构造。层理发育意味着层内具有明显的非均质特征。从岩心分析渗透率的非均质参数，即突进系数和渗透率级差的分布来看，突进系数品均为3.72，渗透率级差变化较大，从9.73到111.53，说明垂向上的非均质性较强（表7.10）。

表7.10 层间非均质性

井 号	统计层数	变异系数	突进系数	渗透率级差
B-1	10	2.53	6.74	111.53
B-2	8	1.02	2.67	11.43
B-3	6	0.81	2.19	9.56
B-4	9	1.45	4.86	35.51
B-8	11	0.72	2.19	14.21
B-9	3	0.75	1.62	9.73
B-11	7	1.89	5.78	21.17
平均		1.31	3.72	30.45

（3）隔（夹）层分布。

由试验区的16个油层可以看出，砂岩组间的隔层厚度最大，在25m以上。曲流河沉积的7#等9个油层隔层厚度一般在5m以上，多数在10m以上，局部区域厚度较大，其中15#的隔层厚度最大，平均隔层厚度达29.8m。辫状河沉积砂体的1#、2#、3#、9#油层隔层厚度小，特别是20#层的隔层厚度在1m以下，且仅有一口井钻遇隔层。从夹层统计表（表7.11和表7.12）中可以看出，试验区各油层内部夹层发育较少，连续性和稳定性较差。

表7.11 隔层平均厚度表

层 位	钻遇井数/口	累计总厚度/m	单井平均厚度/m
1#	1	1.2	1.20
2#	4	7.8	1.95
3#	2	3.3	1.65
4#	6	23.3	3.88
5#	3	7.1	2.37
6#	1	2.9	2.90
7#	2	10.6	5.30
8#	2	24.8	12.40
9#	5	8.4	1.68
10#	1	3.5	3.50
11#	1	9.9	9.90
12#	1	7.8	7.80
13#	1	11.6	11.60
14#	7	23.9	3.41
15#	5	148.8	29.76
16#	3	18.4	6.13
17#	6	78.1	13.02
18#	3	37.6	12.53
19#	2	5.2	2.60
20#	5	64.3	12.86
平均		24.93	7.32

表7.12 夹层厚度统计表

层 位	总井数/口	钻遇井数/口	总厚度/m	平均厚度/m	夹层数/个
1#	10	3	2	0.7	1
2#	10	6	1.5	0.3	2
3#	10	1	3.8	3.8	2
4#	10	1	2.4	2.4	1
5#	11	6	4.3	0.7	4
6#	11	5	0.8	0.2	1
7#	11	3	2.7	0.9	3

续表

层 位	总井数/口	钻遇井数/口	总厚度/m	平均厚度/m	夹层数/个
8#	10	3	1.8	0.6	1
9#	8	2	0.6	0.3	1
平均			2.21	1.10	

7.1.4 储层敏感性分析

1. 敏感性评价

主要依据石油天然气行业标准《储层敏感性流动实验评价方法》(SY/T 5358—2010)对研究区储层敏感性进行了相应的实验评价。

1)实验准备

(1)岩样准备。

① 岩样尺寸:直径为 2.54cm 或 3.81cm;长度为不小于直径的 1.5 倍,应尽量选用接近夹持器允许的长度上限的岩样。岩样端面与柱面均应平整,且端面应垂直于柱面,不应有缺角等结构缺陷。

② 清洗:单相流动条件的评价实验岩样均应技 SY/T 5336 的规定洗油至亲水。

两相流动条件评价实验,若已知油藏润湿性为亲水时,用酒精-苯清洗;已知油藏润湿性为油湿时,用高标号溶剂汽油清洗;不知道油藏润湿性时,需先用溶剂清洗为亲水后,再用油藏原油恢复其润湿性。

③ 烘干:岩样烘干的温度应不高于 80℃,温度波动小于±5℃。对于含生石膏的岩样,温度控制在 60~65℃,相对湿度控制在 40%~45%。烘 48h 后,每 8h 称量一次,两次称量的差值小于 10mg 时,记下岩样的实测质量。

④ 测定空气渗透率,并抽空饱和测定空隙体积:按 SY/T 5336 的规定测定空气渗透率。饱和后的岩样应在饱和液中继续浸泡 40h 以上(空气渗透率小于 $10 \times 10^{-3} \mu m^2$,应将饱和后的岩样置于不锈钢容器中的 10MPa 压力下浸泡)。

从饱和容器中取出待测岩样,小心擦去表面多余的水。据已测得的岩样干重,计算饱和样品的孔隙体积。

⑤ 建立束缚水饱和度:两相流动中需要建立束缚水饱和度,其驱替速度小于临界流速(做两相流动实验前,应先进行单相速敏实验),驱替流体为白油建立束缚水,并计算其饱和度。

(2)流体制备与处理。

① 实验用水。盐水:盐水通常为(模拟)地层水或注入水,也可以采用标准盐水,矿化度为 8%,或根据地层情况,按质量比配置所需矿化度的标准盐水。工作液:通常指注入水、地层水、标准盐水、酸液、碱液、压井液、压裂液的滤液、钻井液的滤液或油田要求其他液体。

除注入水评价外,所有实验用水均应在实验前放置 1d 以上,然后用玻璃砂芯或 0.45μm 以下微孔滤膜过滤除去微粒物质。

② 实验用油:实验用油可以为原油、中性油或用中性油和原油配制成的模拟油,并严

格按行业标准进行原油处理。

（3）实验流程。

实验流程见图 7.15，适用于恒速与恒压、单相与两相条件下的评价实验。

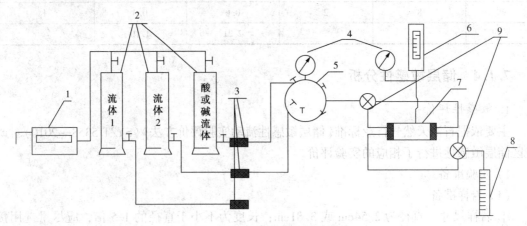

图 7.15 敏感性实验流程图

1—高压驱替泵或高压气瓶；2—高压容器；3—过滤器；4—压力计；5—多通阀座；6—环压阀；
7—岩心夹持器；8—计量管或流体流量计；9—三通球阀

2）实验原理

根据达西定律，在实验设定的条件下注入各种与地层损害有关的流体，或改变渗流条件，测定岩样的渗透率及其变化，以评价储层渗透率损害程度。

3）实验结果

（1）速敏。

速敏损害是指储层渗流通道中流体达到一定流速时，地层微粒脱落、分散和运移，在孔道中形成"桥堵""卡堵"以及"帚状"堆积堵塞，引起储层渗流能力下降的现象。一般来说，由于近井带压力梯度和流速要远高于储层深部，因此在注采过程中的速敏损害主要发生在近井区域。通过岩心流动实验可评价储层的微粒运移和速敏损害程度，并确定发生明显速敏损害所对应的临界流速。对于油层一般采用液体作为测试的流体介质（表 7.13）。

表 7.13 速敏损害程度评价指标

渗透率损害率/%	损害程度	渗透率损害率/%	损害程度
$D_V \leq 5$	无	$50 < D_V \leq 70$	中等偏强
$5 < D_V \leq 30$	弱	$D_V > 70$	强
$30 < D_V \leq 50$	中等偏弱		

速敏评价试验的目的有：

① 找出由于流速作用导致微粒运移从而发生损害的临界流速，以及由速度敏感引起的油层损害程度。

② 为以下的水敏、盐敏、碱敏、酸敏及其他各种损害评价试验确定合理的试验流速提供依据。一般来说，由速敏试验求出临界流速后，可将其他各类评价试验的试验流速定为 0.8 倍临界流速。

③ 为确定合理的注采速度提供科学依据。

温度一定时，向岩心中流速由低至高注入流体，并测定渗透率；在相同步骤下，按一定的规律增大注入量，确定临界流速。另外，判断流速敏感性强弱的指数公式，如式(7-5)所示：

$$D_V = \frac{|K_n - K_i|}{K_i} \times 100\% \tag{7-5}$$

式中　D_V——不同流速下对应的岩心渗透率变化率；

　　　K_n——不同流速下的岩心渗透率，$10^{-3}\mu m^2$；

　　　K_i——初始渗透率，$10^{-3}\mu m^2$。

根据研究区资料和岩心速敏流动实验(表7.14)，速敏指数在0.09~85.30%，临界线性流水2.13~3.27mL/min。其中，无速度敏感岩样占46.15%(共6块岩样)，弱速度敏感岩样占7.69%(共1块岩样)，中等偏弱速度敏感岩样占30.77%(共4块岩样)，强速度敏感岩样占15.38%(共2块岩样)，说明研究区各储层的速度敏感性不一致，主要因为不同时间沉积环境造成的。

表7.14　研究区储层速敏实验结果统计表

岩心号	长度/cm	直径/cm	气测渗透率/$10^{-3}\mu m^2$	孔隙度/%	速敏指数/%	损害程度判断
速1#	4.018	2.490	9.138	12.90	1.90	无
速2#	4.013	2.476	9.034	13.00	0.71	无
速3#	4.015	2.468	7.901	12.70	7.60	无
速4#	4.033	2.482	4.257	11.90	0.71	无
速5#	3.923	2.493	1.287	7.60	0.09	无
速6#	4.018	2.490	9.138	12.90	1.90	无
速7#	4.041	2.487	4.539	12.90	26.80	弱
速8#	4.055	2.475	10.801	13.20	31.90	中等偏弱
速9#	3.985	2.476	6.707	12.60	40.80	中等偏弱
速10#	3.972	2.497	5.099	6.50	50.00	中等偏弱
速11#	4.055	2.475	10.333	13.20	31.90	中等偏弱
速12#	5.016	2.488	8.0239	11.36	76.07	强
速13#	3.963	2.491	1.0406	13.70	85.30	强

（2）水敏。

若进入储层的外来液体的矿化度与储层中的黏土矿物不配伍时，将会引起黏土矿物水化膨胀和分散，导致储层渗透率降低，使得渗流通道变化，导致储层岩石渗透率发生变化的现象，这是储层的水敏性。产生水敏的根本原因就是储层黏土款物的特征引起的(表7.15)。

表7.15　水敏性评价指标

水敏指数/%	水敏性程度	水敏指数/%	水敏性程度
$D_W \leq 5$	无水敏	$50 < D_W \leq 70$	中等偏强水敏
$5 < D_W \leq 30$	弱水敏	$70 < D_W \leq 90$	强水敏
$30 < D_W \leq 50$	中等偏弱水敏	$D_W > 90$	极强水敏

判断水敏感性强弱的指数公式如式(7-6)所示：

$$D_W = \frac{|K_n - K_i|}{K_i} \times 100\% \tag{7-6}$$

式中　D_W——不同流速下对应的岩心渗透率变化率；

　　　K_n——不同流速下的岩心渗透率，$10^{-3}\mu m^2$；

　　　K_i——初始渗透率，$10^{-3}\mu m^2$。

常规的水敏实验评价主要是利用岩心流动实验的方法测定不同低矿化度的流体流过岩心对岩石渗透率的降低程度。

根据研究区资料和岩心水敏流动实验(表7.16)，水敏指数在0.13%～>100%，其中无水敏感岩样占40.00%(共6块岩样)，弱水敏感岩样占13.33%(共2块岩样)，中等偏弱水敏感岩样占20.00%(共3块岩样)，中等偏强水敏感岩样占6.67%(共1块岩样)，强水敏感岩样占6.67%(共1块岩样)，极强水度敏感岩样占13.33%(共2块岩样)。

表7.16　研究区储层水敏实验结果统计表

岩心号	长度/cm	直径/cm	气测渗透率/$10^{-3}\mu m^2$	孔隙度/%	水敏指数/%	损害程度判断
水1#	4.018	2.49	4.195	12.9	1.9	无
水2#	4.021	2.476	2.512	13.3	0.71	无
水3#	4.103	2.482	4.55	11.9	0.71	无
水4#	3.923	2.493	4.125	7.6	0.13	无
水5#	4.018	2.49	2.83	12.9	1.9	无
水6#	4.016	2.476	10.88	12.9	0.71	无
水7#	4.041	2.487	3.05	12.9	26.8	弱
水8#	4.015	2.468	4.472	12.7	7.6	弱
水9#	4.055	2.475	8.465	13.2	31.9	中等偏弱
水10#	3.985	2.476	6.838	12.6	40.8	中等偏弱
水11#	4.055	2.475	6.967	13.2	31.9	中等偏弱
水12#	3.972	2.497	4.356	6.5	50.6	中等偏强
水13#	3.963	2.491	2.75	13.7	85.3	强
水14#	4.091	2.493	0.65	8.9	92.3	极强
水15#	5.016	2.488	3.15	10.4	>100	极强

(3) 盐敏。

盐敏评价实验的目的是了解地层岩心在地层水所含矿化度不断下降时或现场使用的低矿化度盐水时，其渗透率变化过程，从而找出渗透率明显下降的临界矿化度。当外来液体的矿化度比地层水矿化度低时，这种外来液体进入地层与黏土接触后，将使黏土矿物水化膨胀及分散，导致孔喉缩小，渗透率降低，且外来液体的矿化度越低，引起储层的水敏性越强。

盐敏实验是按照自行制定的矿化度等级，配制不同矿化度的盐水，由高矿化度向低矿化度依顺序注入岩心，并依次测定不同矿化度的盐水通过时的渗透率值，找出岩心渗透率最敏感的临界盐度。以此为依据，对以后的施工用流体提出建议和要求。

判断盐敏感性强弱的指数公式如式(7-7)所示：

$$D_\mathrm{M} = \frac{|K_\mathrm{n} - K_\mathrm{i}|}{K_\mathrm{i}} \times 100\% \qquad (7\text{-}7)$$

式中 D_M——不同矿化度下对应的岩心渗透率变化率；

$\quad\quad K_\mathrm{n}$——不同矿化度下的岩心渗透率，$10^{-3}\,\mu\mathrm{m}^2$；

$\quad\quad K_\mathrm{i}$——初始流体对应的渗透率，$10^{-3}\,\mu\mathrm{m}^2$。

研究区岩心盐敏实验降盐测试(表7.17)，地层水液测渗透率为 $0.279\times10^{-3}\sim4.199\times10^{-3}\,\mu\mathrm{m}^2$，在用无离子水驱替后岩石渗透率降低 $1.02\%\sim59.46\%$，平均减低了 28.97%。无盐敏岩样占 20.00%（共 2 块岩样），弱盐敏岩样占 30.00%（共 3 块岩样），中等偏弱盐敏岩样占 50.00%（共 5 块岩样，临界矿化度浓度为 $1\times10^4\sim4\times10^4\,\mathrm{mg/L}$。

表 7.17 研究区储层盐敏实验结果统计表(盐降)

岩 心	气测渗透/$10^{-3}\,\mu\mathrm{m}^2$	孔隙度/%	地层水渗透率/$10^{-3}\,\mu\mathrm{m}^2$	无离子水渗透率/$10^{-3}\,\mu\mathrm{m}^2$	临界矿化度/($10^4\,\mathrm{mg/L}$)	评价结果
盐 1#	10.236	14.1	1.083	1.072		无
盐 2#	10.247	16.6	3.778	3.645		无
盐 3#	10.78	12.4	4.199	3.781	4	弱
盐 4#	2.179	12.2	0.808	0.592	3	弱
盐 5#	7.517	17.1	4.035	3.252	3	弱
盐 6#	3.465	9.9	0.279	0.144	1	中等偏弱
盐 7#	4.224	11.3	0.561	0.366	2	中等偏弱
盐 8#	8.441	13.4	4.181	2.778	2	中等偏弱
盐 9#	7.881	11.9	1.655	0.779	3	中等偏弱
盐 10#	4.507	11.5	1.581	0.641	4	中等偏弱

(4)酸敏。

用酸液处理地层，可以清除地层酸溶性堵塞物，溶蚀岩石矿物，扩大油气渗流通道，改善地层渗透率，但酸液进入地层后可与酸敏性矿物发生反应产生沉淀或释放地层微粒从而引起堵塞，使地层渗透率下降产生酸敏损害(表7.18)。

表 7.18 酸敏损害的评价指标

酸敏指数/%	酸敏性程度	酸敏指数/%	酸敏性程度
$I_\mathrm{a} \leqslant 5$	无	$50 < I_\mathrm{a} \leqslant 70$	中等偏强
$5 < I_\mathrm{a} \leqslant 30$	弱	$I_\mathrm{a} > 70$	强
$30 < I_\mathrm{a} \leqslant 50$	中等偏弱		

判断酸敏感性强弱的指数公式如式(7-8)所示：

$$I_\mathrm{a} = \frac{K_\mathrm{i} - K_\mathrm{n}}{K_\mathrm{i}} \times 100\% \qquad (7\text{-}8)$$

式中 I_a——酸敏损害率；

$\quad\quad K_\mathrm{n}$——酸处理后岩心渗透率，$10^{-3}\,\mu\mathrm{m}^2$；

$\quad\quad K_\mathrm{i}$——初始流体对应的渗透率，$10^{-3}\,\mu\mathrm{m}^2$。

室内评价的两种标准酸液为 15% 盐酸和土酸（3% HF+12% HCl），结果见表 7.19。岩样对 15% 盐酸具有一定的敏感性，其酸敏指数为 6.48%~46.67%；而土酸的酸敏指数为 −5.61%~70.67%，总体表现为岩样对盐酸的敏感性强与土酸。

表 7.19　研究区储层酸敏实验结果统计表

岩心号	酸　液	$K_{酸前地层水}/10^{-3}\mu m^2$	$K_{酸后地层水}/10^{-3}\mu m^2$	酸敏指数/%	酸敏程度
酸 1#		11.812	11.047	6.48	弱
酸 2#	15% HCl	2.806	1.531	45.45	强
酸 3#		7.654	4.082	46.67	强
酸 4#		2.510	1.355	46.02	极强
酸 5#		12.730	13.445	−5.61	—
酸 6#	土酸	2.696	2.602	3.48	弱
酸 7#		7.628	6.633	13.04	弱
酸 8#		7.220	2.117	70.67	极强

（5）碱敏。

碱度敏感性是指具有碱性(pH>6)的工作液进入储层后，与储层岩石或流体接触，引起储层渗透率下降的现象。碱性工作液与储层岩石的反应强度虽然比酸化液小得多，但由于它与储层接触时间长，所以对储层同样也有一定的影响（表 7.20）。

表 7.20　碱敏损害的评价指标

碱敏指数/%	酸敏性程度	碱敏指数/%	酸敏性程度
$I_b \leqslant 5$	无	$50 < I_b \leqslant 70$	中等偏强
$5 < I_b \leqslant 30$	弱	$I_b > 70$	强
$30 < I_b \leqslant 50$	中等偏弱		

判断碱敏感性强弱的指数公式如式(7-9)所示：

$$I_b = \frac{K_i - K_n}{K_i} \times 100\% \qquad (7-9)$$

式中　I_b——酸敏损害率；

　　　K_n——酸处理后岩心渗透率，$10^{-3}\mu m^2$；

　　　K_i——初始流体对应的渗透率，$10^{-3}\mu m^2$。

针对研究区，进行了碱敏试验分析，见表 7.21，地层水液测渗透率为 6.576×10^{-3}~$16.158 \times 10^{-3}\mu m^2$，其中属于弱碱敏的占 57.14%（共 4 块岩样），属于中等偏弱的占 42.86%（共 3 块岩样），临界 pH 值为 8~10。

表 7.21　研究区储层碱敏实验结果统计表

岩心号	$K_{酸前地层水}/10^{-3}\mu m^2$	$K_{酸后地层水}/10^{-3}\mu m^2$	酸敏指数/%	临界 pH 值	酸敏程度
碱 1#	16.158	15.184	6.03	9	弱
碱 2#	8.731	7.484	14.29	9	弱
碱 3#	12.552	9.014	28.18	9	弱

岩心号	$K_{\text{酸前地层水}}/10^{-3}\,\mu m^2$	$K_{\text{酸后地层水}}/10^{-3}\,\mu m^2$	酸敏指数/%	临界 pH 值	酸敏程度
碱 4#	13.776	11.395	17.28	8	弱
碱 5#	9.057	5.953	34.27	9	中等偏弱
碱 6#	8.674	5.039	41.91	10	中等偏弱
碱 7#	6.576	3.634	44.74	10	中等偏弱

（6）压敏。

在采油和注水过程中会导致孔隙流体压力的变化，进一步引起围岩应力的变化。岩石的孔隙空间大小、孔隙形状、孔隙连通性以及岩石微观结构等均受围岩应力变化的影响，围岩应力变化对岩石的影响在很大程度上又体现了岩石渗流能力的变化。研究区属于典型的低孔低压油藏，研究分析压力对其敏感性的影响非常重要，直接与单井产能和储层最终采收率密切相关。因此，采用岩心流动实验来进行评价，主要是考察岩心渗流能力在围压变化情况下的变化规律（表7.22）。

表 7.22　应力敏感性评价指标

渗透率损害率/%	损害程度	渗透率损害率/%	损害程度
$D_k \leqslant 5$	无	$50 < D_k \leqslant 70$	中等偏强
$5 < D_k \leqslant 30$	弱	$70 < D_k \leqslant 90$	强
$30 < D_k \leqslant 50$	中等偏弱	$D_k > 90$	极强

注：D_k 表示 D_{k2} 或 D_{k3}。

判断压敏感性强弱升压过程中的指数公式如式（7-10）所示：

$$D_{k2} = \frac{K_1 - K_{\min}}{K_1} \times 100\% \tag{7-10}$$

式中　D_{k2}——应力升至最高点的过程中产生的损害最大程度；

　　　$K_{\min}$——应力至临界应力后岩样渗透率的最小值，$10^{-3}\,\mu m^2$；

　　　K_1——第一个应力点对应的岩样渗透率，$10^{-3}\,\mu m^2$。

降压过程中的指数公式如式（7-11）所示：

$$D_{k3} = \frac{K'_1 - K_{1r}}{K'_1} \times 100\% \tag{7-11}$$

式中　D_{k3}——应力回复至第一个应力点后生的损害最大程度；

　　　K_{1r}——应力回复至第一个应力点后的岩样渗透率，$10^{-3}\,\mu m^2$；

　　　K'_1——第一个应力点对应的岩样渗透率，$10^{-3}\,\mu m^2$。

针对研究区，优选了三块岩心，实验结果见表7.23和图7.16。研究区的岩样渗透率随应力变化敏感性程度较弱压力敏感，随着净围压增加，渗透率均呈下降趋势，在围压由1.0MPa增加至20MPa时，岩石渗透率分别下降了16.43%、15.08%和14.10%，平均下降了15.20%，属于弱应力敏感性。渗透率在净围压5~15MPa内下降幅度最大，平均下降了6.22%。在净围压卸载过程中，岩样渗透率可以逐渐恢复，恢复程度分别为84.94%、87.50%和87.61%，平均恢复了86.86%（岩样渗透率损害了13.32%）。综上所述，孔隙的应力敏感性较弱，在注采过程中的孔隙流体压力变化不会对孔隙性岩石的渗流能力产生大的影响。

表 7.23　研究区储层压敏实验结果统计表

净围压/MPa		压 1#K/$10^{-3}\mu m^2$	压 2#K/$10^{-3}\mu m^2$	压 2#K/$10^{-3}\mu m^2$
1		8.920	11.086	15.093
2.5		8.462	10.576	14.642
5		8.095	10.210	13.956
7.5	加载	7.858	9.924	13.574
10		7.668	9.748	13.403
15		7.546	9.564	13.184
20		7.454	9.414	12.965
15		7.424	9.414	12.717
10		7.393	9.430	12.606
7.5		7.393	9.430	12.617
5	卸载	7.404	9.430	12.669
2.5		7.454	9.478	12.865
1		7.576	9.701	13.223
D_{k2}		16.43	15.08	14.10
D_{k3}		17.12	15.08	16.48
D_k		17.12	15.08	16.48
损害程度		弱	弱	弱

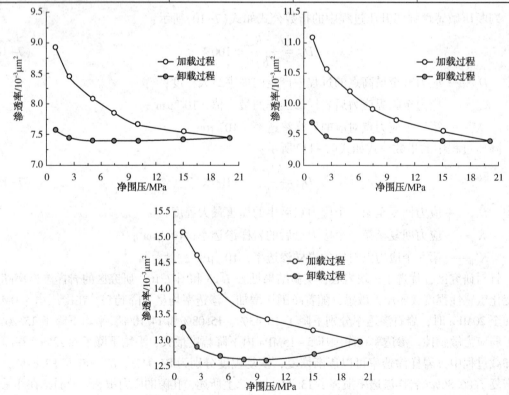

图 7.16　净环压与岩样渗透率的关系曲线

（7）温敏。

生产井在实际生产以及后期的作业施工过程中可能引起储层温度的变化，如果温度升高导致储层岩石的体积膨胀、孔隙压缩敏感性有关。因此，需要进一步评价温度对储层渗透率的敏感性，该敏感性是一个综合性的储层损害评价实验。

在空气/空气泡沫调驱过程中，O_2 与原油发生低温氧化反应，引起储层温度变化，因此实验温度设置从油藏温度70℃逐渐减低到20℃（室温），再逐渐升至70℃，继续升至110℃（因为原油的低温氧化反应是放热反应，可以使储层温度升高），实验结果见表7.24和图7.17。

表 7.24 研究区储层温敏实验结果统计表

温度/℃		温 1#/$K/10^{-3}\mu m^2$	温 2#/$K/10^{-3}\mu m^2$	温 3#/$K/10^{-3}\mu m^2$
70	升温	8.295	11.760	5.103
60		8.143	11.641	5.011
50		7.834	11.418	4.915
40		7.487	11.020	4.766
30		7.230	10.749	4.627
20		6.915	10.280	4.426
30	降温	7.030	10.571	4.481
40		7.096	10.671	4.512
50		7.232	11.021	4.541
60		7.291	11.207	4.618
70		7.383	11.301	4.656
80		7.490	11.458	4.762
90		7.701	11.577	4.794
100		7.731	11.622	4.813
110		7.761	11.668	4.832

研究区的岩样渗透率随温度降低其渗透率也逐渐降低，但温度升高过程其渗透率也逐渐增大，主要因为岩样由于温度的变化会热胀冷缩使得岩石孔隙度及其孔隙结构也随之发生变化。这也可以解释空气/空气泡沫调驱技术能大幅度提高原油采收率。

2. 敏感性矿物分析

虽然储层中的黏土矿物含量较少，但是储层损害（表7.25）的重要潜在因素之一，因此研究黏土矿物的形态、分布及产出状态等特征显得尤其重要。扫描电镜是其中一个重要的技术手段。采用电镜扫描技术研究了研究区内的黏土矿物特性，结果见图7.18。

表 7.25 黏土矿物与油层伤害关系

黏土矿物	主要元素	形态、产状	主要油气层损害问题			
			水敏	速敏	酸敏	
					盐酸	氢氟酸
高岭石	Al、Si、O、H	书状、蠕虫状、环状、扇状；孔隙充填	无	强	无反应	弱-中等

黏土矿物	主要元素	形态、产状	主要油气层损害问题			
			水敏	速敏	酸　　　　敏	
					盐酸	氢氟酸
绿泥石	Mg、Fe、Al、Si、O、H	叶片状、针叶状、圆白菜头状、绒球状；孔隙村里为主，少数孔隙充填	无	一般弱，酸化后残片速敏强	强	强
伊利石	K、Al、Si、O、H	丝状、搭桥状、片状；孔隙衬里与孔隙充填	微弱	强	微弱	微弱-中等
蒙脱石	Na、Ca、Mg、Si、O、H、Al、（±Fe）	网状、蜂窝状；孔隙衬里为主，孔隙充填者少	强	淡水作用下速敏强	微弱-中等	
伊/蒙间层		片状、不规则网状、指状、片十短丝；孔隙衬里为主，孔隙充填者少	中等／强			
绿/蒙间层	Mg、Fe、Na、Ca、Al、Si、O、H	蜂窝状-叶片状过渡；孔隙衬里与孔隙充填	中等		中-强	

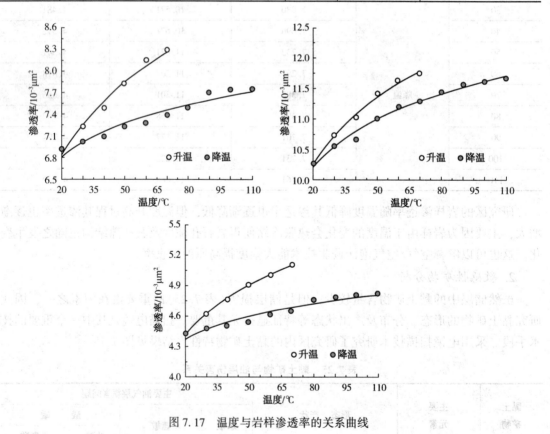

图 7.17　温度与岩样渗透率的关系曲线

不同黏土矿物具有不同形态及赋存特征，同时对储层的损害表现形式和机理也不同，见表 7.25。

　　地层微粒是速敏损害的物质基础。研究区的地层微粒主要包括细分散的黏土矿物、岩石骨架破坏产生的储层微粒和杂基中胶结不紧的微粒，也包括酸化及水敏后释放出的二次沉淀和残余微粒(如高岭石、毛发状伊利石，固结不紧的微晶石英、长石)及其他流速敏感性矿物。微观结构分析表明，研究区的地层微粒含量普遍较高，其中伊利石、高岭石以及原生沉积的黏土杂基对地层的附着较弱，容易引起储层损害。

　　一般认为地层水敏性损害与膨胀性蒙脱石的水化膨胀有关，但不同的油层有不同的水敏机理。研究区的水敏损害机理较为复杂，主要有多种黏土矿物共生结构破坏或分散。非膨胀性黏土矿物集合体的分散和单晶碎裂；孔隙杂基结构破坏和堵塞。微粒运移堵塞加剧引起的综合作用。盐降过程的盐敏损害机理与水敏机理类似，而盐升过程的损害机理与水敏有着本质差别。当流体离子组成和矿化度与储层黏土矿物不配伍，将发生阳离子置换，改变黏土表面电荷分布及吸附水膜厚度，不利于黏土微结构的稳定，从而引起分散/运移。

　　研究区的酸敏机理主要有：孔隙中原生沉积的杂基和自生黏土矿物含量高，酸岩反应不仅导致酸敏性矿物产生沉淀，还导致伊利石、伊/蒙间层矿物晶片断裂产生细小的地层微粒，共生黏土矿物和单黏土矿物集合体的结构也因此遭受破坏崩塌。另外，储层岩石含有较多的酸敏矿物绿泥石，同时储层岩石还含有一定量的碳酸盐矿物。而研究区的碱敏机理主要是与石英发生溶解反应，形成多种形式的硅酸盐物质堵塞地层。

　　应力敏感和温度敏感相对较少。应力敏感主要针对低孔低渗油藏研究相对多，因为随着实际的生产，孔隙内流体采出，导致压力发生变化。而温度敏感目前主要针对热采中的储层损害，应根据实际情况，结合其他敏感进行研究。

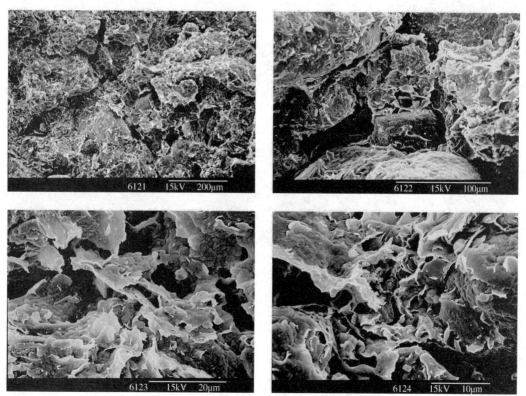

图 7.18　研究区内黏土矿物电镜扫描图

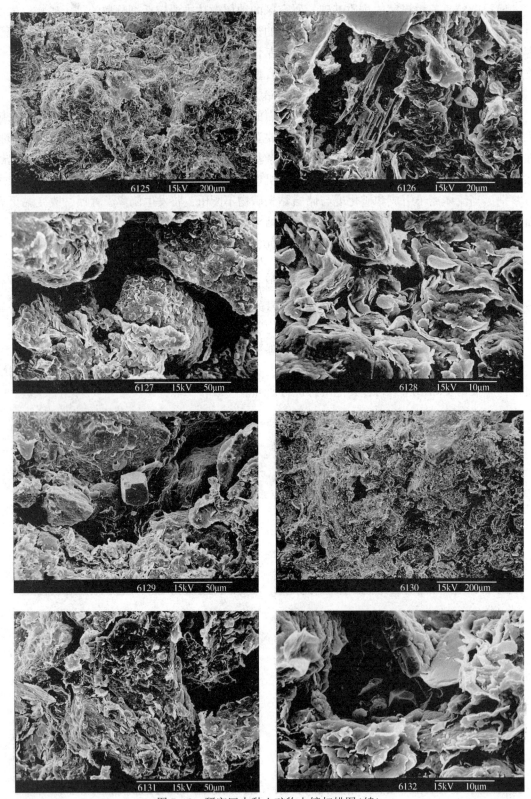

图 7.18   研究区内黏土矿物电镜扫描图(续)

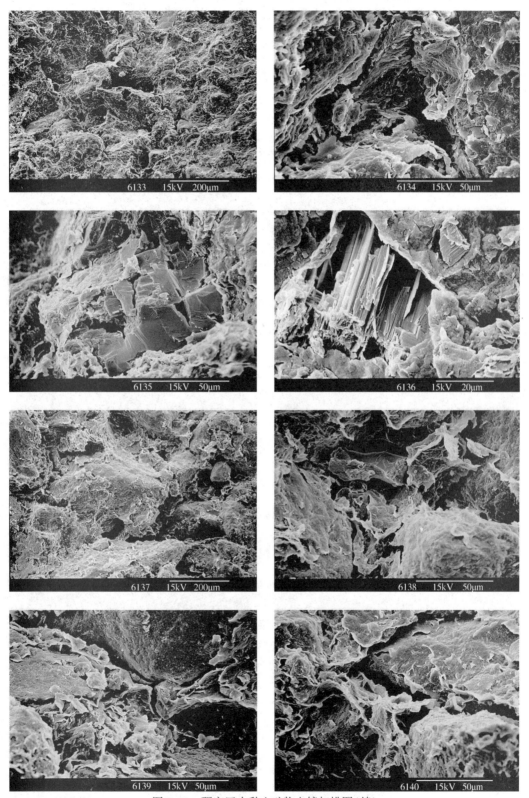

图 7.18 研究区内黏土矿物电镜扫描图(续)

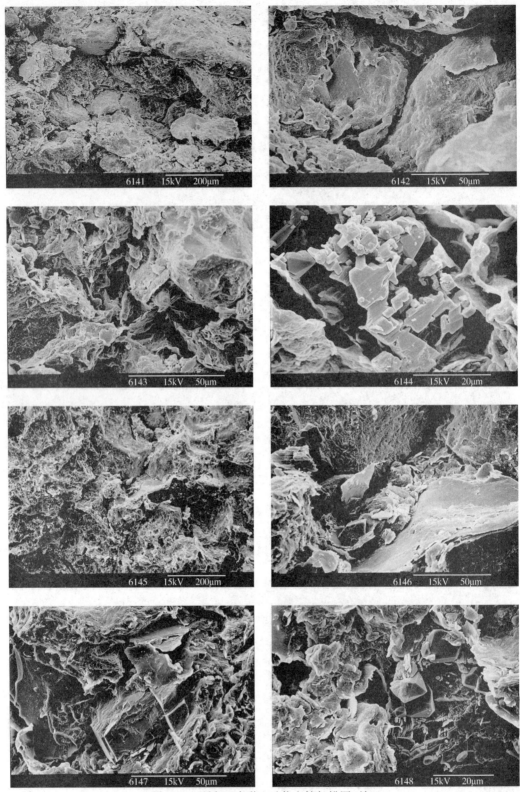

图 7.18 研究区内黏土矿物电镜扫描图(续)

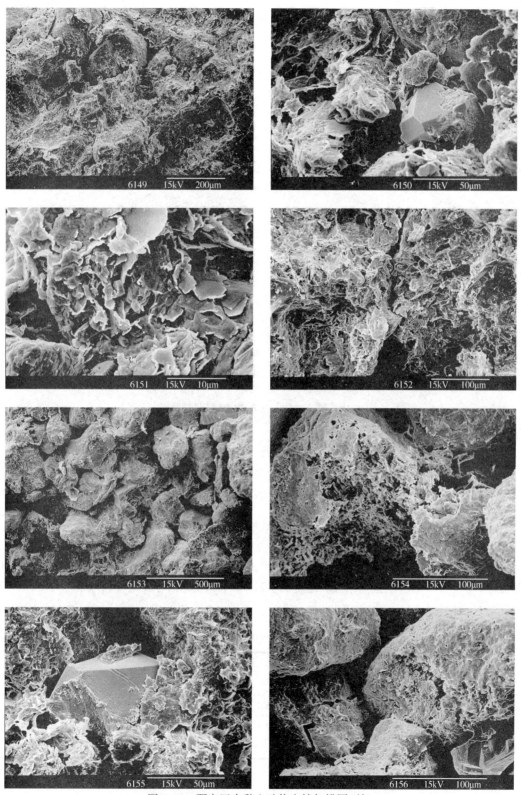

图 7.18 研究区内黏土矿物电镜扫描图(续)

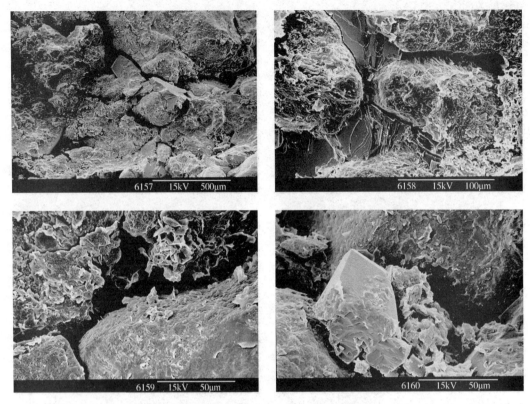

图 7.18　研究区内黏土矿物电镜扫描图(续)

7.2　试验区渗流特征研究

7.2.1　油藏流体性质

1. 地层水分析

在研究区不同位置的井和不同层位共分析了 23 个地层水样品,其分析结果见表 7.26。其地层水类型为 NaHCO₃ 型,平均矿化度为 6943.11mg/L,平均酸碱度(pH 值)为 7.48,其中 $Ca^{2+}+Mg^{2+}$ 浓度较低,平均仅有 21.64mg/L。

表 7.26　研究区地层水组分及类型

类　型	pH 值	阳离子/(mg/L)			阴离子/(mg/L)				总矿化度/	水　型
		K^{+}/Na^{+}	Ca^{2+}	Mg^{2+}	Cl^{-}	SO_4^{2-}	CO_3^{2-}	HCO_3^{-}	(mg/L)	
最大	6.47	1781.4	15.2	6.1	1185.1	80.9	104.7	1843.4	—	
最大	8.02	3225.3	30.2	6.7	3582.9	401.5	159	2440.8	—	NaHCO₃
平均	7.48	2300.58	21.65	6.4	2067.15	151.06	134.67	2254.12	6943.11	

2. 原油物性及 PVT 分析

在油藏的开发过程中,油藏流体随着温压系统发生变化。在测试、垂直管流分析、物质平衡分析和动态数组模拟中都需要流体物性参数，如果在平面和垂向中存在流体物性变化，油藏样品需要详细研究与分析。

流体物性分析主要包括研究区的主要开发层系、数据的收集与质量控制、流体物性分析方法及有效性在该部分中会详细介绍。

1）PVT 分析方法及油田选井原则

分析方法简介：①检查 PVT 数据、实验条件、实验结果的可靠性。②利用专业 PVT 分析软件，完成对样品地层流体相态组分和主要高压物性实验数据的质量检查。③建立 PVT 分析模型，按照合适的相态方程完成相态组分模拟，完成主要实验数据的模拟，主要高压物性参数达到拟合标准。④输出动态模型所需的主要 PVT 参数。⑤建立各油田各油层各层系的代表高压物性参数，并用于数值模拟。

选井原则：①分析样品确保覆盖各油田、各层系及主体构造。②选择早期投产井，确保样品物性与原始油藏基本一致。③代表样品应具备完整全过程高压物性实验（CCE、DL 及黏度分析实验），相态组分分析数据完整可拟合。

2）研究区 PVT 样品数据分析

完成研究区主体层系 50 个 PVT 样品的分析，共拟合 14 口井次（其中试验井组两次），试验井组具体数据见表 7.27。

表 7.27　试验井组 PVT 数据分析统计及其基本参数

层系	序号	井号	测试时间	取样中深/m	GOR/(m³/m³)	P_b/MPa	密度/(g/cm³) 油藏	密度/(g/cm³) P_b	原油体积系数 油藏	原油体积系数 P_b	原油黏度/mPa·s 油藏	原油黏度/mPa·s P_b	备注
B1	1	1#	2018/7/20	1044	44	77.7	0.768	0.76	1.16	1.173	1.92	1.56	拟合
	2	3#	2014/5/12										不全
	3	7#	2017/11/15										不全
B8	4	2#	2014/4/6										不全
	5	3#	2017/11/18	1246	53	91.8	0.749	0.74	1.19	1.201	1.54	1.42	拟合
	6	5#	2010/7/20										不全
	7	6#	2013/1/18										不全

3）PVT 数据拟合原理

拟合流程：首先，验证检查实验报告中数据的完整性和质量控制；其次，对合理样品的实验数据（包括 DL、CCE、黏度等实验数据）和格式的整理，并输入 Eclipse 软件中的 PVTi 模块中；最后，选择合理的 EOS，并调整相关参数，进行实验数据拟合，最后确定拟合误差，并输出拟合结果。PVT 拟合流程图，如图 7.19 所示。

状态方程（EOS）：目前主要 EOR 方程有多种。表 7.28 总括了不同 EOR 的适用范围和优缺点。

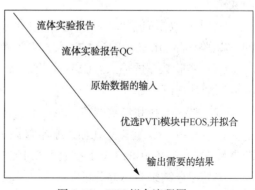

图 7.19　PVT 拟合流程图

表 7.28　常见 EOS 方程的特性

EOS	形　式	Z_c	适合范围	优缺点
理想气体	$PV=RT$	1	压力极低的气体	不适合真实气体
vdW	$P=\dfrac{RT}{V-b}-\dfrac{a}{V^2}$	0.375	同时能计算气、液两相	准确度低
RK	$P=\dfrac{RT}{V-b}-\dfrac{a}{T^{1/2}V(V+b)}$	0.333	计算气相体积准确性高，很实用	不能同时用于气、液两相
SRK	同 RK	0.333	能同时用于气、液两相平衡，广泛应用	精度高于 RK，能预测液相体积
PR	$P=\dfrac{RT}{V-b}-\dfrac{a}{V(V+b)+b(V-b)}$	0.307	能同时用于气、液两相平衡，广泛应用	能预测液相体积
Virial	$Z=\dfrac{PV}{RT}=1+\dfrac{B}{V}+\dfrac{C}{V^2}+L$		$T<T_c$，$P<5\text{MPa}$ 的气相	不能同时用于气、液两相

　　根据研究区样品分析结果、主要样品的组分及相态特征，结合 PVTi 模块中的 EOS 方程，目前可供选择的两参数和三参数 EOS 方法(附图 1)。两参数方程在拟合流体物性方面存在缺陷，尤其在拟合流体密度和饱和度等方面；为了进一步提高精度，在两参数基础上引入了第三参数(偏心因子)，即引入了反应物质分子间相互作用力。

　　4) PVT 数据拟合结果与讨论

　　(1) 原始数据输入。

　　组分数据的输入：试验井组中 1#试验样品参数的输入(附图 2)，运行得到相态图(附图 3)，可以看出，属于典型的黑油，油藏中以液态单相存在，随着压力降低至 100bar 时，油藏中以气液存在，压力降至饱和压力以下时，分离出的气也越来越多。

　　CCE 实验数据的输入：CCE 实验是恒组分膨胀实验，测定的是泡点压力以上流体的高压物性变化。为 1#试验样品 CCE 试验的参数输入，主要参数密度和相对体积(附图 4)。

　　DL 实验数据的输入：DL 实验是差异分离实验，测定的是泡点压力以下样品物性变化。的 1#试验样品 DL 试验的参数输入，主要参数密度和气油比(附图 5)。

　　CVD 实验数据的输入：CVD 实验是黏度实验，1#试验样品 CVD 试验的参数输入，主要参数原油黏度(附图 6)。

　　(2) EOS 选择和参数调整。

　　试验井组 1#试验样品在输入基本参数情况下，进行合理的选择 EOS(PR3 方程)等和调节参数(黏度 LBC 中的 LBC1 参数由 0.1023 提高至 0.1423)进行拟合(附图 7)。

　　(3) 拟合结果与误差分析。

　　试验井组 1#试验样品拟合结果(图 7.20)，拟合误差分析(表 7.29)；经过分析其拟合误差均<10%，完全满足数模要求，导出高压物性参数为数模做准备。

表7.29 试验井组1#试验样品拟合结果误差统计表

井 号		1#
位置	层系	B1
	深度/m	1042~1046
EOS		PR3
EOV		LBC
平均相对误差/%	气油比	5.142
	泡点压力	0.013
	流体密度	1.352
	相对体积	3.288
	流体黏度	3.658

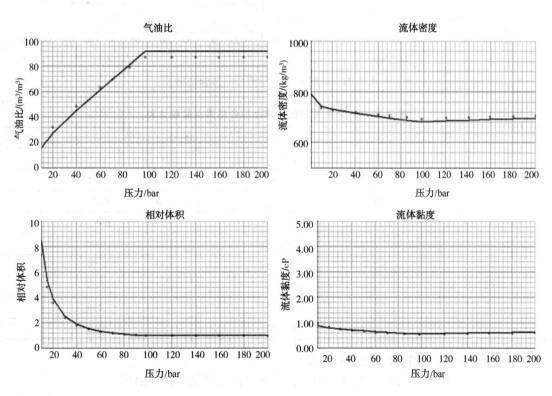

图7.20 试验井组1#试验样品拟合结果

同理,将试验井组5#试验样品进行PVT拟合,其结果(图7.21),拟合误差分析(表7.30);经过分析,拟合误差均满足数模要求。

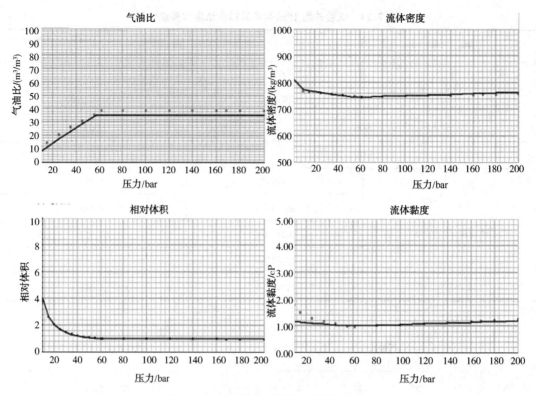

图 7.21　试验井组 5#试验样品拟合结果

表 7.30　试验井组 5#试验样品拟合结果误差统计表

井　号		3#
位置	层系	B8
	深度/m	1244~1248
EOS		PR3
EOV		LBC
平均相对误差/%	气油比	9.8900
	泡点压力	7.6271
	流体密度	0.3264
	相对体积	1.3834
	流体黏度	5.4305

（4）研究区内高压物性汇总及特征分析。

研究区内的 PVT 参数统计见表 7.31，由此看见该原油属于轻质油藏。

表 7.31　研究区 PVT 参数统计表

样　品	气油比/(m³/m³)	P_b/bar	密度/(g/cm³)		原油体积系数		原油黏度/mPa·s	
			油藏	P_b	油藏	P_b	油藏	P_b
1#	44	77.7	0.768	0.759	1.159	1.173	1.92	1.56
2#	22.7	46.1	0.7823	0.772	1.099	1.1179	2.15	0.73

续表

样　品	气油比/ (m³/m³)	P_b/bar	密度/(g/cm³)		原油体积系数		原油黏度/mPa·s	
			油藏	P_b	油藏	P_b	油藏	P_b
3#	52.6	91.8	0.749	0.743	1.191	1.201	1.54	1.42
4#	45.6	75.5	0.756	0.747	1.185	1.199	1.74	1.50
5#	38.8	61.4	0.756	0.746	1.142	1.158	1.18	0.96
6#	118.8	150.7	0.6778	0.6724	1.3945	1.4056	0.459	0.429
7#	87.5	97.9	0.701	0.694	1.308	1.322	0.59	0.54
8#	61.8	74	0.726	0.715	1.229	1.248	0.82	0.73
9#	118.8	147.8	0.6715	0.6651	1.4222	1.4358	0.459	0.437
10#	27.9	38.8	0.771	0.758	1.137	1.157	2.05	0.758
11#	11.3	23	0.763	0.749	1.08	1.099	2.04	1.67

经分析研究区泡点压力 23~150.7bar，（气油比）GOR 是 11.3~118.8m³/m³，随着泡点压力上升，GOR 上升，规律性好，见图 7.22。

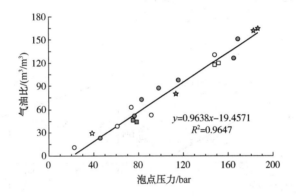

图 7.22　研究区内泡点压力与 GOR 关系曲线

油藏条件下的体积系数是 1.08~1.4222，随着泡点压力上升，体积系数上升，饱和压力条件下的体积系数是 1.099~1.4358，见图 7.23。

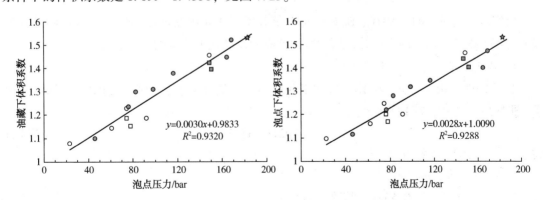

图 7.23　研究区内泡点压力与体积系数关系曲线

油藏条件下的密度是 $0.6715 \sim 0.7823 \mathrm{g/cm^3}$，随着泡点压力上升，密度下降，饱和压力条件下的密度是 $0.665 \sim 0.772 \mathrm{g/cm^3}$，见图7.24。

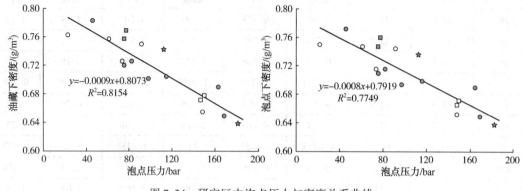

图7.24　研究区内泡点压力与密度关系曲线

油藏条件下的黏度是 $0.459 \sim 2.15 \mathrm{mPa \cdot s}$，随着泡点压力上升，原油黏度下降，饱和压力条件下的黏度是 $0.429 \sim 1.67 \mathrm{mPa \cdot s}$，见图7.25。

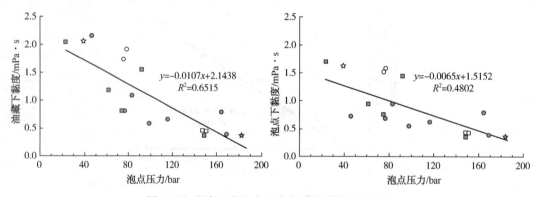

图7.25　研究区内泡点压力与黏度系数关系曲线

7.2.2　油藏温压系统

研究区内通过 FMT、MDT、DST 和 RFT 等技术共 174 组获取温压资料，这些测试井大部分为探井或开发初期的生产井，所测数据能有效反映地下油藏的实际状况。

1. 温度系统

利用 FMT、MDT、DST 和 RFT 等技术获取的温度测试数据，回归得到温度与深度的关系(图7.26)，如式(7-12)所示：

$$T = 0.1021H + 55.39 \tag{7-12}$$

式中　T——地层温度，℉；

H——深度，m。

但相关性较差 $R^2 = 0.5651$，其数据不可靠。

结合试验区平均地表温度，利用 DST 获取的温度数据较可靠，回归得到温度与深度的关系，如式(7-13)所示：

$$T=0.0593H+121.91 \qquad (7-13)$$

其相关性 $R^2=0.9814$。由该式可得，研究区内油藏地温梯度为 5.93°F/100m（14.48℃/100m），与国内外其他盆地相比，属于偏高温度范畴。

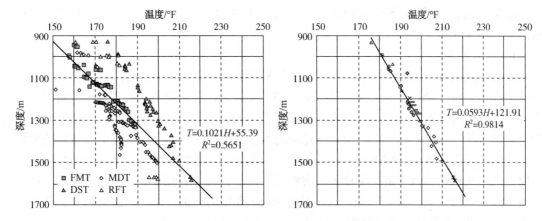

图 7.26 研究区油藏压力与油层中部深度关系

表 7.32 国内外部分地区地温梯度资料 ℃/100m

油田或盆地	地温梯度	油田或盆地	地温梯度
准噶尔盆地	2.2~2.3		
酒泉盆地	2.3(2.6)	加瓦尔	5.10
四川盆地	2.2~2.4(2.7)	布尔干	4.51
陕甘宁盆地	2.75(2.8)	库姆(伊朗)	3.91
中南某盆地	3.1(3.25)	萨拉捷	3.91
胜利油田	3.3~3.5	尼日尔三角洲	3.85
济阳坳陷(N+E)	3.1~3.9	洛杉矶盆地	4.77
黄骅坳陷(E+N)	3.6~3.8(3.95)	阿尔伯达盆地	4.00
冀中坳陷(1)	3.7(4.2)	撒哈拉盆地	4.00
某坳陷(E)	3.1~3.6(5.0)		

2. 压力系统

利用 FMT、MDT、DST 和 RFT 等技术获取的压力测试数据，回归得到压力与油层中部深度的关系（图 7.27），如式（7-14）所示：

$$P=1.3805H+585.02 \quad (7-14)$$

式中 P——地层压力，psi；

H——油层中部深度，m；

研究区内油藏的压力梯度为 138.05psi/100m（0.9518MPa/100m）；压力系数为 1.006，属于正常压力系统。

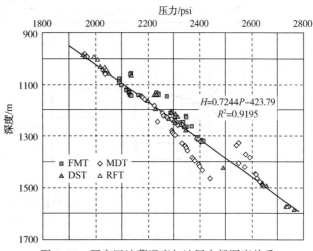

图 7.27 研究区油藏温度与油层中部深度关系

7.2.3 油藏相渗曲线及驱替研究

1. 稳态法油水相渗曲线

根据《岩石中两相流体相对渗透率测定方法》（GB/T 28912—2012），采用稳态法测量油水两相相渗曲线。

1）实验原理

稳态法测定油-水相对渗透率的基本理论依据是一维达西渗流理论，并且忽略毛管压力和重力作用，假设两相流体不互溶且不可压缩。实验时在总流量不变的条件下，将油水按一定流量比例同时恒速注入岩样，当岩心两端压差及油、水流量稳定时，岩样含水饱和度不再变化，此时油、水在岩样孔隙内的分布是均匀的，达到稳定状态，油和水的有效渗透率值是常数。因此可利用测定岩样进出口压差及油、水流量，由达西定律直接计算出岩样的油、水有效渗透率及相对渗透率值。用称重法或物质平衡法计算出岩样相应的平均含水饱和度。改变油水注入流量比例，就可得到一系列不同含水饱和度时的油、水相对渗透率值，并由此绘制出岩样的油-水相对渗透率曲线。

2）实验流程及方法

稳态法测量油-水相对渗透率曲线，流程图如图 7.28 所示，主要设备有围压泵、压力泵、岩心夹持器等。根据实验要求，进行驱替实验。所用的流体是模拟地层水（黏度为 1.15mPa·s）和模拟原油（黏度为 2.9mPa·s）。

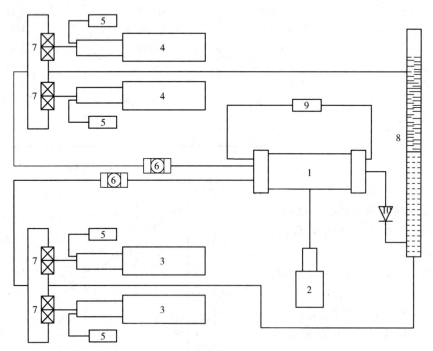

图 7.28　稳态法测量相渗曲线流程示意图

1—岩心夹持器；2—围压泵；3—水泵；4—油泵；5—压力传感器；
6—过滤器；7—三通阀；8—油水分离器；9—压差传感器；10—回压阀

实验方法是在室温为 25℃ 及总速度不变的条件下，改变油水注入比例（20：1、10：1、5：1、1：1、1：5、1：10），进行测试实验，即建立束缚水饱和度测定，并测量束缚水状态下的油相渗透率。但在每一级油水流量比注入时，每一种流体至少应该注入 3 倍岩样孔隙体积，并且岩样两端的压差稳定，同时又满足以上两个条件时判定为稳定。

3）实验结果与讨论

针对研究区储层特征，优选 4 块岩心（表 7.33），进行相渗测量，结果见表 7.34 和图 7.29。

表 7.33　岩心基本参数及部分实验数据

岩心号	相渗 1#	相渗 2#	相渗 3#	相渗 4#
岩心长度/cm	4.28	4.86	4.85	4.34
岩心直径/cm	2.47	2.47	2.46	2.46
截面积/cm^2	4.7916	4.7916	4.7529	4.7529
岩心孔隙度/%	10.27	14.72	15.59	14.14
孔隙体积/cm^3	2.1060	3.4278	3.5938	2.9267
渗透率/$10^{-3}\mu m^2$	4.5658	0.6603	3.7942	14.1958
临界水饱和度/%	45.09	52.07	46.93	39.17
原始含油饱和度/%	54.91	47.93	53.07	60.83
临界水时油相渗透率/$10^{-3}\mu m^2$	0.9017	0.0892	0.6932	3.9805
水开始流动时的油相渗透率/$10^{-3}\mu m^2$	0.3721	0.0274	0.2736	3.3364
等渗透率时水饱和度/%	59.2	62.0	60.1	58.5
残余油饱和度/%	34.87	32.42	33.91	32.09
残余油时水相渗透率/$10^{-3}\mu m^2$	0.0694	0.0060	0.0535	1.2998
水相平衡渗透率/$10^{-3}\mu m^2$	0.0152	0.0091	0.0141	0.0796
无水期采收率/%	13.55	10.10	10.82	8.52
最终采收率/%	36.50	32.30	36.10	47.25

表 7.34　实验结果统计表

样品号	相渗 1#		样品号	相渗 2#	
S_w/%	K_{ro}	K_{rw}	S_w/%	K_{ro}	K_{rw}
45.09	0.1925	0	52.07	0.1351	0
50.07	0.1371	0.0021	54.66	0.0917	0
52.53	0.0815	0.0077	56.91	0.0415	0.0018
57.11	0.0295	0.0141	60.02	0.0119	0.0033
62.93	0.0029	0.0152	67.58	0	0.0091
65.13	0	0.0165			

样品号	相渗 3#	
S_w/%	K_{ro}	K_{rw}
46.93	0.1827	0
50.09	0.1451	0
52.67	0.0721	0.0009
57.52	0.0255	0.0028
62.14	0.0019	0.0077
66.09	0	0.0141

样品号	相渗 4#	
S_w/%	K_{ro}	K_{rw}
39.17	0.2804	0
44.35	0.2137	0.0019
48.62	0.1531	0.0042
53.04	0.0699	0.0071
58.07	0.0265	0.0193
61.53	0.0094	0.0351
65.14	0.0027	0.0622
67.91	0	0.0796

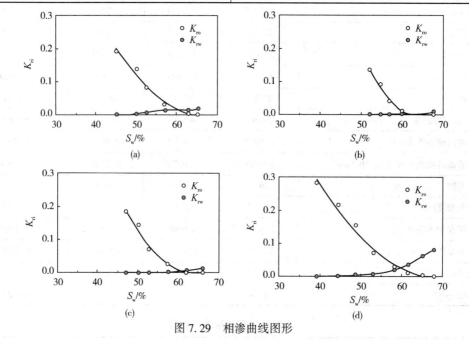

图 7.29　相渗曲线图形

由实验结果综合分析可知，临界含水饱和度为 39.17%~52.07%（平均 45.815%），原始含油饱和度为 47.93%~60.83%（平均 54.185%），残余油饱和度为 32.09%~34.87%（平均 33.3225%），最终采收率为 32.3%~47.24%（平均 38.0375%），等渗透率时含水饱和度为 58.5%~60.0%（平均 59.95%），完全符合低孔低渗相渗曲线特征。

油水相对渗透率曲线类型很多（正常形、直线形、弓形、驼背形及过渡形）。直线形相渗曲线特征，即 S_w 增加时，K_{rw} 以较快速度均匀地增加。弓形曲线形态为向上凸，即 S_w 增加时，K_{rw} 先快速增加后增加幅度变缓（$S_w=50\%$ 为界）。正常形曲线 K_{rw} 变化幅度则与弓形曲线相反；过渡形曲线介于直线形与弓形曲线之间。研究区内的相渗曲线均接近直线形相渗曲线为主，残余油水相渗透率较低，是典型的低渗储层的生产特征，即油井见水后，随含水上升产液指数下降，难于用提高产液量的方法保持稳产。

相对渗透率曲线判断润湿性的常用指标(表 7.35),研究区内的束缚水饱和度为 39.17%~52.07%,等渗透率时含水饱和度为 58.5%~60.0%,残余油下 K_{rw} 与束缚水下 K_{ro} 之比为 0.0673~0.3265(平均值 0.1372),表明储层岩心润湿性为亲水或强亲水性。因此,水驱采收率比较低平均仅有 38.04%,用空气/空气泡沫技术开采研究区内的剩余油比较合理。

表 7.35 不同润湿性岩心相渗曲线特征值

类 型	强亲水	亲 水	中 性	亲 油	强亲油
束缚水饱和度/%	>35	20~30	15~20	10~15	<10
交点含水饱和度/%	>60	50~60	50	40~50	<40
残余油下 K_{rw}/束缚水下 K_{ro}	<0.1	0.1~0.25	0.5	0.5~0.7	0.7~1.0

通过室内实验研究分析的相渗曲线在数值模拟中应用时,应注意需要对实验数据进行修订;经对相渗曲线归一平均化处理后,其结果见图 7.30,为数模做准备。

2. 岩心驱替实验研究

1)实验流程及方法

针对研究区储层特征,根据常规驱替实验,本实验流程图见图 7.31。实验方法是选择具有代表性的天然岩心,在油藏温度(70℃)下,按照实验要求进行驱替实验。首先对同一岩心先模拟水驱油过程;完毕后重新洗岩心,建立原始含油饱和度,再进行模拟空气驱替过程;最后对比模拟地层水和空气驱替效率和产气率/产水率等指标。驱替实验中所用到岩心及驱替液等基本参数见表 7.36。部分水驱实验见附表 2。

表 7.36 实验岩心及驱替剂的参数统计表

岩心号	气驱 1#	水驱 1#	气驱 2#	水驱 2#
岩心长度/cm	5.027		5.655	
岩心直径/cm	2.512		2.491	
岩心孔隙度/%	6.3		7.2	
截面积/cm²	4.9535		4.8710	
孔隙体积/cm³	1.7929		1.7354	
渗透率/10⁻³μm²	2.5101		8.8909	
模拟原油黏度/mPa·s	1.54			
模拟地层水矿化度/(mg/L)	51213			
模拟地层水黏度/mPa·s	0.62			
注入气黏度/mPa·s	0.0189			
束缚水饱和度/%	42.48	42.39	38.76	38.77
残余油饱和度/%	37.42	39.77	33.92	36.16
注水速度/(mL/min)		0.3		0.3

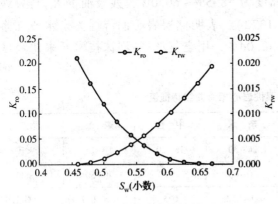 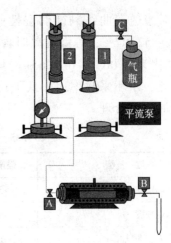

图 7.30 相渗曲线结果　　　　　　　　图 7.31 稳态法测量相渗曲线流程示意图

2) 实验结果与讨论

针对研究区采用岩心驱替效果分析如图 7.32。由实验结果表明，同一渗透率下，空气驱油效率(33.13%~49.96%，平均 44.548%)均高于水驱油效率(30.86%~40.96%，平均 35.905%)，分析原因以为空气驱替过程中，可能原因发生了低温氧化反应具有烟道气驱的作用。空气驱过程中，气的突破较水驱的突破早，主要因为空气的黏度相对于水相黏度低，可能发生气窜现象，因此采用空气泡沫来封堵相对高的渗透层，实现均匀推进，到达提高采收率的目的。

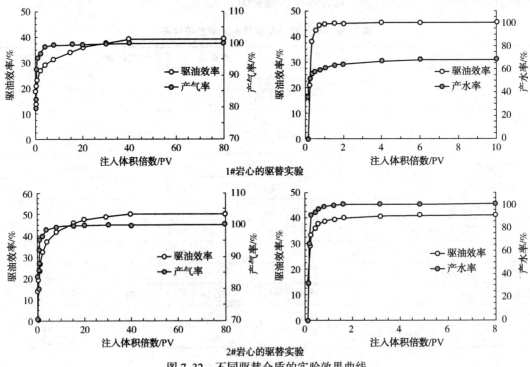

图 7.32 不同驱替介质的实验效果曲线

7.3　试验区井组开发特征

试验区内先导性空气/空气泡沫驱的井网形式为矩形反九点井网(150m×125m)，见图 7.33，共有 9 口井，其中注入井 1 口，采油井 8 口；日产液量 786t，平均含水 95.04%，累计采出程度 23.78%。据 2017 年 6 月相邻井 DJP51-6 取心资料报告解释，水洗厚度仅占有效厚度的 70.9%，仍有较多剩余油未被采出，但因非均质性导致水驱效果差，选出典型井组进行先导性试验。

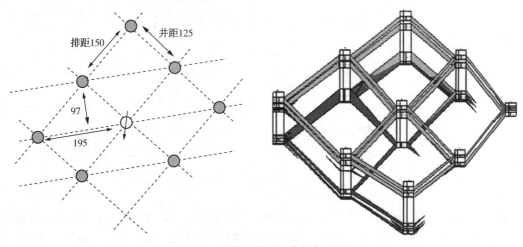

图 7.33　试验区井网示意图与连通图

7.3.1　注水利用率

1. 存水率评价

注水利用率高低，主要体现在地下存水率的大小和相同注入孔隙体积倍数下采收率的高低。根据定义，存水率计算公式如式(7-15)所示：

$$存水率 = \frac{累计注水 - 累计产水}{累计注水} \tag{7-15}$$

油田注水开发过程中，随着采出程度增加，综合含水不断上升；若存水率不断减小，则注水利用率降低，这意味着注入大量的水，仅能驱替有限原油，当存水率趋于零时，目前条件下油藏注水开发的潜力已经达到极限，需要采取其他措施提高原油采收率。

油藏实际存水率随含水率的变化曲线(图 7.34)，可以看出，在低含水期间(<20%)存水率接近理论，随后期存水率很低，说明水驱效果变差。

2. 水驱指数评价

水驱指数是指在某一油藏压力下，纯水侵量与该压力下累计产油量在储层条件下体积之比，是评价水驱作用在油藏综合驱动中所起作用相对大小的指标。水驱指数计算公式如式(7-16)所示：

$$水驱指数 = (累计注水 - 累计产水)/累计产油 \tag{7-16}$$

水驱指数与月注采比具有相似的变化规律，当水驱指数或月注采比较低时，说明利用少量的注入水就可以驱替出大量的原油，注入水利用率较高；反之，当水驱指数或月注采比较高时，注入水利用率较低。

油藏实际水驱指数随含水率的变化曲线（图7.35）。水驱指数有较多离散点，表明油藏水驱效果具有不合理性，表明需要采取有效措施提高注入水的利用效率，增加驱油能量。

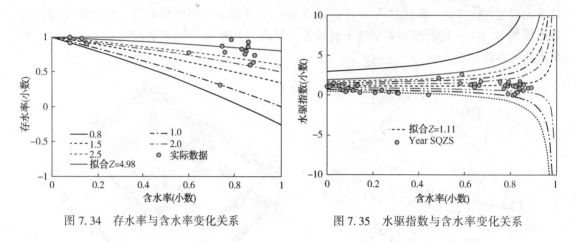

图7.34 存水率与含水率变化关系   图7.35 水驱指数与含水率变化关系

3. 注入水波及体积系数

由于油层的平面及纵向非均质性、油水的重力差异和毛细管力的影响，注水前缘在油层中推进是不均匀的，通常把注入水所波及的孔隙体积与所研究注水单元的孔隙体积之比称为注入水波及体积系数。

注入水波及体积系数与采出程度和驱油效率有如关系式（7-17）所示：

$$R = E_D \cdot E_V \tag{7-17}$$

式中 R——采出程度，%；

E_D——驱油效率，%；

E_V——注水波及体积系数，%。

根据密闭取心井和水驱油实验资料统计，油藏的水驱油效率分别为58.47%。截至目前，其水驱采收率分别为24.8%，则入水波及体积系数分别为37.6%，主要是由于研究区非均质性较强，注入水不能有效波及含油范围。

7.3.2 水驱控制储量分析

水驱（控制）储量是指能受到天然水驱（边水或底水）或人工注入水驱动效果的储量。它与水驱控制程度紧密相关。水驱控制程度是指水驱储量与地质储量之比，其简单计算方法，如式（7-18）所示：

$$\lambda = \frac{h}{H} \times 100\% \tag{7-18}$$

式中 λ——水驱控制程度，%；

h——与注水井连通厚度，m；

H——油层总厚度，m。

　　水驱控制程度是油田开发中的一项重要参数，反映了当前水驱条件下，注水井所控制到的油藏地质储量，主要受油藏或断块的复杂程度、储层的非均质性、注采井网完善程度的综合影响。同时，它也是水驱动用程度的上限，某个时刻的水驱动用程度与水驱控制程度的差值，则反映到这个时刻为止，该油田水驱开发效果，为以后油田的井网调整、措施挖潜提供了依据。而水驱控制程度目标值则是指在总井数不变的情况下，通过改变油水井井别以调整渗流方向、提出补孔、压裂等措施而能达到的最大可能水驱控制程度。水驱控制程度目标值与当前水驱控制程度差距的大小，直接反映了当前井网部署的合理性，展示了当前水驱控制程度的提高空间。研究油层水驱控制程度是油田调整挖潜的主要依据。一般来说，无论何种类型的油藏，水驱控制程度高，其水驱动用程度也高，所以，研究水驱控制程度目标值，对于提高水驱动用程度，进而提高油田采收率也具有重要意义。目前在油田注水开发中，应用较多的是根据油层连通状况来确定水驱控制程度目标值，但由于油层厚度连通百分数随着油田打井的增多，而变化较大，故其误差也较大。因此水驱控制程度的确定较为困难。在此主要采用概率法与大庆油田、中原油田经验公式法计算研究区油藏井网水驱控制程度提供一定的指导意义。

　　1. 概率法计算公式

　　概率法如式(7-19)所示：

$$\lambda = 1 - \sqrt{\varepsilon}\,\exp\left(-\frac{0.0635F}{\Psi d^2}\right) \tag{7-19}$$

式中　λ——水驱控制程度，f；

　　　　ε——采注井数比，f；

　　　　F——油砂体面积，m^2；

　　　　d——平均井距，m；

　　　　Ψ——井网系统单井控制面积与井距平方间的换算系数；四点法井网系统，$\Psi = $
　　　　　　0.866；五点法与九点法井网系统，$\Psi = 1$。

　　采用该方法计算的水驱控制程度与注水方式、井网密度及油砂体的面积有关，考虑得较为全面，能够反映油田实际情况，且计算较为方便。

　　对于形状不规则的井网，不能直接应用该方法，需要对与采注井数比有关的井网面积修正系数 $\Psi(\varepsilon)$ 和平均井距进行修正。根据大庆油田北一区断东已知数据进行回归处理如式(7-20)所示：

$$\psi = 0.133975\varepsilon^2 - 0.5359\varepsilon + 1.40192 \tag{7-20}$$

其中，$\varepsilon = n_0/n_w = $采油井井数/注水井井数

　　在井网单元中，井网面积与井距之间的关系为：五点法，$A_5 = 2d^2$；四点法，$A_4 = 2.60d^2$；反九点法，$A_9 = 4d^2$。设油田面积为 A，开发层系为 n 套，注水井数为 n_w，采油井数为 n_o，则平均井距如式(7-21)所示：

$$d = \sqrt{\frac{A \cdot n}{\theta \cdot n_w}} \tag{7-21}$$

其中，$\theta = 0.4\varepsilon^2 - 0.6\varepsilon + 2.2$——井组校正系数。

　　2. 大庆油田经验公式法

　　根据大庆油田萨北、萨中地区的地质特点和开发状况，利用实际生产统计数据进行回

归，得出了一个描述水驱控制程度与井网密度之间相互关系的经验公式，如式（7-22）、式（7-23）所示：

$$\lambda_1 = 0.98\exp(-3.02/SPC) \qquad r = 0.881 \qquad (7-22)$$

$$\lambda_2 = 0.956\exp(-2.49/SPC) \qquad r = 0.972 \qquad (7-23)$$

式中　λ_1，λ_2——主力油层和非主力油层在一定的井网密度下的水驱控制程度，小数；

　　　　SPC——井网密度，口/km²。

3. 中原油田经验公式

根据中原油田文明寨、卫城、马寨油田 6 个区块 215 个单层 1133 个油砂体储量与砂体控制程度的关系研究，回归分析得出了油砂体控制程度与油砂体储量间的关系，如式（7-24）所示：

$$y = \exp(-cx) \qquad (7-24)$$

式中　y——油砂体控制程度，f；

　　　　x——油砂体储量，10^4t；

　　　　c——油砂体分布常数，f。

文明寨、卫城、马寨油田 6 个区块的油砂体分布常数分布范围为 0.0325～0.1456。

油砂体分布常数可由公式回归得出，它表明油藏或断块的复杂程度，C 值越大说明油藏或断块越复杂。

研究水驱控制程度，普遍采用的方法是用井网套油砂体。其统计工作量非常大。当研究了油砂体储量控制程度后，知道油砂体储量和油砂体控制程度的分布规律，就能讨论单井控制储量与水驱控制程度的关系。设想，无论油砂体大小、位置如何，当布井数达到一定程度时，每个油砂体都能被井钻遇。为保证有效注水开发，要求在每一个油砂体上最少能钻遇两口井。因此，井距必须小于油砂体延伸长度的一半，单井控制面积小于油砂体面积的1/4，即单井控制储量小于油砂体储量的1/4。所以，将式（7-24）中 y 变为水驱控制程度，就得到了水驱控制程度的表达式如式（7-25）所示：

$$\lambda = \exp\left(-\frac{AF}{100}\right) \qquad (7-25)$$

式中　λ——水驱控制程度，f；

　　　　A——井网指数（$A = 4C$），f；

　　　　F——单井控制储量，10^4t/口。

根据上述方法计算得出了研究区油藏目前注水井网的水驱控制程度（表 7.37）。

表 7.37　研究区油藏目前注水井网的水驱控制程度　　　　　　　　　　　　　%

油　藏	概率法	大庆经验公式法	中原经验公式	平均值
研究区	67.84	53.07	90.60	70.50
试验区井组	77.24	71.01	97.08	81.78

从上述计算结果来看，大庆经验公式法计算结果偏小。一般认为，油田"前期井网"的储量控制应大于75%～80%，后期"调整井网"和一次到位井网，储量控制应在85%～95%以上。国内外注水开发油田的开发实践证明，开发效果较好的油田，其水驱控制程度均大于80%，水驱控制程度小于60%的油田，其开发效果较差。虽然试验区的水驱控制程度相对较

高，但由于非均质性导致其油层实际动用程度也较低。综上所述，目前全区整体水驱控制程度相对偏低，水驱效果不理想，存在一定的提高潜力，因此，后期需对目前井网做进一步调整。

7.3.3　试验区水驱采收率评价

油田的采收率(可采储量)，既与油藏宏观的地质条件和微观的孔隙结构性质有关，又与开发措施是否合理以及现有采油工艺技术水平关系密切。目前计算油田可采储量和采收率的方法众多，而且各种方法适用不同油田、不同开发阶段，同一油田、相同开发阶段因计算方法不同结果又存在差异。所有的计算方法概括起来可分为两大类，即动态分析法和经验公式法。

1. 动态分析法

1) 无因次注采曲线法

无因次注入、采出曲线即为累计注水与累计采油之比、累计产水与累计产油之比与采出程度关系曲线。作出试验区无因次注入采出曲线，如图7.36所示，可获得无因次注入、采出与采出程度的线性关系，分别为：

$$\ln\left(\frac{W_i}{N_p}\right) = a_2 + b_2 R \tag{7-26}$$

$$\ln\left(\frac{W_p}{N_p}\right) = a_1 + b_1 R \tag{7-27}$$

由式(7-26)和式(7-27)可得：

$$R = \frac{a_2 - a_1}{b_1 - b_2} \tag{7-28}$$

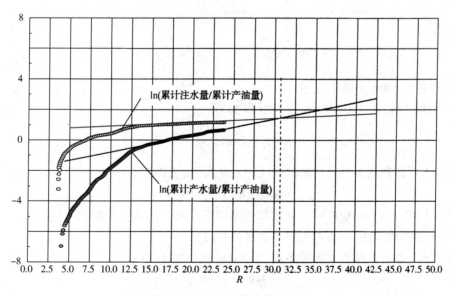

图7.36　试验区无因次注采曲线

式中 W_i——累计注水量，m^3；

         W_p——累计产水量，m^3；

         N_p——累计产油量，$10^4 t$；

         R——采出程度，%；

a_1、a_2、b_1、b_2——回归常数；

         R——采收率，%。

经计算，应用该方法预测试验区水驱采收率为 30.62%。

2）采出程度与油水比法

采出程度与含水率存在如关系式（7-29）所示：

$$R = A + B \ln\left(\frac{1}{f_w} - 1\right) \tag{7-29}$$

根据实际生产数据分别拟合出试验区的关系式（图7.37）如式（7-30）所示：

$$R - \ln(1/f_w - 1) \tag{7-30}$$

求得 A 和 B，当 $f_w = 0.98$ 时的 R 值即为最终采收率。计算结果为 28.83%。

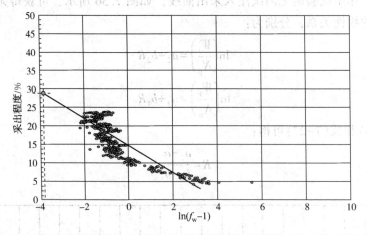

图 7.37 试验区采出程度与含水率关系

3）采出程度×含水与油水比法

采出程度×含水率与含水率存在如式（7-31）所示：

$$R \cdot f_w = A + B \ln\left(\frac{1}{f_w} - 1\right) \tag{7-31}$$

根据实际生产数据分别拟合出试验区的关系式（图7.38）如式（7-32）所示：

$$R \times f_w - \ln(1/f_w - 1) \tag{7-32}$$

求得 A 和 B，当 $f_w = 0.98$ 时的 R 值即为最终采收率。计算结果为 34.11%。

4）甲型水驱曲线法（马克西莫夫—童宪章曲线）

累计产水与累计产油存在如关系式（7-33）、式（7-34）所示：

$$\lg W_p = a + b N_p \tag{7-33}$$

$$N_p = \frac{1}{b}\left[\lg\left(\frac{0.4343}{b}\frac{f_w}{1-f_w}\right) - a\right] \tag{7-34}$$

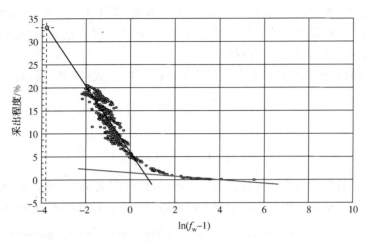

图 7.38 试验区采出程度×含水率与含水率关系

根据实际生产数据分别作出试验区的甲型水驱曲线(图 7.39),当 $f_w = 0.98$ 时的 N_p 值即为可采储量,由可采储量除以地质储量可求得最终采收率,计算结果为 31.30%。

5) 乙型水驱曲线法(沙卓诺夫曲线)

累计产液与累计产油存在如关系式(7-35)、式(7-36)所示:

$$\lg L_p = a + bN_p \tag{7-35}$$

$$N_p = \frac{1}{b}\left[\lg\left(\frac{0.4343}{b}\frac{f_w}{1-f_w}\right) - a\right] \tag{7-36}$$

根据实际生产数据分别作出试验区的乙型水驱曲线(图 7.40),当 $f_w = 0.98$ 时的 N_p 值即为可采储量,由可采储量除以地质储量可求得最终采收率。计算结果为 27.64%。

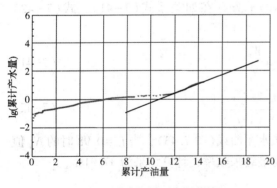

图 7.39 试验区甲型水驱曲线

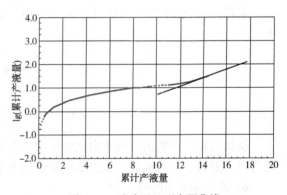

图 7.40 试验区乙型水驱曲线

6) 丙型水驱曲线法(西帕切夫曲线)

累计产液/累计产油与累计产液存在如关系式(7-37)、式(7-38)所示:

$$\frac{L_p}{N_p} = a + bL_p \tag{7-37}$$

$$N_p = \frac{1}{b}\left[1 - \sqrt{a(1-f_w)}\right] \tag{7-38}$$

根据实际生产数据分别作出试验区的丙型水驱曲线(图7.41),当$f_w = 0.98$时的N_p值即为可采储量,由可采储量除以地质储量可求得最终采收率,计算结果为31.48%。

7)丁型水驱曲线法(纳扎洛夫曲线)

累计产液/累计产油与累计产水存在如关系式(7-39)、式(7-40)所示:

$$\frac{L_p}{N_p} = a + bW_p \qquad (7-39)$$

$$N_p = \frac{1}{b}\left[1 - \sqrt{(a-1)\frac{1-f_w}{f_w}}\right] \qquad (7-40)$$

根据实际生产数据分别作出试验区的丁型水驱曲线(图7.42),当$f_w = 0.98$时的N_p值即为可采储量,由可采储量除以地质储量可求得最终采收率,计算结果为30.09%。

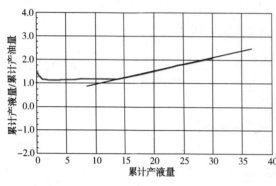

图7.41 试验区丙型水驱曲线　　　　图7.42 试验区丁型水驱曲线

8)张金庆水驱曲线

累计产水/累计产油与累计产水/累计产油的平方存在如关系式(7-41)、式(7-42)所示:

$$\frac{W_p}{N_p} = -a + b\frac{W_p}{N_p^2} \qquad (7-41)$$

$$N_p = b\left[1 - \sqrt{\frac{a(1-f_w)}{f_w + a(1-f_w)}}\right] \qquad (7-42)$$

根据实际生产数据分别作出试验区的张金庆水驱曲线(图7.43),当$f_w = 0.98$时的N_p值即为可采储量,由可采储量除以地质储量可求得最终采收率,计算结果为37.91%。

9)俞启泰水驱曲线

累计产油与累计产液/累计产水存在如关系式(7-43)、式(7-44)所示:

$$\lg N_p = a - b\lg\frac{L_p}{W_p} \qquad (7-43)$$

$$N_p = 10^a\left\{\frac{2bf_w}{1 - f_w + b(1+f_w) + \sqrt{[1-f_w+b(1+f_w)]^2 - 4b^2f_w}}\right\}^b \qquad (7-44)$$

根据实际生产数据分别作出试验区的俞启泰水驱曲线(图7.44),当$f_w = 0.98$时的N_p值即为可采储量,由可采储量除以地质储量可求得最终采收率,计算结果为30.10%。

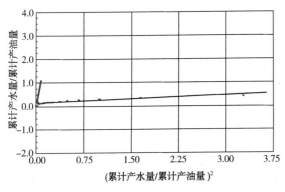

图 7.43　试验区张金庆水驱曲线　　　　图 7.44　试验区俞启泰水驱曲线

2. 经验公式法

（1）陈元千的相关经验公式 I，如式（7-45）所示：

$$E_{\mathrm{R}} = 0.2143\left(\frac{K}{\mu_{\mathrm{o}}}\right)^{0.1316} \tag{7-45}$$

式中　E_{R}——采收率；

　　　K——空气渗透率，$10^{-3}\,\mu\mathrm{m}^2$；

　　　μ_{o}——原油黏度，$\mathrm{mPa\cdot s}$。

此方法计算的最终采收率为 30.60%。

（2）陈元千的相关经验公式 II，如式（7-46）所示：

$$E_{\mathrm{R}} = 0.058419 + 0.084612\lg\frac{K}{\mu_{\mathrm{o}}} + 0.3464\phi + 0.003871S \tag{7-46}$$

式中　E_{R}——采收率；

　　　K——空气渗透率，$10^{-3}\,\mu\mathrm{m}^2$；

　　　μ_{o}——原油黏度，$\mathrm{mPa\cdot s}$；

　　　ϕ——孔隙度，小数；

　　　S——井网密度，口/km^2。

此方法计算的最终采收率为 27.77%。

（3）美国 Guthrie & Greenberger 相关经验公式，如式（7-47）所示：

$$E_{\mathrm{R}} = 0.11403 + 0.2719\lg K - 0.1335\lg\mu_{\mathrm{o}} + 0.25569S_{\mathrm{wi}} - 1.538\phi - 0.00115h \tag{7-47}$$

式中　E_{R}——采收率；

　　　K——空气渗透率，$10^{-3}\,\mu\mathrm{m}^2$；

　　　μ_{o}——原油黏度，$\mathrm{mPa\cdot s}$；

　　　S_{wi}——束缚水饱和度，%；

　　　ϕ——孔隙度，小数；

　　　h——油层有效厚度，m。

此方法计算的最终采收率为 34.21%。

(4) 万吉业公式，如式(7-48)所示：

$$E_R = 0.135 + 0.165 \lg \frac{K}{\mu_R} \tag{7-48}$$

式中　E_R——采收率；

　　　K——空气渗透率，$10^{-3} \mu m^2$；

　　　μ_R——油水黏度比，$\mu_R = \mu_o / \mu_w$，小数。

此方法计算的最终采收率为 38.30%。

(5) 井网密度法，如式(7-49)所示：

$$E_R = \left[0.698 + 0.16625 \cdot \lg \frac{K/1000}{\mu_o} \right] \cdot \exp \left[-\frac{0.792}{S} \left(\frac{K/1000}{\mu_o} \right)^{-0.253} \right] \tag{7-49}$$

式中　E_R——采收率；

　　　K——空气渗透率，$10^{-3} \mu m^2$；

　　　μ_o——原油黏度，$mPa \cdot s$；

　　　S——井网密度，口$/km^2$。

此方法计算的最终采收率为 32.43%。

(6)《中国油藏开发模式总论》公式，如式(7-50)所示：

$$E_R = 0.38835 \times \left(\frac{K}{\mu_o} \right)^{0.06971} \times e^{-12.843/S \left(\frac{K}{\mu_o} \right) - 0.301815} \tag{7-50}$$

式中　E_R——采收率；

　　　K——空气渗透率，$10^{-3} \mu m^2$；

　　　μ_o——原油黏度，$mPa \cdot s$；

　　　S——井网密度，口$/km^2$。

此方法计算的最终采收率为 30.45%。

(7) 胜利水驱经验公式，如式(7-51)所示：

$$E_R = 0.09129 + 0.08892 \cdot \lg \left(\frac{K}{\mu_o} \right) + 0.18966 \phi + 0.00281 S \tag{7-51}$$

式中　E_R——采收率；

　　　K——空气渗透率，$10^{-3} \mu m^2$；

　　　μ_o——原油黏度，$mPa \cdot s$；

　　　ϕ——孔隙度，小数；

　　　S——井网密度，口$/km^2$。

此方法计算的最终采收率为 28.46%。

(8)《砾岩油藏开发》公式，如式(7-52)所示：

$$E_R = 93.5582 - 10.8851 \lg \mu_{oi} - 0.5901 P_i + 6.3683 \left(\frac{K}{\mu_{oi}} \right)^{0.3409}$$
$$+ 0.1696 S + 0.3288 L_R - 90.8700 V_K - 1.8333 N_{OW} \tag{7-52}$$

式中　E_R——采收率；

　　　μ_{oi}——原油黏度，$mPa \cdot s$；

　　　P_i——原始地层压力，MPa；

　　　K——有效渗透率，$10^{-3} \mu m^2$；

　　S——井网密度，口$/km^2$；

　　L_R——油层连通率，%；

　　V_K——渗透率变异系数，f；

　　N_{OW}——采注井数比。

此方法计算的最终采收率为32.09%。

3）方法筛选及综合分析

　　经前面多种方法计算，试验区的最终采收率计算结果如表7.38所示。从这些计算结果可以看出，部分方法的计算结果明显不合理或者其值低于油藏目前采出程度，主要原因是这些方法的理论基础不同，都有其各自的适用条件。

表7.38　试验区采收率预测结果

序　号	采收率计算方法	计算结果/%
1	无因次注采曲线	30.62
2	采出程度–油水比法	28.83
3	采出程度·含水–油水比法	34.11
4	甲型水驱曲线法	31.30
5	乙型水驱曲线法	27.64
6	丙型水驱曲线法	31.48
7	丁型水驱曲线法	30.09
8	张金庆水驱曲线	37.91
9	俞启泰水驱曲线	30.10
10	陈元千的相关经验公式Ⅰ	30.60
11	陈元千的相关经验公式Ⅱ	27.77
12	美国 Guthrie & Greenberger 经验公式	34.21
13	万吉业公式	38.30
14	井网密度法	32.43
15	《中国油藏开发模式总论》公式	30.45
16	胜利水驱经验公式	28.46
17	砾岩油田开发	32.09

　　6种水驱曲线是石油天然气行业标准规定使用的水驱曲线，应用广泛。对于水驱曲线法，应根据油田地质特点及原油黏度合理选择水驱特征曲线：甲型水驱曲线适用于中等黏度($3\sim30mPa\cdot s$)层状油田；乙型水驱曲线适用于高黏度($>30mPa\cdot s$)层状油田；丙型水驱特征曲线适用于中等黏度($3\sim30mPa\cdot s$)层状油田或含水率大于80%后的任何类型水驱油田；丁型水驱特征曲线适用于低黏($<3mPa.s$)层状油田和底水灰岩油田。大量油田的实际应用表明，张金庆水驱曲线和俞启泰水驱曲线优于其他四种水驱曲线，应加以重视。同时，甲型和丙型水驱曲线法的预测结果相对比较可靠，且有较好的一致性，而乙型水驱曲线法预测的结果明显偏高，丁型水驱曲线法明显偏低。

　　不同的经验公式是根据不同油藏条件总结出来的，只有在特定油藏条件下才能应用。陈元千相关经验公式Ⅰ适用于 $\mu_o=0.5\sim76mPa\cdot s$，$K=(20\sim5000)\times10^{-3}\mu m^2$的油藏；陈元千相关经验公式Ⅱ适用于水驱砂岩油藏；《中国油藏开发模式总论》所提供的经验方法适合我国陆相砂岩水驱油藏，涵盖范围很广，凡流度 K/μ_o 在 $5\times10^{-3}\ \mu m^2/(mPa\cdot s)$ 和 $600\times10^{-3}\ \mu m^2/(mPa\cdot s)$ 区间内不同储层性质的砂岩水驱油藏皆适用。

除前述方法中明显不合理的计算结果，对其他合理条件下计算的结果求平均值可得最终采收率为32.59%，其剩余可采储量较大，因此可采用空气/空气泡沫开采技术，进一步提高采收率。

7.4 矿场实施与监测

7.4.1 空气/空气泡沫调驱方式优化

空气泡沫调驱或驱替现场试验实施之前，目标油藏试验方案的优化设计与安全控制分析至关重要。为此，结合先导性试验区内油藏井网现状与现场要求，优化设计空气/空气泡沫驱方案，确定合理的注采参数，分析其气体运移规律与工艺安全性，评价其调驱效果与试验井组的腐蚀情况、产气安全性，为空气泡沫驱现场工艺稳定高效地提高采收率提供方案依据。

1. 数值模拟研究

1）储层三维地质建模的建立

储层地质模型是油藏地质模型的核心，是储层特征及其非均质性在三维空间上分布和变化的具体表征。储层建模实际上就是建立表征储层物性的三维空间分布及变化模型。建立储层参数模型的目的就是要通过对孔隙度、渗透率和储层厚度的定量研究，准确界定有利储层空间位置及其分布范围，从而为油田开发方案的制定和调整提供直接的地质依据。

储层建模一般分为确定性建模和随机建模。确定性建模是对井间（控制点间）未知区域给出储层特征确定性的预测结果，其目的就是应用已知信息推测出控制点间确定的、唯一的、真实的储层参数。该建模方法对资料要求较高，如高分辨率的三维地震资料、井间地震、水平井资料等，因此其建模方法包括地震法、水平井法、克里金插值法等；随机模拟是以已知的信息为基础，以随机函数（变差函数）为理论，产生多个可选的、等概率的、高精度的储层结构和属性空间分布模型。这种方法认为控制点以外的储层参数有一定的不确定性。因此，随机建模提供的地质模型不是一个，而是几个，即一定范围内的几种可能实现。每个实现也成为随机图像。各个实现之间的差别则反映了储层的不确定性。在所有可能的实现中，肯定存在一种更加准确反映地下地质情况，这需要应用地质认识和油藏开发动态等资料加以验证。

储层随机模拟的结果除了与已知具体数值有关外，还与数据的构型有关，即与数据的空间位置和统计特征有关。随机模拟通常可分为条件模拟和非条件模拟。非条件模拟所产生的随机图像仅要求再现随机模型所要求的关于储层属性空间分布结构，并不要求模拟产生的结果在控制点上忠实于已知数据。而条件模拟所产生的随机图像不仅要再现储层属性的空间分布结构，还要求随机图像必须与已知数据完全一致。由于本项目一般认为控制点上的数据是准确的，因此通常讲的随机模拟都是条件模拟。储层建模中应用最广的是条件模拟。条件模拟要求模拟结果完全忠实于已知数据。而序贯模拟则要求在储层参数的邻域内的模型忠实于所有数据，包括原始数据和已经模拟过的数值。也就是说，在储层属性的迭代模拟过程中，每一步模拟结果都作为后续模拟的已知条件，并且后续模拟结果不但要忠实于已知井点信息，还要忠实于以前模拟结果。

在进行储层建模时，需要根据不同储层参数，依据实验变差函数计算结果，选用相应的理论模型进行拟合和结构分析，从而得到反映参数结构特征的变差函数模型，为随机模拟的实现提供基础。

本次储层地质模型是使用 Petrel 软件建立的，首先以地层的精细划分对比和三维地震资料中对断层及目的层段顶底面的解释为基础，建立全区地层格架，再以地层格架模型为控制条件，以测井资料二次解释结果为基础，以地质统计学为手段，利用井点储层参数，借助先进的条件模拟技术，预测井间储层参数的变化，从而得到储层参数分布的三维数据体，继而通过切取垂向和水平剖面，对储层进行定量评价（图 7.45）。

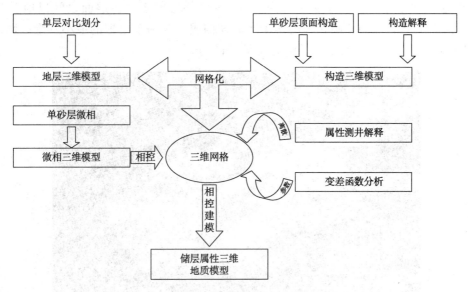

图 7.45　储层三维地质模型建立流程图

（1）数据准备。

根据地质建模的需要，系统地收集、整理和检查了各种地质、地震和油井的资源信息。研究区的地震工作面积为 215 平方千米，但含油面积约为 50 平方千米。

钻井数据：目标地区将有 52 口垂直井。

测井信息：在建模中我们总共使用了 52 口井的测井数据，包括常规测井和测井解释结果曲线。

地震解释资料：该地震解释区包括所有地震区，约 215 平方千米，解释层为 6 个。在地震解释了 80 多个断层，其中含油面积内共有 18 个断层。

地震数据：在此地质建模中，使用了高分辨率统计 3D 地震泥质含量和孔隙度反演数据（正常地震数据量除外）。常规地震数据量和高分辨率统计 3D 地震泥质含量和孔隙度反演数据都可以在分析过程中更好地反演储层岩性和物性的变化规律，因此高精度的统计学反演数据量为地质建模提供了可靠的约束条件。

速度数据：3 口井的 VSP(Vertical Seismic Profiling)和 52 口井的综合记录。

（2）构造模型。

构造是指地层在地应力作用发生变形而呈现出的起伏形态。对于构造油藏，油气分布直接受构造控制，因此建立精确的构造模型，是油藏地质建模的重要内容，也是油藏建模的难点之一。建立构造模型，就是要综合应用地质、地震和测井资料，尤其是要应用高分辨率层序地层学所建立的地层格架，依据不同构造层位，定量表征地质层位的起伏形态和断裂系统的空间组合，总结工区的构造样式，分析构造及断裂系统对油气分布的控制作用。

构造建模包括 2 个主要部分，即地层层面模型和断层模型。为了提高建模精度，遵循了等时建模原则，即以等时地层界面将地层划分为对应的等时沉积地层单元。

根据构造精细解释，结合地震标定和地质分层划分断层，确定全区断裂体系的分布，以及确定目的层段顶底界面。用地震确定的顶底界面构造图控制约束等时沉积单元（对应段）的顶面构造，将这些层面（Petrel 中称为"Horizon"）叠合起来，在层面之间以地质分层层面（对应单层面）进行内插，则相邻的两个层面即构成一个用于模拟的最小三维区域（Petrel 中称为"zone"），这样就得到了三维构造模型（图 7.46）。

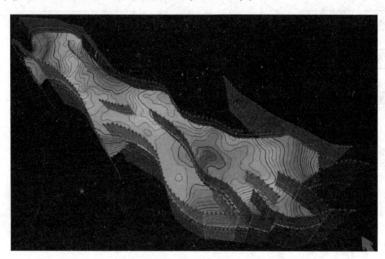

图 7.46　研究区的断层模型

在此基础上，对得到的三维构造模型进行网格化，得到三维网格，为接下来的各种属性模型提供载体。平面上，选取平行边界断层为网格化的 I 方向，其垂直方向为 J 方向进行二维网格化。考虑工区面积和实际地质情况，网格大小的选取见图 7.47。垂向上，网格化在每个"Zone"中进行（Petrel 中称为"Layering"），对每个"Zone"，选取固定网格厚度为 0.5m。

（3）基于地震的沉积模型。

SIS(序贯指示模拟)方法用于单个测井解释的泥质含量，地震反演和地质体合并的相模型中。测井解释泥质含量是第一个数据，泥质含量地震数据和地震地质体（模型网格中的深度转换地震振幅），提交到井位置和 50m 左右的数据中（图 7.48）。根据分析，合并结果泥质含量相当合理，可以反映地震可想象的储层。根据通道和边界的泥质含量，在泥质含量条件基础上建立了相模型（图 7.49）。根据对地震泥质含量的分析和单个测井解释结果，通道泥质含量小于 35%，通道裕量泥质含量在 35%~50% 之间。

名称	颜色	计算	小层划分		参考面	恢复侵蚀	恢复基地	状态
Y1	∨	☑Yes	Proportional	Number of layers: 1		☐Yes	☐Yes	☐ New
Y2	∨	☑Yes	Proportional	Number of layers: 35		☐Yes	☐Yes	✓Done
Y3	∨	☑Yes	Proportional	Number of layers: 30		☐Yes	☐Yes	✓Done
Y4	∨	☑Yes	Proportional	Number of layers: 35		☐Yes	☐Yes	✓Done
Y5	∨	☑Yes	Proportional	Number of layers: 30		☐Yes	☐Yes	✓Done
Y6	∨	☑Yes	Proportional	Number of layers: 25		☐Yes	☐Yes	✓Done
Y7	∨	☑Yes	Proportional	Number of layers: 40		☐Yes	☐Yes	✓Done
S1	∨	☑Yes	Proportional	Number of layers: 30		☐Yes	☐Yes	✓Done
S2	∨	☑Yes	Proportional	Number of layers: 35		☐Yes	☐Yes	✓Done

图 7.47 研究区的网格化示意图

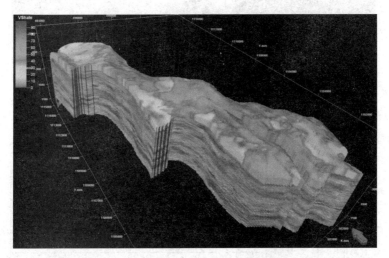

图 7.48 研究区的泥质含量模型

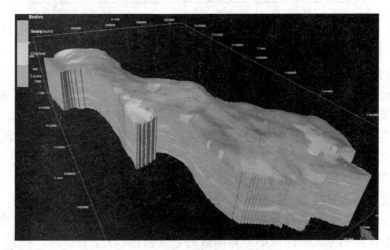

图 7.49 基于地震的沉积相模型

（4）岩性模型。

以研究区岩相为目标，以岩相模拟为统计数据，采用 SIS 法建立岩性模拟（图 7.50）。

对岩性模型的一些参数进行了统计(图7.50和图7.51),在测井和岩性模型中,只有略微的差异,因此岩性模型可以通过测井解释结果反映出各种岩性的相同组成。

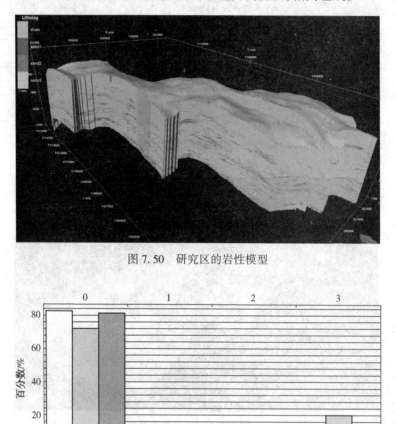

图 7.50　研究区的岩性模型

图 7.51　岩性统计直方图

(5) 属性模型。

依据前面的建模思路,建立了地层、构造三维网格和岩性模型后,在岩性模型的控制下,将离散化的测井二次解释数据(孔隙度、渗透率和含油饱和度)加载进三维网格,这样,仅仅是给井轨迹对应的三维网格赋予了各种属性值,建模的目的就是要给剩下的网格赋值。

分相确定各种属性(净毛比、孔隙度、渗透率和含油饱和度)变差函数模型以后,采取目前应用较广的序贯高斯模拟算法,建立忠实于井点属性三维随机模型。序贯高斯模拟是产生多变量高斯场最直观的算法,其模拟过程是从一个象元到另一个象元序贯进行的,而且用于计算某象元条件概率分布函数的条件数据(原始数据除外)时,还考虑这次模拟中已模拟过的所有数据。建立了油藏净毛比、孔隙度、渗透率和含油饱和度三维模型。随机模拟结果提供了一个储层的三维数据体,对于井点以外的位置处给出了储层特征参数值,地质人员可以根据需要沿任意方向切片,观察储层的变化,这就为储层定量分析提供了条件。

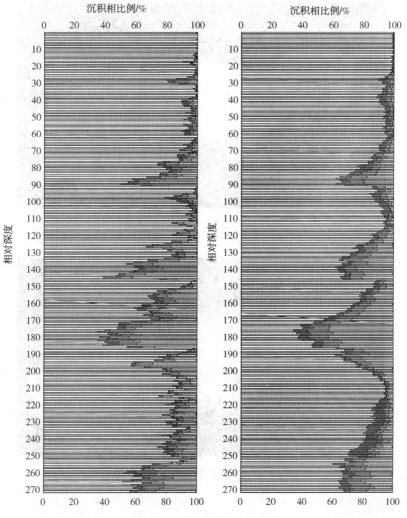

图 7.52 岩相垂直分布对比图

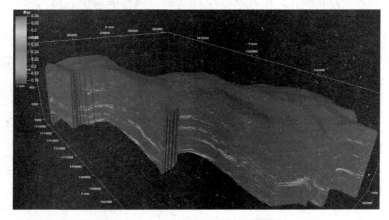

图 7.53 研究区的孔隙度模型

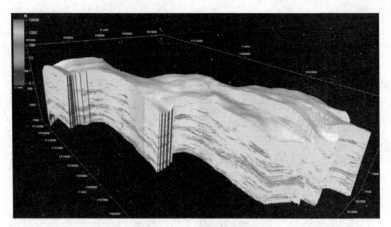

图 7.54　研究区的渗透率模型

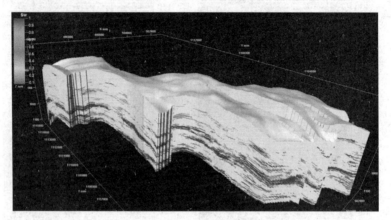

图 7.55　研究区的含水饱和度模型

（6）网格粗化。

按数模要求，将三维地质模型的网格粗化，粗化后的总网格为 142 万，活动网格为 20 万（图 7.56）。与测井数据相比，所建立三维地质模型的精细模型、粗化模型具有相似的分布（图 7.57）。

	名称	颜色	计算	小层划分			参考面	恢复侵蚀	恢复基地	状态
	Y1	∨	☑Yes	Proportional	Number of layers:	1		☐Yes	☐Yes	⊞ New
	Y2	∨	☑Yes	Proportional	Number of layers:	8		☐Yes	☐Yes	✔Done
	Y3	∨	☑Yes	Proportional	Number of layers:	8		☐Yes	☐Yes	✔Done
	Y4	∨	☑Yes	Proportional	Number of layers:	14		☐Yes	☐Yes	✔Done
	Y5	∨	☑Yes	Proportional	Number of layers:	8		☐Yes	☐Yes	✔Done
	Y6	∨	☑Yes	Proportional	Number of layers:	13		☐Yes	☐Yes	✔Done
	Y7	∨	☑Yes	Proportional	Number of layers:	15		☐Yes	☐Yes	✔Done
	S1	∨	☑Yes	Proportional	Number of layers:	8		☐Yes	☐Yes	✔Done
	S2	∨	☑Yes	Proportional	Number of layers:	10		☐Yes	☐Yes	✔Done
	S3	∨	☑Yes	Proportional	Number of layers:	10		☐Yes	☐Yes	✔Done

图 7.56　研究区粗化网格示意图

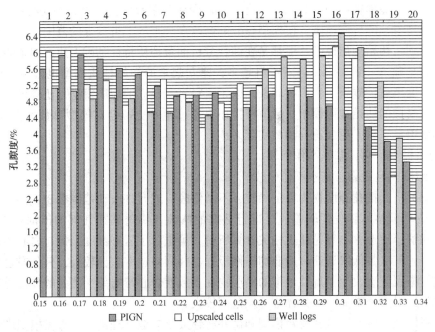

图 7.57　研究区不同模型与测井孔隙度直方图

2）油藏数值模拟研究

历史拟合是模拟研究中十分重要的环节，基本上是一个证实模型的过程，通过模拟油藏过去的表现，将其与历史数据相比较，当发现差异，就要调整输入参数，改善拟合效果，重复往返，最终通过协调动静态数据建立在一定程度上代表油藏真实行为的框架结构。历史拟合在数学上是一个多解问题，具有不唯一性，无穷个地质、工程参数的组合可以反映同一个动态特征，即是说，一个油藏生产特征可以有不同的地质、工程参数组合，通过生产史历史拟合找到最接近油藏实际的一套地质、工程参数是预测模型建立的关键；同时，历史拟合在开发地质与油藏工程上又是一个动态油藏描述过程，以多孔介质渗流力学为基础上，利用动态资料修正开发地质及油藏工程参数，建立油藏预测模型。因此，历史拟合过程中参数调整绝不是一个简单的数学问题，只有在熟练掌握油藏工程机理的基础上，弄清油藏开发地质和生产动态特征，分析建立的模拟模型在多大程度上反映油藏实际，研究各输入参数可信度和敏感性，确定参数可调范围，根据合理不确定性原则调整模型参数，才能建立有效的预测模型，为分析和预测油藏开发动态特征奠定坚实基础。

由于油藏动态受到多种因素的影响，因此历史拟合是一项十分困难和复杂的工作。本区油藏由于其本身地质特征和开发动态特征的复杂性，使得历史拟合较一般油藏具有更大的工作量和技术难度。主要体现在以下几个方面：

一是储层层数多，导致每个单层在纵向上射孔关系复杂。

二是储层网格数目多，进一步加大了拟合的难度和速度。

三是储层平面非均质性强，需要多条相渗曲线去标定储层类型。

四是生产时间长，拟合时间步多，难度大。

（1）模型参数可调范围的确定。

由于模型参数数量多，可调的自由度很大，而实际油藏动态数据的种类和数量有限，不足以唯一确定油藏模拟模型参数。为了避免或减少修改参数的随意性，在历史拟合开始时，必须确定模型参数的可调范围，使模型参数的修改在合理的、可接受的范围内，这是历史拟合的基本原则。初始地质模型一般都是在综合分析油藏地质特征基础上建立起来的，主要以静态资料为基础，一般来说，静态资料越多，建立起来的初始地质模型也就更符合油藏实际，可靠程度也就会越高。生产时间长，原始资料多，建立的地质模型是比较可靠的。但这仅仅是数值模拟的初始地质模型，数值模拟还要通过生产史拟合对模型参数进行部分调整，使地质模型更加完善，更加符合油藏实际。

① 构造模型可靠，基本不作修改。

② 孔隙度模型可靠，基本不作修改。

一般情况下，把孔隙度视为确定参数，不做修改，或允许改动范围在3%左右。

③ 渗透率模型可靠程度较差，可进行适度的修改。渗透率在任何油田都是不定参数。首先，测井解释渗透率本身是通过相关计算所得，虽进行了岩心刻度，但与岩心渗透率仍存在较大误差；其次，低渗油藏的非均质性极强，井间渗透率差异较大，其分布也是不确定的；再次，压裂改造改变了近井地带的储层物性，致使岩心渗透率、测井解释渗透率都不具代表性。因此对渗透率的修改，允许可调范围较大。

渗透率修改可以参照试井解释模型和试井解释成果参数。理论上，数值模拟模型中的渗透率为绝对渗透率（K），它将与对应饱和度下的相对渗透率（K_r）共同参与渗流方程运算，而试井解释所得到的渗透率为油井的有效综合渗透率（KK_r），理论上是不能直接用来建立模拟模型的，但试井解释模型和试井解释成果参数可以指导渗透率调参。鉴于上述原因，在拟合过程中，可以结合地质特征、动态特征，充分利用试井解释成果对渗透率参数场进行较大幅度的调整和修改。

④ 有效厚度模型基本可靠，修改范围较小。有效厚度模型的可靠性应该分区块进行评价，在油藏的中心区块，完钻井多，井较密，所获取的资料丰富，建立的模型是可靠的，但靠近含油边界区块完钻井少，所取得的实钻资料很少，主要是根据沉积相等其他地质特征外推而来的，因此其模型可靠程度相对较差。其实对于其他参数模型也存在同样的问题，但由于有效厚度的变化比较大，因此其影响程度更大，在拟合中可进行一定程度的修改。

⑤ 流体分布模型可适当修改。饱和度模型是根据测井电阻率曲线建模所得，应根据油田生产动态作进一步修正，主要是修正油藏边部无井控制区域含水饱和度。

⑥ 相对渗透率曲线可进行适当调整。相对渗透率曲线来源于岩心测试资料。由于油藏模拟模型的网格粗，网格内部存在着严重非均质，其影响不可忽视，这与相对均质的岩芯情况不同，局部岩石特性难以非常准确地反映储层整体的性质，因此相对渗透率曲线应看作不定参数。

由于油藏较强的非均质性，特别是酸化压裂等增产措施的实施，各井区域改善效果和程度不尽相同，使各井区域岩石物性不可避免地存在差异。

综合以上原因，在拟合过程中，可结合模拟动态对相对渗透率曲线作适当调整，有针对性地应用模拟软件的岩石物性分区功能，对油藏相对渗透率性质进行分区描述。

⑦ 岩石与流体压缩系数。流体压缩系数是实验测定的，变化范围很小，认为是确定的。而岩石压缩系数虽然也是实验室测定的，但受岩石内饱和流体和应力状态的影响，有一定变化范围。而且与有效厚度相连的非有效部分，也包含一定的孔隙和流体，在开发过程中也起一定弹性作用。考虑这部分影响，可以允许岩石压缩系数适当扩大。

⑧ 油藏初始压力。和通常做法一样，认为这是确定参数。必要时允许小范围内修改。

⑨ 油气的 PVT 数据。视为确定参数，在拟合过程中不作修改。

（2）数值模拟初始化。

经过始化拟合（图 7.58）拟合原始地质储量：

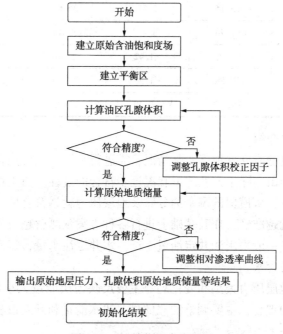

图 7.58　初始化拟合流程图

① 校正油区孔隙体积。由于 Petrel 与 Eclipse 计算网格体积的方法不一样，造成有效孔隙体积有一定差别。对比 Petrel 与 Eclipse 两个软件计算的有效孔隙体积相对误差，如果两个软件计算的有效孔隙体积相对误差小于 5% 则不做调整；否则在 Eclipse 中调整孔隙体积校正因子，使它们的相对误差小于 5%。

② 校正相对渗透率曲线。用 Eclipse 计算的原始地质储量与 Petrel 的储量比较，如果相对误差<±5%，则储量拟合结束；否则通过相对渗透率曲线端点校正来拟合储量，但端点移动范围≤±0.05，通过相对渗透率端点校正后储量拟合的相对误差<±5%，则储量拟合结束。

③ 经过上述处理后储量拟合的相对误差仍>±5%，则和 Petrel 人员结合，找出储量拟合不好的原因，进行处理后再做初始化拟合（表 7.39）。

表 7.39　初始化相对误差统计表

单　层	研究区			实验井组		
	数模储量/10^6t	地质储量/10^6t	相对误差/%	数模储量/10^6t	地质储量/10^6t	相对误差/%
1#	20.78	21.43	−3.14	8.29	8.46	−2.04
2#	100.05	99.71	0.34	6.02	6.05	−0.44
3#	180.50	180.66	−0.09	18.15	18.24	−0.46
4#	184.80	190.49	−3.08	23.31	24.45	−4.90
5#	140.02	143.21	−2.28	23.13	23.62	−2.14

单 层	研究区			实验井组		
	数模储量/10⁶t	地质储量/10⁶t	相对误差/%	数模储量/10⁶t	地质储量/10⁶t	相对误差/%
6#	134.79	138.62	-2.84	23.95	23.58	1.52
7#	167.78	165.15	1.57	36.62	36.06	1.54
8#	167.57	161.76	3.47	33.19	31.63	4.71
9#	101.78	103.22	-1.42	22.26	21.87	1.76
10#	109.25	110.88	-1.50	12.36	12.42	-0.50
合计	1307.32	1315.13	-0.60	207.28	206.38	0.44

（3）历史拟合方法介绍。

为使建立的地质模型能反映地下实际情况，需进行必要的历史拟合，历史拟合参数调整过程是使开发模型与油田实际生产及地下状况逐步符合的过程。历史拟合是油藏数值模拟的关键，拟合的精度越高，所模拟的剩余油分布及地层压力就越符合地下实际，得到的压力分布和含油饱和度分布就越准确，在其基础上进行各种方案预测就越可靠。

历史拟合过程中，一般采用油井定油量生产，水井定注水量，将实际产油量及注水量代入模型中来拟合压力及含水。

全区压力拟合。地层压力大小和变化趋势主要反映地层能量大小和油藏注采变化过程，因此，全区地层压力的拟合，主要调整油藏储量、边水能量和开发过程注采量的变化，地层压力拟合主要进行了：

① 调整岩石压缩系数和边水水体本大小拟合地层压力水平。

② 调整产水量拟合地层压力水平。

通过调整注水量，全区压力总体上拟合结果较好，但仍然存在计算地层压力低于实际地层压力。通过对相对渗透率曲线形态的修改，调整全区的产水量，从而使计算压力与实际压力更趋一致，获得了较好的拟合结果，拟合压力基本上能够反映油藏压力的实际水平单井压力和含水拟合：为了确保单井压力和含水拟合的正确性，提高历史拟合精度，首先认真分析、整理了单井生产历史，绘出了各单井压力、采油与含水变化曲线，并标注所有生产阶段的作业措施，对每次作业效果进行分析，确定作业前后产量与含水变化情况，将作业前后产量变化与作业层位相联系，判断相对高含水层位。其次通过对吸水剖面和产液剖面资料系统整理，结合动态监测资料，分析判断各层平面上井组注采对应关系及液流方向。根据以上分析结果，主要通过以下几种主要方法和手段来完成单井压力和含水拟合：

① 调整局部方向渗透率或方向传导率拟合井间注采关系。

② 调整油水相对渗透率曲线形状或水相曲线末端值拟合单井含水。

③ 调整局部有效厚度拟合单井压力和单井含水。

（4）历史拟合分析

初始化后，对其进行生产数据历史拟合，整个研究区块的生产数据拟合参数结果看（图7.59），其拟合误差完全<5.0%，最后一点的拟合误差分别为：-0.32%、0.54%、-1.92%、0，拟合精度高，完全满足后期方案预测需求。

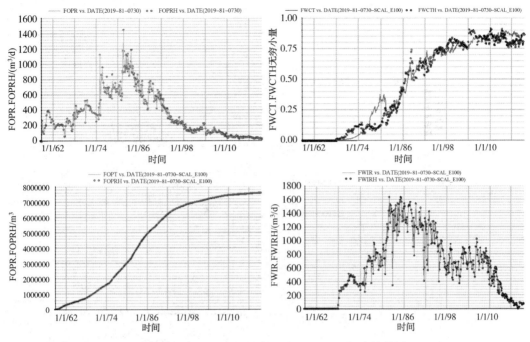

图 7.59 研究区 FOPR/FWCT/FOPT/FWIR 拟合结果图

从研究区的整体压力拟合结果看(图 7.60),区块初期压力下降较快,中期注水进入一个压力突变期,由于两个压力突变的存在使得压力拟合难度较大,因此主要拟合压力趋势。

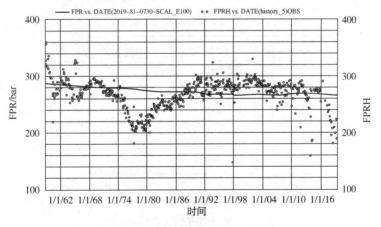

图 7.60 研究区整体压力拟合结果

先导性试验区块的生产数据拟合参数结果看(图 7.61 和图 7.62),其拟合误差完全<5.0%,最后一点相对拟合误差均小于 1.0%,拟合精度高,完全满足后期的方案预测需求。

2. 注入方案优化设计与效果评价

为了考察先导性试验井组的空气/空气泡沫调驱效果,结合空气驱低温氧化动力学模型和泡沫驱经验模型,共设计了 2 类方案(基础方案、空气/空气泡沫交替注入),其基础参数与方案设计结果如表 7.40 和表 7.41 所示。其中,区块地质储量为 $31.3×10^4 t$,地层孔隙体积为 $0.723×10^6 m^3$,注入气液总量为 0.9PV。

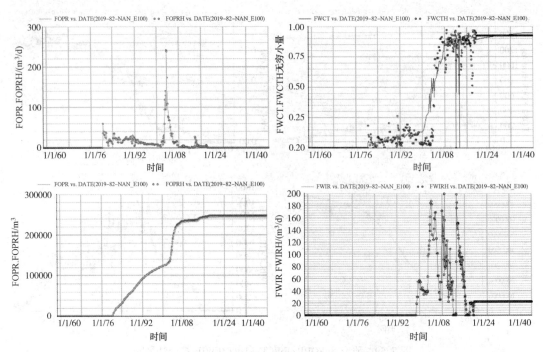

图 7.61　先导性井组 FOPR/FWCT/FOPT/FWIR 拟合结果图

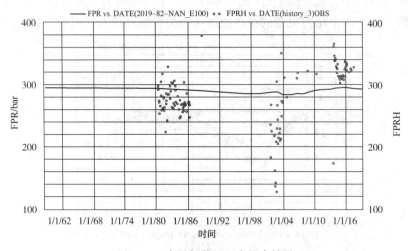

图 7.62　先导性井组压力拟合结果

表 7.40　空气泡沫驱模拟方案设计基础参数

注入参数	备　注
注入方式	基础方案、空气/空气泡沫交替注入、空气/空气泡沫/水交替注入
主段塞周期/d	15、30、60
模拟时间/a	20
前置段塞	空气泡沫 300m³
单井注气速度/(m³/d)	12000

注入参数	备 注
单井注液速度/(m³/d)	55
总注入量/PV	0.9
气液比	1:1
其他	依据井网现状适当调整动态数据

表 7.41 空气泡沫驱模拟方案设计及模拟结果

方　案	交替注入周期/d	气液比	注入方式	与基础方案比提高幅度/%
基础方案	—	—	注水	—
空气/空气泡沫交替注入	15	1:1	连续交替	12.93
	30	1:1	连续交替	13.37
	60	1:1	连续交替	13.42

从表中可以看出：按照目前生产制度注水开发 20 年，基础方案提高采出程度仅为 2.36%，反应先导性试验井组非均质严重，其水驱开发潜力有限。

空气/空气泡沫交注方案效果都比较好，增油幅度明显高于注水开发的增油幅度，20 年内至少提高采出程度 12.93%~13.42%；但交替周期 60d 较 30d 增加幅度有所降低，因此建议矿场应用中采用交替注入，其交替周期为 30d。

7.4.2 矿场应用效果分析与腐蚀监测

注空气泡沫地面流程(如图 7.63)分三部分，即为注泡沫流程、注清水流程和注空气流程。现场实验时首先利用注泡沫流程向注入井中注入一定量的起泡剂溶液，然后利用注空气流程向注入井持续注入空气，空气和起泡剂在地下起泡形成空气泡沫驱油；随后注水开采，目的为了添加耗氧剂和对比空气泡沫调驱前后吸水剖面；最后注空气，进行空气驱，注入过程中要对注入压力、温度、注入量进行严格监测，以防出现生产事故。

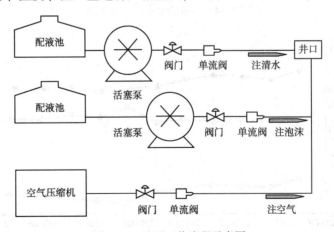

图 7.63 地面工艺流程示意图

1. 矿场应用效果分析

2015 年 1 月至 2015 年 4 月对注入井实施空气/空气调驱施工作业，共施工 82d，累计注泡沫剂 4507m³，累计气液比 1.02：1，注入地下气液总体积 9490.51m³，随后水驱，其中为了检测空气泡沫调剖效果，于 2015 年 5 月进行吸入剖面测试（图 7.64），试验区内油层动用状况得到了改善，层间矛盾减缓，即调剖前后各层段相对吸水量变均衡，高渗透层由 56.89%降至 23.47%，低渗透层由 0 升至 12.50%，效果非常明显。2015 年 6 月 26 日注水井改为注空气，进行空气驱，2015 年 12 月 8 口采油井日产液量共 718t，日产油量共 52.2t，综合含水率为 92.72%，比调剖前日产液量减少 42t，日产油量增加 11.3t，综合含水率下降了 1.9 个百分点；效果最佳时日产液量减少 134t，日产油量增加 17.5t，综合含水率下降了 4.99 个百分点（图 7.65）。

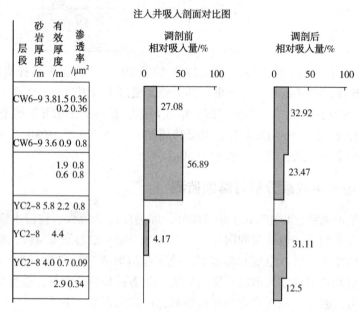

图 7.64　井组的吸水剖面对比图

图 7.65　现场井组油井动态曲线

2. 重点井腐蚀矿场监测

先导性井组空气/空气泡沫矿场应用中，根据缓蚀剂室内实验筛选结果，选2#缓蚀剂开展试验，针对两口重点井不同井段进行腐蚀测试。

1) 1#井的缓蚀试验分析

针对1#井的储层特征，开展2#缓蚀剂的连续、5d间歇和3d间歇加注试验。加注量为15.0L/次，挂片深度为1250m，通过多种加注制度的反复评价，探索合理的加注量及加注周期(表7.42和图7.66)。

表7.42 1#井缓蚀剂重点井段挂片数据

试验阶段	平均腐蚀速率/(mm/a)	局部腐蚀速率/(mm/a)	腐蚀情况描述
空白挂片	1.633	4.54	腐蚀较为严重，部分挂片在试验期间腐蚀穿透，部分由于腐蚀严重掉入井底
连续加注	80S：0.736 N80：0.393	0	部分挂片腐蚀产物脱落，缓蚀率70.3%~76.5%
3d间歇注	80S：0.608 N80：0.436	0	部分挂片腐蚀产物脱落，缓蚀率63.0%~73.5%
5d间歇注	80S：1.347 N80：0.601	0	腐蚀产物易脱落，缓蚀率28.0%~63.7%

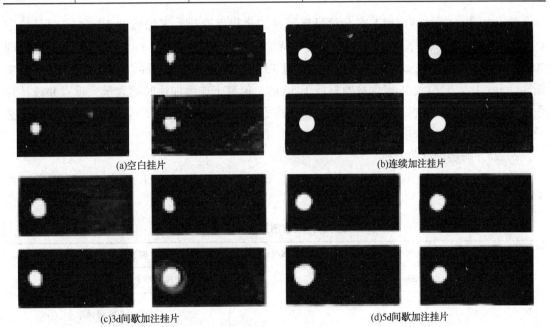

(a)空白挂片   (b)连续加注挂片

(c)3d间歇加注挂片   (d)5d间歇加注挂片

图7.66 1#井重点井段挂片腐蚀形貌

如前所述，该井空白挂片腐蚀较为严重，部分挂片在试验期间腐蚀穿透，平均腐蚀速率1.633mm/a，局部腐蚀速率大于4.54mm/a。

在2#缓蚀剂不同加注制度下，井下挂片未见点蚀等局部腐蚀特征，2#缓蚀剂表现出了优异的抑制局部腐蚀能力，同时平均腐蚀速率也有不同程度降低。

对比不同加注制度下挂片的腐蚀情况，在连续加注情况下，部分挂片腐蚀产物脱落导致表面光亮，N80平均腐蚀速率为0.393mm/a，2#缓蚀率为76.5%。

在3d间歇加注条件下，部分挂片出现了腐蚀产物脱落，其中80S挂片平均腐蚀速率0.608mm/a，N80挂片平均腐蚀速率0.436mm/a，缓释率在63.0%~73.5%。

5d间歇加注情况下，腐蚀产物易脱落，2#有一定的缓蚀效果，但缓释率不高，80S挂片只有28.0%，N80挂片为63.7%。利用分光光度法测试该井产液中特征离子(Fe^{2+})浓度，其曲线见图7.67。

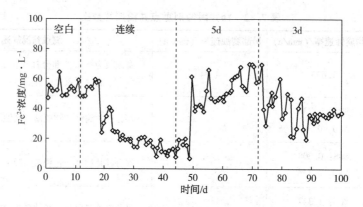

图7.67 1#井产液中特征离子Fe^{2+}曲线图

该井加注2#缓蚀剂前后Fe^{2+}含量呈现明显的规律性变化，未加缓蚀剂前Fe^{2+}含量稳定在47~63mg/L之间（平均52.84mg/L）；连续加注2#缓蚀剂后，Fe^{2+}发生显著下降，即20mg/L左右，平均腐蚀缓蚀率63.9%；实施5d间歇注入方式后，Fe^{2+}又明显升高；随后实施3d间歇注入方式后，Fe^{2+}含量明显低于5d的，但高于连续加注时的含量。重点井段挂片数据及产出水的Fe^{2+}测试结果表明，2#缓蚀剂缓蚀性能优良，但为了达到较好缓蚀效果，必须保证缓蚀剂的有效浓度，间歇加注周期对缓蚀效果影响较大。

2）2#井的缓蚀试验分析

依据2#井深度，其挂片深度为1140m，试验挂片数据见表7.43，挂片腐蚀形貌见图7.68。

表7.43 2#井缓蚀剂重点井段挂片数据

试验阶段	平均腐蚀速率/(mm/a)	局部腐蚀速率/(mm/a)	腐蚀情况描述
空白挂片	0.294	0	腐蚀较为严重，无点蚀等局部腐蚀
连续加注	80S：0.01 N80：0.198	0	试样表面光亮，80S缓蚀率96.60%
3d间歇注	80S：0.043 N80：0.201	0	部分表面有脱落，腐蚀速率高于连续加注
5d间歇注	80S：0.029 N80：0.066	有点蚀倾向	均匀腐蚀速率较低，但出现点蚀特征

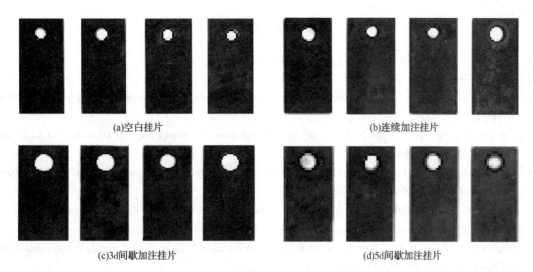

(a)空白挂片　　　　　　　　　　　　　(b)连续加注挂片

(c)3d间歇加注挂片　　　　　　　　　　(d)5d间歇加注挂片

图 7.68　2#井重点井段挂片腐蚀形貌

　　由检测可知，空白挂片总体腐蚀较轻，平均腐蚀速率 0.294mm/a，未见局部腐蚀特征，但腐蚀较为严重。连续加注 2#缓蚀剂后，80S 挂片腐蚀速率大幅下降，平均腐蚀速率 0.01mm/a，缓蚀率可达 96.60%；3d 间歇加注情况下，平均腐蚀速率高于连续加注，且部分挂片表面有局部脱落，在 5d 间歇加注条件下，挂片表现出了点蚀倾向，说明 2#缓蚀剂对于该井有较好的缓蚀效果，但长周期间歇加注易出现点蚀等局部腐蚀倾向。利用分光光度法测试该井产液中特征离子(Fe^{2+})浓度，其曲线见图 7.69。

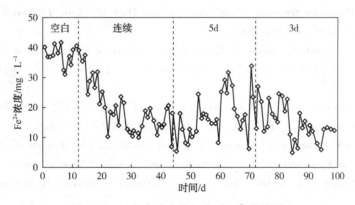

图 7.69　2#井产液中特征离子 Fe^{2+} 曲线图

　　该井加注 2#缓蚀剂前后 Fe^{2+} 含量呈现明显的规律性变化，未加缓蚀剂前 Fe^{2+} 含量较高，平均仅有 37.49mg/L，2#缓蚀剂试验过程中，Fe^{2+} 含量在较低水平，从特征离子的变化规律看，2#缓蚀剂同样具有较好的缓蚀效果。重点井段挂片数据及产出水的 Fe^{2+} 测试结果表明，2#缓蚀剂缓蚀性能优良，但为了达到较好缓蚀效果，必须保证缓蚀剂的有效浓度，间歇加注周期对缓蚀效果影响较大。

参 考 文 献

[1] Ellis G. K. , Barrow Island OilField[J]. APPEA Journal, 1999, 158.

[2] GB/T 12474—1990《空气中可燃气体爆炸极限的测定》.

[3] Greaves, M. ; Ren, S. R. and Rathbon, R. R. Air injection technique(LTO process) for IOR fron light oil reservoirs[J]. SPE 40062.

[4] Greaves M. , Ren S. R. , Xia S. R. , et al. New Air Injection Technology for IOR Operations in Light and Heavy Oil Reservoirs[R]. SPE 57295.

[5] Gutierrez D, Miller R. J, Taylor A. R, et al. Buffalo field high−pressure air injection projects: Technicalperformanceandoperationalchallenges[A]. SPE113254.

[6] Gutierrez D. , Taylor A. R. , Kumar V. K. , et al. , Recovery Factors in High−Pressure Air Injection Projects Revisited[J]. SPE Reservoir Evaluation&Engineering, 2008, 11(6): 1097−1106.

[7] Hughes B. L, Sarma H. K. , Burning Reserves for Greater Recovery? Air Injection Potential in Australian Light Oil Reservoirs[C]. SPE 101099, 2006.

[8] J. L I, Mehta S A, Moore R G, et al. Investigation of the Oxidation Behaviour of Pure Hydrocarbon Components and Crude Oils Utilizing PDSC Thermal Technique[J]. Journal of Canadian Petroleum Technology, 2006, 45(1): p. 48−53.

[9] Nesic S, Postlethwaite J, Olsen S. An Electrochemical Model for Prediction of Corrosion of Mild Steel in Aqueous Carbon Dioxide Solutions[J]. Corrosion −Houston Tx−, 1996, 52(4): 280−294.

[10] Ren S R, Greaves M, Rathbone R R. Air Injection LTO Process: An IOR Technique for Light − Oil Reservoirs[J]. Spe Journal, 2002, 7(1): 90−99.

[11] Sarma H. K. , Yazawa N. , Moore R. G. , et al. , Screening of Three Light−Oil Reservoirs for Application of Air Injection Process by Accelerating Rate Calorimetric and TG/P DSC Tests[J]. Journal of Canadian Petroleum Technology, 2002, 41(3): 50−60.

[12] A Wie, Ckowski, Ghali E, Szklarczyk M, et al. The behaviour of iron electrode in CO_2 saturated neutral electrolyte—Ⅱ. Radiotracer study and corrosion considerations[J]. Electrochimica Acta, 1983, 28(11): 1627−1633.

[13] Andrzej, Wi, ckowski, and, et al. The behaviour of iron electrode in CO_2? saturated neutral electrolyte—Ⅰ. Electrochemical study[J]. Electrochimica Acta, 1983, 28(11): 1619−1626.

[14] Dem bla Dhiraj B. E. Simulating Enhanced Oil Recovery(EOR) by High Pressure Air Injection(HPAI) in West Texas Light Oil Reservoir[D]. Master Thesis, The University of Texas at Austin, 2004.

[15] Dewaard C, Milliams D E . Carbonic Acid Corrosion of Steel[J]. Corrosion −Houston Tx−, 1975, 31(5): 177−181.

[16] DIN 51649—1《可燃气体和蒸气的爆炸极限的测定》.

[17] Fassi hi M. R. , Gillham T. H, . The Use of Air Injection to Improve the Double Displacement Process [R]. SPE 26374, 1993: 81−90.

[18] Fraim M. L. , Moffitt P. D. , Yannimaras D. V. . Laboratory Testing and Simulation Results for High Pressure Air Injection in a Waterflooded North Sea Oil Reservoir [DB/OL]. SPE 38905−MS.

[19] GB/T 28912—2012《岩石中两相流体相对渗透率测定方法》.

[20] Gillham T. H. , Cerveny B. W. , Fomea M. A. . Low Cost IOR: An Update on the W. Hackberry Air Injection Project [DB/OL]. SPE 39642−MS.

[21] Ogundele, G, I, et al. Some Observations on Corrosion of Carbon Steel in Aqueous Environments Containing Carbon Dioxide[J]. CORROSION, 1986, 42(2): 71−78.

[22] SY/T 5273—2000《油田采出水用缓蚀剂性能评价方法》.

[23] SY/T 6285—2011《油气储层评价方法》.

[24] Turta A. T., Singhal A. K.. Reservoir Engineering Aspects of Oil Recovery from Low Permeability Reservoirs by Air Injection [DB/OL]. SPE 48841-MS.

[25] Watts B. C., Hall T. F., Petri D. J. The Horse Creek Air Injection Project：An Overview[R]. SPE 38359.

[26] Yanni mar asD. V., Spencer M. F., Accelerating Rate Calorimetry Testing of the Gold rus Prod. Co. Oil and Core System in Contact With Air[C]. Report, 1999.

[27] Yu Hongmin, Yang Baoquan, Xu Guorui, et al. Air foam injection for IOR：from laboratory to field implementation in Zhongyuan Oilfield China. SPE 113913.

[28] Zvauya R，Dawson J L. Electrochemical reduction of carbon dioxide and the effect of the enzyme carbonic anhydrase 11 on iron corrosion[J]. Journal of Chemical Technology & Biotechnology Biotechnology, 2010, 61(4)：319-324.

[29] 艾俊哲, 贾红霞, 舒福昌, 等. 油气田二氧化碳腐蚀及防护技术[J]. 湖北化工, 2002, 19(3)：3-5.

[30] 白剑锋, 翟博文, 赵耀, 等. 长庆油田空气泡沫驱伴生气爆炸试验测试[J]. 安全与环境学报, 2018(5).

[31] 白兴家. 自燃点火过程中稠油低温氧化特征及影响因素实验研究[D]. 西安：西安石油大学, 2016.

[32] 曹琳. 空气泡沫驱提高采收率数值模拟研究[D]. 北京：中国石油大学, 2009.

[33] 曹维福, 曹维政, 张虎雷, 等. 空气低温氧化原油产出气的爆炸极限研究[J]. 西南石油大学学报（自然科学版）, 2009, 31(06)：166-172.

[34] 曹瑛, 饶天利, 李志坪, 等. 空气泡沫驱缓蚀剂的研制与应用[J]. 应用化工, 2019, 48(01)：148-152.

[35] 常西亮, 赵金安. 双波长分光光度法测定自来水中 Fe^{2+} 和 Fe^{3+} 的含量[J]. 山西化工, 2003, 23(003)：27-28.

[36] 陈辉. 非均质油藏特高含水开发期空气泡沫驱实验研究[J]. 山东大学学报, 2011, 41(1)：120-125.

[37] 陈锐, 赵秋胜. 无因次注入-采出曲线方法的改进及应用[J]. 当代化工, 2019, 048(008)：1779-1782.

[38] 陈小龙, 李宜强, 廖广志, 等. 减氧空气重力稳定驱驱替机理及与采收率的关系[J]. 石油勘探与开发, 2020, 047(004)：780-788.

[39] 陈元千. 测算油田可采储量的矿场相关经验公式[J]. 石油勘探与开发, 1980(01)：55-58.

[40] 陈元千. 对纳扎洛夫确定可采储量经验公式的理论推导及应用[J]. 石油勘探与开发, 1995, 22(3)：63-68.

[41] 陈元千. 水驱曲线关系式的推导[J]. 石油学报, 1985, 6(2)：69-78.

[42] 陈元千. 一种新型水驱曲线关系式的推导及应用[J]. 石油学报, 1993, 14(2)：65-73.

[43] 陈振亚, 张帆, 任韶然, 等. 注空气过程中原油相行为及其影响分析[J]. 应用化工, 2012(07)：1147-1150.

[44] 程月. 空气低温氧化原油组成和气体组成变化规律研究[D]. 哈尔滨：哈尔滨工程大学, 2007.

[45] 初三化学[M]. 人民教育出版社（人教版）, 第二单元, 2012.

[46] 初三化学[M]. 山东教育出版社（鲁教版）, 第四单元, 2020.

[47] 大庆油田勘探开发研究院. 油藏工程方法研究[M]. 北京：石油工业出版社, 1991.

[48] 刁素, 蒲万芬, 黄禹忠. 新型耐温抗高盐驱油泡沫体系的确定[J]. 西南石油大学学报, 2007, 29(3)：91. 93.

[49] 樊玉光, 张硕, 史冬雨, 等. 混空轻烃燃气爆炸极限计算方法的研究[J]. 石油工业技术监督, 2018, 034(007)：40-42.

[50] 付治军. 渤南罗 36 块空气驱油室内实验研究[D]. 北京：中国石油大学，2008.

[51] 傅志远，谭迎新. 多元可燃性混合气体临界氧浓度的测定[J]. 工业安全与环保，2004，30(12)：25-27.

[52] 傅志远. 可燃性混合气体(蒸气)安全含氧量研究[D]. 太原：中北大学，2005.

[53] 高海涛，李雪峰，赵斌，等. 中渗特高含水油藏空气泡沫调驱先导试验[J]. 油田化学，2010，27(4)：376-380.

[54] 高楼军，柴红梅，孙雪花，等. 流动注射分光光度法同时测定 Fe(Ⅱ)和 Fe(Ⅲ)[J]. 分析试验室，2006(09)：84-87.

[55] 高文君，刘曰强，王作进，等. 过渡型水驱特征曲线建立及研究[J]. 新疆石油地质，2001，22(3)：247-250.

[56] 高文君，彭长水，李正科. 推导水驱特征曲线的渗流理论基础和通用方法[J]. 石油勘探与开发，2000，27(5)：56-60.

[57] 高文君，徐君. 常用水驱特征曲线理论研究[J]. 石油学报，2007，28(003)：89-92.

[58] 耿师江，陈华. 用于空气泡沫调驱注入系统的综合防腐技术[J]. 油气田地面工程，2010(07)：83-84.

[59] 顾飞. 吉七稠油低温氧化动力学及氧化特性研究[D]. 成都：西南石油大学，2018.

[60] 郭尚平. 中国石油天然气总公司院士文集[C]. 北京：中国大百科全书出版社，1997.

[61] 郭生武，袁鹏斌. 油田腐蚀形态[M]. 北京：石油工业出版社，2005.

[62] 何琳婧. 空气泡沫驱过程中的缓蚀剂筛选及评价[D]. 成都：西南石油大学，2012.

[63] 何荣华. 河间东营油藏空气泡沫驱提高采收率技术研究[D]. 成都：成都理工大学，2013.

[64] 何新快，陈白珍，张钦发. 缓蚀剂的研究现状与展望[J]. 材料保护，2003(08)：1-3.

[65] 胡文瑞. 中国低渗透油气的现状与未来[J]. 中国石油企业，2009(6)：56-58.

[66] 胡文瑞. 中国低渗透油气田开发概论[M]. 北京：石油工业出版社，2009.

[67] 黄超，杨续杰，等. 烷烃高温下爆炸极限的测定. 化工进展，2002，21(7)：496-498.

[68] 黄春霞，郭茂雷，余华贵，等. 空气泡沫在非均质油藏中渗流能力的实验研究[J]. 岩性油气藏，2014，26(002)：128-132.

[69] 黄福堂. 大庆油田原油的物理化学性质，组成与特征[J]. 大庆石油学院学报，1983，18(2)：54-66.

[70] 黄海. 低渗透油藏空气泡沫驱提高采收率实验及应用研究[D]. 西安：西北大学，2011.

[71] 黄浩. 高 30 区块空气泡沫驱方案优化设计[D]. 成都：成都理工大学，2014.

[72] 黄磊. 鲁克沁稠油空气泡沫驱微观驱油机理[D]. 成都：成都理工大学，2013.

[73] 吉亚娟，周乐平，赵泽宗，等. 注空气采油工艺的风险分析及安全控制技术[J]. 石油化工安全环保技术，2007(03)：19-22.

[74] 吉亚娟，周乐平，任韶然，等. 油田注空气工艺防爆实验的研究[J]. 中国安全科学学报，2008(02)：87.

[75] 吉亚娟. 注空气采油井下石油气燃爆特性的研究[D]. 青岛：中国石油大学(华东)，2008.

[76] 纪威，杨萱. 湿空气热物理性质计算方程[J]. 暖通空调，1996，026(003)：16-19.

[77] 贾爱林. 储层地质模型建立步骤[J]. 地学前缘，1995，000(004)：221-225.

[78] 贾虎. 空气驱氧化机理及防气窜研究[D]. 成都：西南石油大学，2012.

[79] 姜涛. 鲁克沁稠油注空气低温催化氧化实验研究及安全评价[D]. 成都：西南石油大学，2014.

[80] 蒋海岩，廖坤梦，李叔阳，等. 空气泡沫驱矿场试验风险量化评估方法[J]. 数学的实践与认识，2019，049(004)：89-98.

[81] 蒋远征，金拴联，杨晓刚，等. 特低渗油田注水效果存水率和水驱指数评价法[J]. 西南石油大学学报(自然科学版)，2009.

[82] 金佩强，李维安. Buffalo 油田两个相邻单元的注空气和水驱动态对比：技术分析[J]. 国外油田工程，2007，23(4)：1-6.

[83] 寇建益. 温度变化对原油低温氧化过程影响研究[D]. 北京：中国科学院研究生院（理化技术研究所），2008.

[84] 寇双燕. 低渗透油藏空气泡沫调驱技术研究[D]. 青岛：中国石油大学（华东），2013.

[85] 来轩昂. 胡12块注空气提高采收率实验研究[D]. 青岛：中国石油大学（华东），2007.

[86] 李宾飞. 氮气泡沫调驱技术及其适应性研究[D]. 北京：中国石油大学，2007.

[87] 李存贵. 低渗透储层三维地质模型和剩余油分布预测[M]. 北京：石油工业出版社，2003.

[88] 李道品，罗迪强，刘雨芬. 低渗透砂岩油田开发[M]. 北京：石油工业出版社，1997.

[89] 李方运. 天然气燃烧及应用技术[M]. 北京：石油工业出版社，2002.

[90] 李海奎，李磊兵，张亮，等. 空气驱过程中爆炸极限影响因素及预测模型[J]. 油气地质与采收率，2015，22（1）：111-117.

[91] 李继丰. 油井管柱抗CO_2腐蚀技术研究[D]. 大庆：大庆石油大学，2006.

[92] 李家栋. 原油性质及产品质量[M]. 北京：中国石化出版社，2017.

[93] 李晶晶，邓昌联，唐晓东，等. 稠油减氧空气泡沫驱注入参数优化及现场应用[J]. 特种油气藏，2020，v.27；No.141（04）：135-139.

[94] 李磊. 大庆油田A区块水驱转空气泡沫驱油实验及机理研究[D]. 武汉：中国地质大学（北京），2020.

[95] 李立众. 泡沫复合驱驱油机理及影响驱油效果因素研究[D]. 大庆：大庆石油学院，2003.

[96] 李梦琦. 化子坪油区CO_2驱产出水腐蚀性评价与缓蚀剂筛选研究[D]. 西安：西安石油大学，2018.

[97] 李梦琦. 化子坪油区CO_2驱产出水腐蚀性评价与缓蚀剂筛选研究[D]. 西安：西安石油大学，2018.

[98] 李娜. 孤东油田气泡沫驱提高采收率技术研究[D]. 北京：中国石油大学，2009.

[99] 李楠，田敏. 浅谈中高渗油藏空气泡沫驱油机理[J]. 应用技术，2010：185-186.

[100] 李松林，王东辉，陈亚军. 利用高压注空气技术开发低渗透轻质油油藏[J]. 特种油气藏，2003，（10）5：35~37.

[101] 李学恩. 西北新油田原油裂解制烯烃——原油性质对烯烃生产的影响[J]. 石油化工，1980（9）：3-7+22.

[102] 李兆敏，徐正晓，李宾飞，等. 泡沫驱技术研究与应用进展[J]. 中国石油大学学报（自然科学版），2019，235（05）：124-133.

[103] 李志坪，饶天利，曹瑛，等. 空气泡沫驱腐蚀因素与腐蚀性灰色关联分析[J]. 西安石油大学学报（自然科学版），2018，v.33；No.173（06）：100-103.

[104] 李忠. 成岩作用研究的近期发展及其方向[J]. 地质科技情报，1990，009（003）：15-19.

[105] 梁雷. 空气泡沫驱腐蚀机理及其缓蚀剂的制备研究[D]. 西安：西安石油大学，2018.

[106] 梁于文，熊运彬，高海涛，等. 强非均质性油藏空气泡沫调驱先导试验[J]. 油气地质与采收率，2009，16（5）：69-71.

[107] 廖广志，王红庄，王正茂，等. 注空气全温度域原油氧化反应特征及开发方式[J]. 石油勘探与开发，2020，047（002）：334-340.

[108] 廖广志，杨怀军，蒋有伟，等. 减氧空气驱适用范围及氧含量界限[J]. 石油勘探与开发，2018（1）：105-110.

[109] 林云清. L区块空气驱异步注采调整研究[D]. 大庆：东北石油大学，2019.

[110] 蔺学军. 油藏数值模拟入门指南[M]. 北京：石油工业出版社，2015.

[111] 刘金菊. 特低渗透油藏空气驱主控因素及WAG优化研究[D]. 北京：中国石油大学（北京），2016.

[112] 刘靖. 矿井空气调节[M]. 北京：机械工业出版社，2013.

[113] 刘丽莉，聂仁峰，梁文宇，等. 空气泡沫调驱提高采收率研究[J]. 断块油气田，2009，16（4）：111-112.

[114] 刘露,李华斌,吴灿,等.空气泡沫在孔隙介质中的渗流特征研究[J].油田化学,2015,32(001):78-82.

[115] 刘露.普通稠油空气泡沫驱提高采收率技术研究[D].成都:成都理工大学,2015.

[116] 刘梦云.低渗透油藏注空气室内实验及数值模拟研究[D].北京:中国石油大学(北京),2019.

[117] 刘鹏程.油藏数值模基础[M].石油工业出版社,2014.

[118] 刘鹏刚.轻质油藏注空气氧化机理及驱油实验研究[D].成都:西南石油大学,2018.

[119] 刘伟,刘红岐,李建萍,等.PETREL软件在油藏储层地质建模中的应用实例[J].国外测井技术,2010(01):20-21.

[120] 刘印华.中原油田明15块空气泡沫驱实验研究[D].青岛:中国石油大学(华东),2011.

[121] 刘泽凯,闵家华.泡沫驱油在胜利油田的应用.油气采收率技术,1996,3(3):23-29.

[122] 刘召.稀油油藏注空气驱油适用性机理研究[D].西安:西安石油大学,2018.

[123] 刘志泉.中国原油性质及综合评价[M].北京:石油工业出版社,1996.

[124] 刘中春,侯吉瑞,岳湘安,等.泡沫复合驱微观驱油特性分析[J].中国石油大学学报(自然科学版),2003,27(001):49-53.

[125] 龙烈钱.鲁克沁稠油空气泡沫驱原油低温氧化实验研究[D].成都:成都理工大学,2013.

[126] 龙玉梅,毛树华,桑利,等.成岩作用对低渗透砂岩储层物性的影响——以坪北油田上三叠统延长组油藏为例[J].东华理工大学学报(自然科学版),2008.

[127] 陆婉珍,张寿增.我国原油组成的特点[J].石油炼制与化工,1979(07):92-105.

[128] 陆先亮,陈辉,栾志安,等.氮气泡沫热水驱油机理及实验研究[J].西安石油学院学报(自然科学版),2003,18(4):49.52.

[129] 罗景琪,陈学周.继注水后向轻质油油藏注空气的探索[J].石油钻采工艺,1996,18(4):68-74.

[130] 吕鑫,岳湘安,吴永超,等.空气-泡沫驱提高采收率技术的安全性分析[J].油气地质与采收率,2005(05):48-50+89.

[131] 梅平,艾俊哲,陈武,等.二氧化碳对N80钢腐蚀行为的影响研究[J].腐蚀与防护,2004(09):379-382.

[132] 梅平,艾俊哲,陈武,等.抑制二氧化碳腐蚀的缓蚀剂及其缓蚀机理研究[J].石油学报,2004(05):104-107.

[133] 孟令君.低渗油藏空气/空气泡沫驱提高采收率技术实验研究[D].北京:中国石油大学,2011.

[134] 孟宪茹,刘银祥.空压机燃烧爆炸的原因及预防[J].压缩机技术,2002(4):37-38.

[135] 明卫平.二氧化碳高效缓蚀剂的筛选及缓蚀性能研究[D].北京:北京化工大学,2016.

[136] 聂仁仕,贾永禄,霍进,等.实用存水率计算新方法及应用[J].油气地质与采收率,2010,17(002):83-86.

[137] 牛忠晓.文120油藏空气泡沫驱提高采收率室内实验研究[D].成都:成都理工大学,2014.

[138] 庞岁社,李花花,段文标,等.靖安低渗透裂缝性油藏泡沫辅助空气驱油试验效果分析[J].复杂油气藏,2012,5(3):60-63.

[139] 彭仕宓.实用油气开发地质与油藏工程方法[M].北京:石油工业出版社,2012.

[140] 齐笑生.轻质油藏注空气—空气泡沫提高采收率技术研究及应用[D].中国石油大学(华东),2008.

[141] 秦同洛,陈元千.实用油藏工程方法[M].北京:石油工业出版社,1989.

[142] 秦同洛.关于低渗透油田的开发问题[J].断块油气田,1994(3):21-23.

[143] 裘亦楠.储层地质模型[J].石油学报,1991.

[144] 裘怿楠,贾爱林.储层地质模型10年[J].石油学报,2000(04):101-104.

[145] 曲景学.空气驱可燃气爆炸极限理论计算与实验研究[D].大庆:东北石油大学,2015.

[146] 冉广芬,马海州.分光光度法同时测定盐盐中微量Fe^{2+}和Fe^{3+}的研究[J].盐湖研究,2012(1).

[147] 任韶然,于洪敏,左景栾,等.中原油田空气泡沫调驱提高采收率技术[J].石油学报,2009(03):413-416.

[148] 桑德拉 R.，尼尔森 R.F..张晓宜译.油藏注气开采动力学[M].北京：石油工业出版社，1987.

[149] 尚庆华，王玉霞，杨永超，等.空气泡沫驱适应性模糊综合评价方法及应用[J].特种油气藏，2017(5).

[150] 沈平平，陈兴隆，秦积舜.CO$_2$驱替实验压力变化特征[J].石油勘探与开发，2010，37(2)：211-215.

[151] 宋超.ZJ2油藏水驱开发效果评价[D].成都：西南石油大学，2013.

[152] 宋渊娟，许耀波，曹晶，等.低渗透油藏空气泡沫复合驱油室内研究[J].特种油气藏，2009，16(5)：79-81.

[153] 苏彦春，王月杰，缪飞飞.水驱砂岩油藏开发指标评价新体系[J].中国海上油气，2015.

[154] 孙学金，王晓蕾，李浩等著.大气探测学[M].北京：气象出版社，2009.

[155] 唐曾熊.油气藏的开发分类及描述[M].北京：石油工业出版社，1994.

[156] 田贯三，于畅，李兴泉.燃气爆炸极限计算方法的研究[J].煤气与热力，2006(03)：29-33.

[157] 田世伟.川口油田注水开发示范区开发动态分析[D].西安：西安石油大学，2009.

[158] 万雷鸣.CO$_2$驱采油井缓蚀剂研究[D].武汉：华中科技大学，2011.

[159] 万里平.空气钻井中钻具腐蚀与防护及其机理研究[D].成都：西南石油学院，2004.

[160] 汪艳，郭平，Li Jian，等.轻油注空气提高采收率技术[J].断块油气田，2008，15(2)：83-85.

[161] 王贝，许立宁，李东阳，等.O$_2$/CO$_2$共存环境下缓蚀剂抑制碳钢腐蚀的机理研究[J].材料工程，2017，45(05)：38-45.

[162] 王宏伟，桑广森，姜喜庆，等.油气藏动态预测方法[M].北京：石油工业出版社，2001.

[163] 王杰祥，张琪，张爱山等.注空气驱油室内实验研究[J].石油大学学报，2003，27(4)：73-75.

[164] 王晶.吉林长岭气田CO$_2$缓蚀体系的室内研究[D].大庆：东北石油大学，2013.

[165] 王军志.泡沫剂性能评价研究[J].精细石油化工进展，2006，3：17-20.

[166] 王蕾.轻质油藏注空气低温氧化模型和热效应研究[D].青岛：中国石油大学(华东)，2013.

[167] 王梦，张静.二氧化碳腐蚀缓蚀剂及其缓蚀机理的研究进展[J].表面技术，2018，47(10)：208-214.

[168] 王其伟，曹绪龙，周国华，等.泡沫封堵能力试验研究[J].西南石油学院学报，2003，25(6)：40，42.

[169] 王庆.空气泡沫驱油机理及影响因素研究[D].青岛：中国石油大学(华东)，2007.

[170] 王瑞飞，王立新，李俊鹿，等.浅层致密砂岩油藏成岩作用及孔隙演化[J].地球物理学进展，2020，162(04)：255-260.

[171] 王腾飞.注空气采油低温氧化催化机理研究[D].青岛：中国石油大学(华东)，2016.

[172] 王香增，乔向阳，米乃哲，等.延安气田低渗透致密砂岩气藏效益开发配套技术[J].天然气工业，2018，38(11)：49-57.

[173] 王香增.低渗透砂岩油藏二氧化碳驱油技术[M].北京：石油工业出版社，2017.

[174] 王香增.低渗透油田采油技术新进展[M].青海：甘肃科学技术出版社，2009.

[175] 王香增.低渗透油田开采技术[M].北京：石油工业出版社，2012.

[176] 王香增.致密气藏高效开发理论与技术[M].北京：科学出版社，2020.

[177] 王永志.三维地质建模方法与应用[M].长沙：中南大学出版社，2018.

[178] 王勇.新疆油区低渗透油藏注空气提高采收率潜力评估研究[D].北京：中国石油大学，2010.

[179] 王增林，王其伟.强化泡沫驱油体系性能研究[J].石油大学学报(自然科学版)，2004，28(3)：49-51，55.

[180] 王志永.空气泡沫驱提高采收率技术[D].北京：中国石油大学，2009.

[181] 吴文祥.泡沫复合驱微观驱油机理及泡沫复合体系在多孔介质中的流动特性研究[D].大庆：大庆石油学院，1999.

[182] 吴永彬，张运军，段文标.致密油藏空气泡沫调驱机理实验[J].现代地质，2014，000(006)：1315-1321.

[183] 吴湛，彭鹏商．水驱油田采出程度计算及措施效果评价[J]．石油学报，1994，15(1)：76-82.

[184] 吴忠正，李华斌，郭程飞，等．渗透率级差对空气泡沫驱油效果的影响[J]．油田化学，2015，32(1)：83-87.

[185] 吴忠正，李华斌，牛忠晓，等．空气泡沫驱残余阻力系数影响因素研究[J]．油田化学，2015，32(04)：511-514.

[186] 谢兴礼．油藏温度系统及其确定方法[J]．石油勘探与开发，1994(03)：79-84.

[187] 幸启威，章求征，侯本峰，等．一种用于复杂断块油藏水驱开发效果评价的新方法[J]．中国化工贸易，2016，8(010)：98-99.

[188] 徐冰涛，杨占红，刘滨，等．吐哈盆地鄯善油田注空气提高原油采收率实验研究[J]．油气地质与采收率，2004，11(6)：56-57.

[189] 许金良，邓强，徐敬芳．甘谷驿采油厂唐80井区空气泡沫驱先导试验研究[J]．石油化工应用，2013，32(7)：30-33.

[190] 许满贵，徐精彩．工业可燃气体爆炸极限及其计算[J]．西安科技大学学报，2005，25(002)：139-142.

[191] 闫存章，李阳．油藏地质建模与数值模拟技术文集[C]．北京：石油工业出版社，2007：244-250.

[192] 杨彪强．致密砂岩油藏水驱后空气泡沫驱替效果评价研究[D]．西安：西安石油大学，2019.

[193] 杨承志．化学驱提高石油采收率[M]．北京：石油工业出版社，1999.

[194] 杨凤波．厚油层油藏高含水期井网调整提高水驱采收率技术对策研究[D]．成都：西南石油学院，2002.

[195] 杨国红，刘建仪，张广东，等．续水驱后空气泡沫驱提高采收率实验研究[J]．吐哈油气，2008，13(2)：530.531，631.

[196] 杨海龙．空气泡沫驱注入系统的腐蚀，地层伤害评价及其对策研究[D]．西安：西安石油大学，2015.

[197] 杨红斌，蒲春生，吴飞鹏，等．空气泡沫调驱技术在浅层特低渗透低温油藏的适应性研究[J]．油气地质与采油率，2012，19(6)：69-72.

[198] 杨怀军，潘红，章杨，等．减氧对空气泡沫驱井下管柱的缓蚀作用及减氧界限[J]．石油学报，2019，040(001)：99-107.

[199] 杨杰，周香玉，张士权．原油在盐水中的溶解度研究[J]．油气田环境保护，1998，008(002)：9-11.

[200] 杨兴利，郭平，何敏侠．空气泡沫驱高稳定性起泡剂的合成及性能评价[J]．石油钻采工艺，2018，040(002)：240-246.

[201] 杨雪莲，常青．缓蚀剂的研究与进展[J]．甘肃科技，2004(01)：79-81.

[202] 杨燕．泡沫体系及其驱油效率的研究[D]．成都：西南石油学院，2001.

[203] 杨占红，徐冰涛，刘滨，等．吐哈盆地鄯善油田轻质油藏注空气开发机理研究[J]．油气地质与采收率，2005，12(1)：68-70.

[204] 姚振杰，江绍静，高瑞民，等．延长油田低温低渗油藏空气泡沫驱矿场实践[J]．油气藏评价与开发，2020，55(01)：112-116.

[205] 殷勇高，张小松，王汉青．空气湿处理方法与技术[M]．北京：科学出版社，2017.

[206] 应凤祥．中国含油气盆地碎屑岩储集层成岩作用与成岩数值模拟[M]．北京：石油工业出版社，2004.

[207] 于炳松．富有机质页岩沉积环境与成岩作用[M]．南京：华东理工大学出版社，2016.

[208] 于超．低渗透油藏减氧空气驱原油低温氧化机理研究[D]．北京：中国石油大学(北京)，2019.

[209] 于洪敏，任韶然，王杰祥，等．胜利油田注空气提高采收率数模研究[J]．石油钻采工艺，2008，30(3)：105，109.

[210] 于洪敏，任韶然，杨宝泉，等．低渗透油藏注空气低温氧化数值模拟研究[J]．西南石油大学学

报(自然科学版)，2008，30(6)：117，120.

[211] 于洪敏，左景栾，任韶然. 注空气 EOR 油藏数值模拟技术研究[A]. 2012.

[212] 于洪敏. 注空气泡沫提高采收率技术研究[D]. 青岛：中国石油大学(华东)，2009.

[213] 俞启泰. 几种重要水驱特征曲线的油水渗流特征[J]. 石油学报，1999，20(1)：56-60.

[214] 俞启泰. 使用水驱特征曲线应重视的几个问题[J]. 新疆石油地质，2000，21(1)：58-61.

[215] 袁东，葛丽珍，兰利川，等. 用广义存水率和广义水驱指数评价油田的水驱效果[J]. 中国海上油气，2008，020(003)：178-180.

[216] 袁明生，李德同，童亨茂，等，低渗透裂缝性油藏勘探[M]. 北京：石油工业出版社，2000.

[217] 昝立新. 注水油田存水率，水驱指数标准曲线确定方法[J]. 石油勘探与开发，1987(03)：78-83.

[218] 詹姆斯. R. 吉尔曼，切特. 厄兹根，吉尔曼，等. 油藏模拟：历史拟合及预测[M]. 石油工业出版社，2015.

[219] 张波. 低渗透油藏数值模拟方法研究[D]. 北京：中国石油大学，2011.

[220] 张家荣，赵廷元. 工程常用物质的热物理性质手册[M]. 北京：新时代出版社，1987.

[221] 张建丽. 空气泡沫驱微观驱油机理实验研究[D]. 青岛：中国石油大学(华东)，2011.

[222] 张金亮. 应用存水率和水驱指数标准曲线预测油田的配注量[J]. 西安石油学院学报，1998(4)：55-57.

[223] 张景林，崔国璋. 安全系统工程[M]. 北京. 煤炭工业出版社，2002.

[224] 张景林. 气体，粉尘爆炸灾害及其安全技术[J]. 中国安全科学报，2002，12(5)：9-14.

[225] 张力，董立全，张凯，等. 空气-泡沫驱技术在马岭油田试验研究[J]. 新疆地质，2009，27(1)：85-88.

[226] 张利明，孙雷，王雷，等. 注含氧氮气油藏产出气的爆炸极限与临界氧含量研究[J]. 中国安全生产科学技术，2013，009(005)：5-10.

[227] 张亮，王舒，张利，等. 胜利油田老油区 CO_2 提高原油米收率及其地质理存潜力评估[J]. 石油勘探与开发，2009，36(6) 737-742.

[228] 张路，孙睿. 混合气体在水溶液中的溶解度计算模型[J]. 高校地质学报，2016(4).

[229] 张路. 气体在水溶液中的溶解度模型研究进展[J]. 地下水，2016，38(004)：259-261.

[230] 张锐. 应用存水率曲线评价油田注水效果[J]. 石油勘探与开发，1992，019(002)：63-68.

[231] 张祥玉，时晨，郑锋. 致密砂岩油气藏储层建模技术方案及其应用[J]. 环球人文地理，2016，000(010)：43-43.

[232] 张新春，杨兴利，师晓伟. "三低"油藏空气泡沫驱低温氧化可行性研究：以甘谷驿油田唐 80 区块为例[J]. 岩性油气藏，2013，25(2)：86-91.

[233] 张旭，刘建仪，孙良田. 注空气低温氧化提高轻质油气藏采收率研究[J]. 天然气工业，2004，96-101.

[234] 张燕芬，刘鹤鸣. 国内外油气井抗 CO_2 腐蚀缓蚀剂的研究进展[J]. 当代石油石化，2007(09)：25-28+54.

[235] 张永成. 新杜 1 块注空气开采可行性研究[D]. 西安：西安石油大学，2010.

[236] 张云峰. 致密砂岩储层描述与地质建模技术[M]. 北京：科学出版社，2020.

[237] 张增亮，蔡康旭. 可燃气体(液体蒸汽)的爆炸极限与最大允许氧含量的对比研究. 中国安全科学学报，2005，15(12)：64-68.

[238] 赵远鹏. 空气泡沫缓蚀剂的研究[D]. 西安：西安石油大学，2010.

[239] 郑浚茂，庞明. 碎屑储集岩的成岩作用研究[M]. 武汉：中国地质大学出版社，1989.

[240] 周明晖. 储层地质模型的建立及动态实时跟踪研究[D]. 北京：中国石油大学，2009.

[241] 周权. 注空气驱油过程中的管柱腐蚀与防腐工艺研究[D]. 北京：中国石油大学，2009.

[242] 朱维耀，特低渗透油藏有效开发渗流理论和方法[M]. 北京：石油工业出版社，2010.

[243] 邹存友，于立君. 中国水驱砂岩油田含水与采出程度的量化关系[J]. 石油学报，2012(02)：288-292.

附　录

附　图

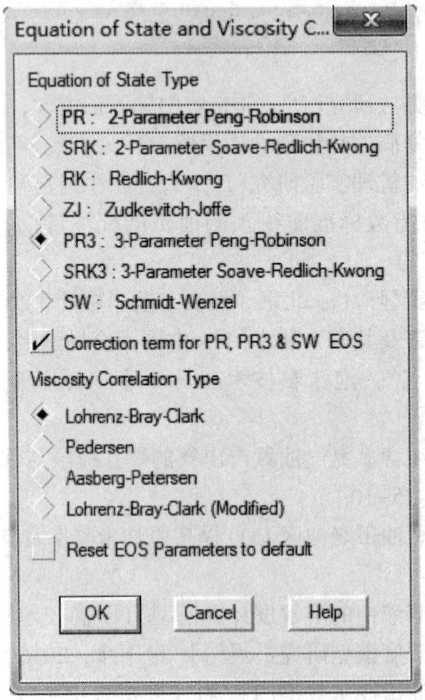

Equation of State and Viscosity C...
Equation of State Type
PR : 2-Parameter Peng-Robinson
SRK : 2-Parameter Soave-Redlich-Kwong
RK : Redlich-Kwong
ZJ : Zudkevitch-Joffe
PR3 : 3-Parameter Peng-Robinson
SRK3 : 3-Parameter Soave-Redlich-Kwong
SW : Schmidt-Wenzel
Correction term for PR, PR3 & SW EOS
Viscosity Correlation Type
Lohrenz-Bray-Clark
Pedersen
Aasberg-Petersen
Lohrenz-Bray-Clark (Modified)
Reset EOS Parameters to default
OK
Cancel
Help

附图 1　PVTi 模块中的 EOS 方程

Row	Components	ZI (percent)	Weight fraction (percent)	Mol Weight	Spec Gravity
1	H2S	0	0		
2	CO2	0.02	0.0087606		
3	N2	1.16	0.32342		
4	C1	23.92	3.8194		
5	C2	8.14	2.4362		
6	C3	9.51	4.1739		
7	IC4	2.47	1.4289		
8	NC4	5.2	3.0082		
9	IC5	2.19	1.5727		
10	NC5	2.77	1.9892		
11	C6	5.16	4.314		
12	C7	5.89	5.6278		
13	C8	4.42	4.7072		
14	C9	3.15	3.7936		
15	C10	2.65	3.5343		
16	C11+	23.35	59.262	255	0.85367
17					

Fundamentals
Mole fraction total 100 percent
Enter weight fractions
OK
Apply
Cancel
Help

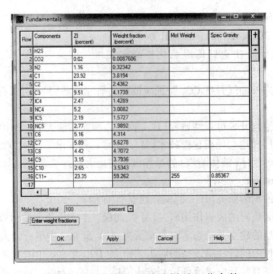

附图 2　试验井组 1#试验样品组分参数

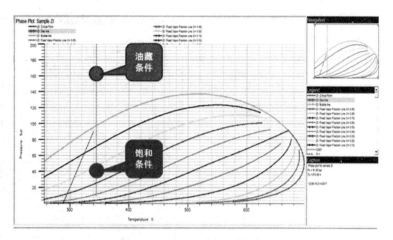

附图 3　试验井组 1#试验样品相态图

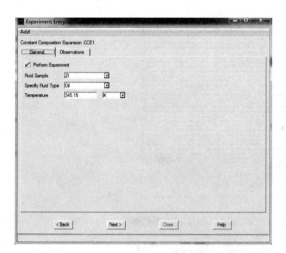

附图 4　试验井组 1#试验样品 CCE 数据输入

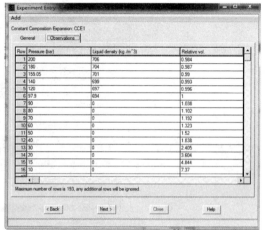

附图 5　试验井组 1#试验样品 DL 数据输入

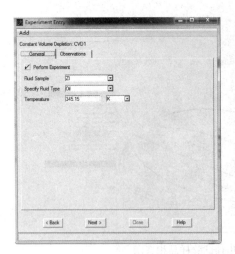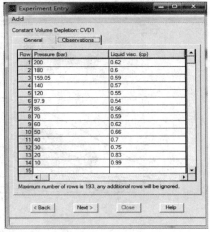

附图 6 试验井组 1#试验样品 CVD 数据输入

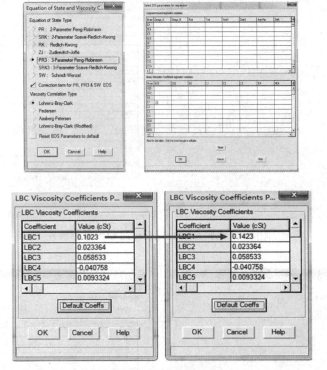

附图 7 试验井组 1#试验样品拟合中选择 EOS 和调参图

附　表

附表 1　常用的空气密度表（−20～100℃）

温度/℃	干空气密度/（kg/m³）	饱和空气密度/（kg/m³）	饱和空气（水蒸气分压力）/10²Pa	饱和空气含湿量/（g/kg 干空气）	饱和空气焓/（kJ/kg 干空气）
−20	1.396	1.395	1.02	0.63	−18.55
−19	1.394	1.393	1.13	0.7	−17.39
−18	1.385	1.384	1.25	0.77	−16.2
−17	1.379	1.378	1.37	0.85	−14.99
−16	1.374	1.373	1.5	0.93	−13.77
−15	1.368	1.367	1.65	1.01	−12.6
−14	1.363	1.362	1.81	1.11	−11.35
−13	1.358	1.357	1.98	1.22	−10.05
−12	1.353	1.352	2.17	1.34	−8.75
−11	1.348	1.347	2.37	1.46	−7.45
−10	1.342	1.341	2.59	1.6	−6.07
−9	1.337	1.336	2.83	1.75	−4.73
−8	1.332	1.331	3.09	1.91	−3.31
−7	1.327	1.325	3.36	2.08	−1.88
−6	1.322	1.32	3.67	2.27	−0.42
−5	1.317	1.315	4	2.47	1.09
−4	1.312	1.31	4.36	2.69	2.68
−3	1.308	1.306	4.75	2.94	4.31
−2	1.303	1.301	5.16	3.19	5.9
−1	1.298	1.295	5.61	3.47	7.62
0	1.293	1.29	6.09	3.78	9.42
1	1.288	1.285	6.56	4.07	11.14
2	1.284	1.281	7.04	4.37	12.89
3	1.279	1.275	7.57	4.7	14.74
4	1.275	1.271	8.11	5.03	16.58
5	1.27	1.266	8.7	5.4	18.51

温度/℃	干空气密度/ (kg/m³)	饱和空气密度/ (kg/m³)	饱和空气(水蒸气分压力)/ 10²Pa	饱和空气含湿量/ (g/kg 干空气)	饱和空气焓/ (kJ/kg 干空气)
6	1.265	1.261	9.32	5.79	20.51
7	1.261	1.256	9.99	6.21	22.61
8	1.256	1.251	10.7	6.65	24.7
9	1.252	1.247	11.46	7.13	26.92
10	1.248	1.242	12.25	7.63	29.18
11	1.243	1.237	13.09	8.15	31.52
12	1.239	1.232	13.99	8.75	34.08
13	1.235	1.228	14.94	9.35	36.59
14	1.23	1.223	15.95	9.97	39.19
15	1.226	1.218	17.01	10.6	41.78
16	1.222	1.214	18.13	11.4	44.8
17	1.217	1.208	19.32	12.1	47.73
18	1.213	1.204	20.59	12.9	50.66
19	1.209	1.2	21.92	13.8	54.01
20	1.205	1.195	23.31	14.7	57.78
21	1.201	1.19	24.8	15.6	61.13
22	1.197	1.185	26.37	16.6	64.06
23	1.193	1.181	28.02	17.7	67.83
24	1.189	1.176	29.77	18.8	72.01
25	1.185	1.171	31.6	20	75.78
26	1.181	1.166	33.53	21.4	80.39
27	1.177	1.161	35.56	22.6	84.57
28	1.173	1.156	37.71	24	89.18
29	1.169	1.151	39.95	25.6	94.2
30	1.165	1.146	42.32	27.2	99.65
31	1.161	1.141	44.82	28.8	104.67
32	1.157	1.136	47.43	30.6	110.11
33	1.154	1.131	50.18	32.5	115.97
34	1.15	1.126	53.07	34.4	122.25
35	1.146	1.121	56.1	36.6	128.95
36	1.142	1.116	59.26	38.8	135.65
37	1.139	1.111	62.6	41.1	142.35
38	1.135	1.107	66.09	43.5	149.47

温度/℃	干空气密度/(kg/m³)	饱和空气密度/(kg/m³)	饱和空气(水蒸气分压力)/10²Pa	饱和空气含湿量/(g/kg 干空气)	饱和空气焓/(kJ/kg 干空气)
39	1.132	1.102	69.75	46	157.42
40	1.128	1.097	73.58	48.8	165.8
41	1.124	1.091	77.59	51.7	174.17
42	1.121	1.086	81.8	54.8	182.96
43	1.117	1.081	86.18	58	192.17
44	1.114	1.076	90.79	61.3	202.22
45	1.11	1.07	95.6	65	212.69
46	1.107	1.065	100.61	68.9	223.57
47	1.103	1.059	105.87	72.8	235.3
48	1.1	1.054	111.33	77	247.02
49	1.096	1.048	117.07	81.5	260
50	1.093	1.043	123.04	86.2	273.4
55	1.076	1.013	156.94	114	352.11
60	1.06	0.981	198.7	152	456.36
65	1.044	0.946	249.38	204	598.71
70	1.029	0.909	310.82	276	795.5
75	1.014	0.868	384.5	382	1080.19
80	1	0.823	472.28	545	1519.81
85	0.986	0.773	576.69	828	2281.81
90	0.973	0.718	699.31	1400	3818.36
95	0.959	0.656	843.09	3120	8436.4
100	0.947	0.589	1013	—	—

附表2　水驱油实验数据统计表

岩心	孔隙度/%	孔隙体积/cm³	渗透率/10⁻³μm²	束缚水饱和度/%	时间 阶段/min	时间 累计/min	产液量 阶段/mL	产液量 累计/mL	产液量 PV/mL	产油量 阶段/mL	产油量 累计/mL	产油量 EOR/%	产水量 阶段/mL	产水量 累计/mL	含水/%
水1#	18.38	4.1368	1.0687	49.75	1.5	1.5	0.19	0.19	0.05	0.19	0.19	9.1	0	0	0
					1.5	3	0.27	0.46	0.11	0.18	0.37	17.8	0.11	0.11	37.9
					2	5	0.34	0.8	0.19	0.15	0.52	25	0.19	0.3	55.9
					5	10	0.79	1.59	0.38	0.1	0.62	29.8	0.69	0.99	87.3
					5	15	0.88	2.47	0.6	0.04	0.66	31.8	0.84	1.83	95.5
					5	20	0.87	3.34	0.81	0.02	0.68	32.7	0.85	2.68	97.7
					10	30	1.68	5.02	1.21	0.01	0.69	33.2	1.67	4.35	99.4

续表

岩心	孔隙度/%	孔隙体积/cm³	渗透率/10⁻³μm²	束缚水饱和度/%	时间		产液量			产油量			产水量		
					阶段/min	累计/min	阶段/mL	累计/mL	PV/mL	阶段/mL	累计/mL	EOR/%	阶段/mL	累计/mL	含水/%
水2#	16.29	2.8185	3.8671	45.05	1	1	0.15	0.15	0.05	0.15	0.15	10.1	0	0	0
					2	3	0.17	0.32	0.11	0.09	0.24	15.4	0.08	0.08	25.3
					4	7	0.59	0.91	0.32	0.19	0.43	27.5	0.4	0.48	52.5
					5	12	1.1	2.01	0.71	0.07	0.5	32.2	1.03	1.51	75.1
					8	20	5.04	7.05	2.5	0.05	0.55	35.4	4.99	6.5	92.2
					8	28	18.86	25.91	9.19	0.02	0.57	36.6	18.84	25.34	97.8
					11	39	38.53	64.44	22.86	0.01	0.58	37.2	38.52	63.86	99.1
水3#	14.72	3.4278	0.6603	53.71	1.73	1.73	0.1	0.1	0.03	0.1	0.1	6.3	0	0	0
					3	4.73	0.22	0.32	0.09	0.15	0.25	15.8	0.07	0.07	21.8
					3	7.73	0.28	0.6	0.18	0.11	0.36	22.7	0.17	0.24	40
					10	17.73	1.02	1.62	0.47	0.09	0.45	28.4	0.93	1.17	72.2
					20	37.73	2.19	3.81	1.11	0.05	0.5	31.5	2.14	3.31	86.9
					13	50.73	4.8	8.61	2.51	0.02	0.52	32.8	5.28	8.59	99.8
水4#	16.62	3.6936	1.0494	48.19	1	1	0.15	0.15	0.04	0.15	0.15	7.8	0	0	0
					1	2	0.1	0.25	0.07	0.09	0.24	12.5	0.01	0.01	10
					2	4	0.3	0.55	0.15	0.13	0.37	19.3	0.17	0.18	56.7
					6	10	0.65	1.2	0.32	0.19	0.56	29.3	0.46	0.64	70.8
					15	25	1.6	2.8	0.76	0.08	0.64	33.4	1.52	2.16	95
					8	33	3.6	6.4	1.78	0.01	0.65	34	3.59	5.75	99.7
水5#	18.32	3.3284	14.4684	39.42	1	1	0.13	0.13	0.04	0.13	0.132	6.5	0	0	0
					2	6	0.42	0.55	0.17	0.26	0.39	19.1	0.16	0.16	29.1
					3	6	0.86	1.41	0.42	0.25	0.64	31.5	0.61	0.77	54.6
					4	10	1.91	3.32	1	0.21	0.85	42.4	1.7	2.47	74.4
					10	20	14.27	17.59	5.2	0.1	0.95	47.1	14.17	16.64	94.6
					10	30	40.65	58.24	17.5	0.04	0.99	48.9	40.61	57.25	98.3
					5	35	141.76	200	60.09	0.01	1	49.8	141.75	199	99.5
水6#	15.59	3.5938	3.7942	46.93	1	1	0.2	0.2	0.06	0.19	0.19	10	0.01	0.01	5
					1	2	0.18	0.38	0.11	0.16	0.35	18.4	0.02	0.03	11.1
					2	4	0.3	0.68	0.19	0.21	0.56	29.4	0.09	0.12	30
					1	5	0.14	0.82	0.23	0.04	0.6	31.5	0.1	0.22	71.4
					2	7	0.3	1.12	0.31	0.02	0.62	32.5	0.28	0.5	93.3
					4.5	11.5	0.65	1.77	0.49	0.02	0.64	33.6	0.63	1.13	96.9
					15	26.5	2.21	3.98	1.11	0.02	0.66	34.6	2.19	3.32	99.1
					20	46.5	2.86	6.84	1.9	0.01	0.67	35.1	2.85	6.17	99.7

附表 3　压汞法毛管压力数据

压汞法毛管压力数据-1

基本参数

地区	—		井号	
样品号	8		井深/m	1073.66~1073.69
层位	—		岩性	—
孔隙度/%	17.50		渗透率/$10^{-3}\mu m^2$	82.9
样品体积/cm³	9.618		样品重量/g	22.025

压汞特征参数

门槛压力/MPa	4.4965	最大孔喉半径/μm	0.1635
中值压力/MPa	54.3377	中值半径/μm	0.0135
分选系数	4.3750	最大进汞饱和度/%	62.8271
变异系数	0.4804	未饱和汞饱和度/%	37.1729
均值系数	9.1068	残留汞饱和度/%	0.0000
歪度系数	1.3499	退出效率/%	100.0000

实验数据

序号	进汞压力/MPa	孔喉半径/μm	进汞饱和度/%	渗透率贡献/%	退汞饱和度/%	退汞压力/MPa
1	0.0044	168.1941	0.0000	0.0000	40.4331	0.1342
2	0.0073	100.7956	0.0000	0.0000	41.3658	0.5240
3	0.0117	62.9593	0.0000	0.0000	42.8570	1.0206
4	0.0183	40.2352	0.0000	0.0000	45.3868	2.0168
5	0.0290	25.3199	0.0000	0.0000	48.8384	4.0163
6	0.0465	15.8055	0.0000	0.0000	51.0041	6.0095
7	0.0739	9.9510	0.0000	0.0000	52.6006	8.0164
8	0.1198	6.1411	0.0000	0.0000	53.8137	10.0052
9	0.1838	4.0019	0.0000	0.0000	54.7623	12.0148
10	0.2829	2.5999	0.0000	0.0000	55.5504	14.0171
11	0.4510	1.6305	0.0000	0.0000	56.2147	16.0182
12	0.7229	1.0173	0.0000	0.0000	56.9305	18.0204
13	1.1707	0.6282	0.0000	0.0000	57.4916	20.0160
14	1.8063	0.4071	0.0000	0.0000	58.4241	25.0569
15	2.9082	0.2529	0.0000	0.0000	59.1377	30.0607
16	4.4965	0.1635	0.7867	20.3401	60.1011	40.0663
17	7.3950	0.0994	3.1381	24.5599	61.2087	60.0588
18	11.7902	0.0624	9.0881	23.3745	61.8240	80.0593
19	18.1732	0.0405	20.4146	17.8502	62.2006	100.0264
20	29.1907	0.0252	35.5189	9.7842	62.5193	120.0648
21	45.6089	0.0161	47.8020	3.1329	62.7356	140.0385
22	74.3990	0.0099	55.0516	0.7393	62.8702	160.0062
23	118.7151	0.0062	59.3847	0.1681	62.9345	179.9075
24	200.2588	0.0037	62.8271	0.0509	62.9345	194.8321

压汞法毛管压力数据-2

基本参数

地区	—		井号	
样品号	9		井深/m	1083.87~1083.90
层位	—		岩性	—
孔隙度/%	18.80		渗透率/$10^{-3}\mu m^2$	23.7
样品体积/cm^3	6.631		样品重量/g	14.985

压汞特征参数

门槛压力/MPa	0.2839		最大孔喉半径/μm	2.5889
中值压力/MPa	67.0520		中值半径/μm	0.0110
分选系数	4.5377		最大进汞饱和度/%	62.1524
变异系数	0.5276		未饱和汞饱和度/%	37.8476
均值系数	8.6008		残留汞饱和度/%	0.0000
歪度系数	1.4716		退出效率/%	100.0000

实验数据

序号	进汞压力/MPa	孔喉半径/μm	进汞饱和度/%	渗透率贡献/%	退汞饱和度/%	退汞压力/MPa
1	0.0044	168.1941	0.0000	0.0000	44.5127	0.1301
2	0.0073	100.7956	0.0000	0.0000	46.0080	0.5194
3	0.0117	62.9593	0.0000	0.0000	47.1083	1.0176
4	0.0183	40.2352	0.0000	0.0000	48.5809	2.0134
5	0.0290	25.3199	0.0000	0.0000	50.5738	4.0125
6	0.0465	15.8055	0.0000	0.0000	52.1791	6.0129
7	0.0739	9.9510	0.0000	0.0000	53.4350	8.0030
8	0.1198	6.1411	0.0000	0.0000	54.4585	10.0208
9	0.1897	3.8777	0.0000	0.0000	55.2675	12.0153
10	0.2839	2.5903	1.0309	50.1418	55.9916	14.0250
11	0.4558	1.6134	2.2376	25.1327	56.6122	16.0189
12	0.7153	1.0282	3.6624	11.6631	57.2432	18.0438
13	1.1674	0.6299	5.8818	7.2172	57.7418	20.0517
14	1.8091	0.4065	8.6119	3.4321	58.5960	25.0198
15	2.9060	0.2531	11.5004	1.4812	59.2449	30.0719
16	4.4905	0.1638	13.9105	0.4898	60.0253	40.0706
17	7.3849	0.0996	16.7626	0.2343	60.9030	60.0579
18	11.7838	0.0624	19.7804	0.0932	61.3880	80.0717
19	18.1693	0.0405	23.6849	0.0483	61.6921	100.0421
20	29.1933	0.0252	29.9732	0.0320	61.8998	120.0498
21	45.6063	0.0161	41.5395	0.0231	62.0561	140.0192
22	74.4100	0.0099	52.9028	0.0091	62.1524	160.0413
23	118.7086	0.0062	58.6224	0.0017	62.1524	179.9136
24	200.2558	0.0037	62.1524	0.0004	62.1524	194.7934

压汞法毛管压力数据-3

基本参数

地区	—		井号	
样品号	13		井深/m	1105.53~1105.56
层位	—		岩性	—
孔隙度/%	23.10		渗透率/10⁻³ μm²	35.5
样品体积/cm³	6.683		样品重量/g	13.900

压汞特征参数

门槛压力/MPa	0.0291		最大孔喉半径/μm	25.2916
中值压力/MPa	1.5522		中值半径/μm	0.4735
分选系数	3.3791		最大进汞饱和度/%	94.0295
变异系数	0.3371		未饱和汞饱和度/%	5.9705
均值系数	10.0241		残留汞饱和度/%	0.0000
歪度系数	0.7273		退出效率/%	100.0000

实验数据

序号	进汞压力/MPa	孔喉半径/μm	进汞饱和度/%	渗透率贡献/%	退汞饱和度/%	退汞压力/MPa
1	0.0044	167.8497	0.0000	0.0000	80.2558	0.1297
2	0.0073	100.7021	0.0000	0.0000	82.2789	0.5172
3	0.0117	62.8686	0.0000	0.0000	83.8306	1.0177
4	0.0183	40.1661	0.0000	0.0000	85.7868	2.0075
5	0.0291	25.3055	1.1065	38.4808	87.8444	4.0161
6	0.0465	15.8106	2.6754	21.5547	88.9815	6.0139
7	0.0739	9.9521	6.2242	19.1127	89.7389	8.0154
8	0.1197	6.1414	12.2667	12.7516	90.2753	10.0057
9	0.1867	3.9385	17.2629	4.1036	90.7052	12.0196
10	0.2802	2.6248	22.4767	1.8023	91.0588	14.0103
11	0.4572	1.6086	32.3916	1.4500	91.3686	16.0186
12	0.7232	1.0169	42.7781	0.5805	91.6633	18.0462
13	1.1648	0.6314	47.9687	0.1147	91.9218	20.0440
14	1.8092	0.4065	51.3474	0.0294	92.3275	25.0499
15	2.9005	0.2535	54.6044	0.0115	92.6425	30.0659
16	4.5049	0.1632	57.7122	0.0044	93.0786	40.0770
17	7.3929	0.0995	61.6761	0.0022	93.5134	60.0535
18	11.7820	0.0624	65.9964	0.0009	93.7889	80.0657
19	18.1662	0.0405	70.7282	0.0004	93.9227	100.0465
20	29.1927	0.0252	76.4498	0.0002	94.0106	120.0503
21	45.6055	0.0161	83.0109	0.0001	94.0295	140.0622
22	74.4066	0.0099	88.9420	0.0000	94.0295	160.0268
23	118.7286	0.0062	92.0626	0.0000	94.0295	179.8986
24	200.2632	0.0037	94.0295	0.0000	94.0295	194.8379

续表

压汞法毛管压力数据-4

基本参数

地区	—		井号	
样品号	15		井深/m	1096.94~1096.97
层位	—		岩性	—
孔隙度/%	19.10		渗透率/$10^{-3}\mu m^2$	18.0
样品体积/cm^3	6.785		样品重量/g	14.995

压汞特征参数

门槛压力 MPa	0.0183		最大孔喉半径/μm	40.1440
中值压力/MPa	10.2924		中值半径/μm	0.0714
分选系数	3.6893		最大进汞饱和度/%	87.3289
变异系数	0.3715		未饱和汞饱和度/%	12.6711
均值系数	9.9320		残留汞饱和度/%	71.8084
歪度系数	0.8165		退出效率/%	17.7725

实验数据

序号	进汞压力/MPa	孔喉半径/μm	进汞饱和度/%	渗透率贡献/%	退汞饱和度/%	退汞压力/MPa
1	0.0044	167.8497	0.0000	0.0000	71.8084	0.1343
2	0.0073	100.7021	0.0000	0.0000	73.6004	0.5217
3	0.0117	62.8686	0.0000	0.0000	74.9651	1.0193
4	0.0183	40.1661	1.2572	50.2463	76.6506	2.0155
5	0.0291	25.3055	2.6597	22.6986	78.8162	4.0155
6	0.0465	15.8106	4.8875	14.2439	80.3066	6.0054
7	0.0739	9.9521	7.6969	7.0412	81.4010	8.0055
8	0.1197	6.1414	10.6217	2.8724	82.2403	10.0068
9	0.1884	3.9038	14.9989	1.6645	82.8828	12.0153
10	0.2790	2.6358	18.8453	0.6129	83.4130	14.0207
11	0.4543	1.6187	24.8531	0.4128	83.8755	16.0252
12	0.7218	1.0188	30.2604	0.1420	84.3730	18.0155
13	1.1625	0.6326	34.4389	0.0432	84.7494	20.0535
14	1.8043	0.4076	37.6767	0.0132	85.3404	25.0511
15	2.9059	0.2531	40.9639	0.0054	85.7757	30.0560
16	4.4940	0.1636	43.8975	0.0019	86.3031	40.0708
17	7.3827	0.0996	47.5123	0.0010	86.8760	60.0647
18	11.7847	0.0624	51.2759	0.0004	87.1769	80.0720
19	18.1649	0.0405	55.9168	0.0002	87.3517	100.0633
20	29.1875	0.0252	62.7326	0.0001	87.4026	120.0535
21	45.6004	0.0161	73.1295	0.0001	87.4026	140.0566
22	74.4151	0.0099	81.8640	0.0000	87.4026	160.0249
23	118.7145	0.0062	85.2744	0.0000	87.4026	179.9055
24	200.2428	0.0037	87.3289	0.0000	87.4026	194.8123

压汞法毛管压力数据-5

基本参数

地区	—	井号	
样品号	16	井深/m	1177.23～1177.26
层位	—	岩性	—
孔隙度/%	14.90	渗透率/$10^{-3}\mu m^2$	1.61
样品体积/cm³	7.847	样品重量/g	18.205

压汞特征参数

门槛压力/MPa	0.0291	最大孔喉半径/μm	25.2892
中值压力/MPa	45.1409	中值半径/μm	0.0163
分选系数	4.0190	最大进汞饱和度/%	73.2242
变异系数	0.4084	未饱和汞饱和度/%	26.7758
均值系数	9.8409	残留汞饱和度/%	54.0220
歪度系数	1.2082	退出效率/%	26.2238

实验数据

序号	进汞压力/MPa	孔喉半径/μm	进汞饱和度/%	渗透率贡献/%	退汞饱和度/%	退汞压力/MPa
1	0.0044	168.3654	0.0000	0.0000	54.0220	0.1361
2	0.0073	100.9702	0.0000	0.0000	55.4696	0.5235
3	0.0117	62.8560	0.0000	0.0000	56.6659	1.0212
4	0.0183	40.2370	0.0000	0.0000	58.1959	2.0174
5	0.0291	25.3031	0.5343	37.1501	60.7621	4.0173
6	0.0465	15.8111	1.9464	38.6876	62.7906	6.0072
7	0.0739	9.9544	3.4253	15.8877	64.3449	8.0072
8	0.1197	6.1413	4.8851	6.1461	65.6053	10.0085
9	0.1892	3.8879	5.6636	1.2658	66.5693	12.0169
10	0.2801	2.6259	6.1526	0.3313	67.4024	14.0223
11	0.4561	1.6122	7.0290	0.2561	68.0817	16.0267
12	0.7242	1.0154	8.2953	0.1415	68.7715	18.0169
13	1.1653	0.6311	9.8899	0.0701	69.2755	20.0550
14	1.8074	0.4069	11.5911	0.0295	70.1305	25.0525
15	2.9091	0.2528	14.1895	0.0183	70.7551	30.0574
16	4.4971	0.1635	17.2930	0.0087	71.5489	40.0721
17	7.3858	0.0996	20.8381	0.0040	72.3615	60.0660
18	11.7879	0.0624	24.0988	0.0014	72.8014	80.0733
19	18.1681	0.0405	28.3385	0.0007	73.0430	100.0645
20	29.1907	0.0252	35.6079	0.0005	73.2084	120.0548
21	45.6029	0.0161	50.4169	0.0004	73.2892	140.0578
22	74.4167	0.0099	64.9692	0.0002	73.3032	160.0262
23	118.7159	0.0062	70.5768	0.0000	73.3032	179.9067
24	200.2440	0.0037	73.2242	0.0000	73.3032	194.8136

压汞法毛管压力数据-6

基本参数

地区	—	井号	
样品号	33	井深/m	1129.68~1129.71
层位	—	岩性	—
孔隙度/%	15.70	渗透率/10⁻³μm²	5.58
样品体积/cm³	8.468	样品重量/g	19.560

压汞特征参数

门槛压力/MPa	0.0465	最大孔喉半径/μm	15.8024
中值压力/MPa	16.3303	中值半径/μm	0.0450
分选系数	3.9350	最大进汞饱和度/%	63.1629
变异系数	0.6117	未饱和汞饱和度/%	36.8371
均值系数	6.4330	残留汞饱和度/%	54.7512
歪度系数	1.9211	退出效率/%	13.3174

实验数据

序号	进汞压力/MPa	孔喉半径/μm	进汞饱和度/%	渗透率贡献/%	退汞饱和度/%	退汞压力/MPa
1	0.0044	168.3654	0.0000	0.0000	54.7512	0.1340
2	0.0073	100.9702	0.0000	0.0000	57.1438	0.5199
3	0.0117	62.8560	0.0000	0.0000	58.0491	1.0128
4	0.0183	40.2370	0.0000	0.0000	59.0636	2.0190
5	0.0291	25.3031	0.0000	0.0000	60.1675	4.0158
6	0.0465	15.8111	0.3588	13.1876	60.8231	6.0064
7	0.0739	9.9544	2.7557	34.5435	61.2829	8.0173
8	0.1197	6.1413	7.9716	29.4600	61.6143	9.9937
9	0.1877	3.9170	14.4076	14.0983	61.8696	12.0165
10	0.2802	2.6243	19.8365	4.9824	62.1269	14.0338
11	0.4551	1.6159	26.4432	2.5907	62.2923	16.0242
12	0.7227	1.0176	31.7551	0.7997	62.5113	18.0222
13	1.1653	0.6311	35.7957	0.2392	62.6720	20.0359
14	1.8072	0.4069	38.4112	0.0623	62.9108	25.0574
15	2.9006	0.2535	40.8642	0.0227	63.1130	30.0606
16	4.4983	0.1635	42.8339	0.0074	63.2475	40.0763
17	7.3877	0.0995	45.0937	0.0034	63.2475	60.0680
18	11.7788	0.0624	47.6007	0.0014	63.2475	80.0496
19	18.1639	0.0405	50.9666	0.0008	63.2475	100.0622
20	29.1882	0.0252	55.0079	0.0004	63.2475	120.0481
21	45.6042	0.0161	58.3072	0.0001	63.2475	140.0400
22	74.4130	0.0099	60.7392	0.0000	63.2475	160.0299
23	118.7317	0.0062	62.2041	0.0000	63.2475	179.9173
24	200.2449	0.0037	63.1629	0.0000	63.2475	194.8284